木材挥发性有机化合物及气味特性研究

沈　隽　王启繁　沈熙为　著

科 学 出 版 社

北　京

内 容 简 介

本书提出了挥发性有机化合物(VOCs)、极易挥发性有机化合物(VVOCs)的概念，建立了木材 VOCs、VVOCs 及气味的检测、分析和评价方法。针对所选择的南北方试验树种木材，鉴定得到了主要气味活性化合物，完善了低分子量化合物对气味的贡献，并实现了木材气味特征图谱和轮廓图谱的表达及气味活性化合物溯源。在揭示木材异味产生根源的同时，从降低室内环境 VOCs、VVOCs 及异味释放出发，探索了含水率、环境因素和涂饰工艺的影响，得出了优化工艺及参数。依据国内外相关标准，通过数学建模与 Qt 计算机技术开发出人工智能软件，实现了不同应用场景下多组分化合物释放材料的健康等级快速评定与比较。

本书可作为木材科学与技术、家具设计与工程等领域研究人员及高等院校相关专业师生的参考书，同时也可供从事室内挥发性有机化合物检验及控制研究的相关工作人员参考。

图书在版编目（CIP）数据

木材挥发性有机化合物及气味特性研究 / 沈隽，王启繁，沈熙为著. —北京：科学出版社，2022.8

ISBN 978-7-03-072740-4

Ⅰ. ①木… Ⅱ. ①沈… ②王… ③沈… Ⅲ. ①木材-挥发性有机物-研究 Ⅳ. ①X513

中国版本图书馆 CIP 数据核字（2022）第 123312 号

责任编辑：张淑晓 孙 曼 / 责任校对：杜子昂

责任印制：吴兆东 / 封面设计：图阅盛世

科学出版社 出版

北京东黄城根北街 16 号

邮政编码：100717

http://www.sciencep.com

北京中科印刷有限公司 印刷

科学出版社发行 各地新华书店经销

*

2022 年 8 月第 一 版 开本：720 × 1000 1/16

2022 年 8 月第一次印刷 印张：14 1/4

字数：274 000

定价：118.00 元

（如有印装质量问题，我社负责调换）

前　　言

木材被广泛用于室内家具、地板及装饰用材，其释放的挥发性有机化合物及异味是造成室内空气污染的重要原因之一。在家具与室内环境方面，家具制作材料及制品的气味问题一直困扰着人类生活，而对木材气味释放特性的系统研究尚存在空白。从制造材料来说，使用不同树种木材作为原料生产的人造板存在树种气味的差异，原料含水率变化对气味释放会产生影响，原料在不同温湿度环境条件下储存，气味也会发生变化；从家具制作来说，涂饰也是导致木制品异味产生的重要原因。此外，采用不同的气味检测方法，结果也具有差异。

基于以上问题，本书针对广西 11 种人造板、家具原料树种木材和东北 5 种家具原料树种木材释放的气味活性化合物进行识别和鉴定，有针对性地破解木质材料释放的挥发性有机化合物和气味问题，帮助人们了解木质材料气味的来源，实现木材气味特征图谱表达和关键气味活性化合物溯源。同时研究并探索含水率、环境条件和涂饰处理等影响木材气味释放的因素。对比分析 TD/GC-MS-O 技术与木材抽提物气味成分萃取稀释技术的优势与不足。在木材基本 VVOCs/VOCs 和气味释放特性的基础上，参考国内外相关标准，利用数学建模构建多组分化合物释放材料健康等级综合评价模型，运用 Qt 计算机技术开发材料健康等级综合评价人工智能软件，实现不同应用场景下涂饰木材的健康等级快速评定和比较。本书研究成果不仅填补了部分木材气味研究领域的空白，扩展了木材气味物质数据库，帮助人们对日常生活中使用的木质材料产生气味的来源有更清晰的认识，对保证居住者身心健康、促进木质家具及其饰品行业的健康发展也具有重要意义。

本书共 7 章。第 1 章绪论、第 2 章木材气味释放组分研究及特征图谱表达，由沈隽、王启繁、沈熙为撰写；第 3 章至第 6 章由王启繁、沈隽撰写；第 7 章 GRA-FCE 多组分化合物释放材料健康等级综合评价模型，由沈隽、王启繁、沈熙为撰写；结语部分由沈隽、王启繁撰写。

本书的出版得到了“十三五”国家重点研发计划子课题“木质家居材料 VOCs 释放规律、限量及饰面人造板气味分析检测技术研究”（编号：2016YFD0600706-2）和国家自然科学基金面上项目“木材气味特征图谱表达与异味成因机理研究”

(编号：31971582)的资助。

限于作者水平和时间，本书可能存在疏漏与不足之处，恳请读者指正。

作　者

2022 年 5 月

目　录

第1章　绪　　论

人类嗅觉有着悠久的进化历史，化合物与受体分子相互作用的化学感觉是激发嗅觉的先决条件。挥发性分子的气味特征与蛋白质受体的可逆低能结合有关。这些受体的结合特异性取决于蛋白质受体尚未完全探明的实际结构，结合能由范德瓦耳斯力、氢键和疏水性结合共同决定。现代生活中人们有 90%以上的时间生活在室内，室内空气质量(indoor air quality，IAQ)与人类健康息息相关，室内生活品质更是越来越受到人们的关注。据报道，家具产品是室内家居主要污染源之一，是继建筑材料、装修装饰材料之后的第三大室内空气污染源。欧盟建筑产品法规(CPR)在概述材料排放试验意义的同时规定了建筑工程的六项基本要求。其中，第三项基本要求(BRCW-3)指出保护建筑使用者的健康是施工工作的主要目标之一。该要求主要针对卫生、健康和环境方面，包括有毒气体、危险物质、挥发性有机化合物(volatile organic compounds，VOCs)等的排放。该法规不仅适用于建筑物，还是单一材料、产品和家具的基本要求。

木材作为一种普遍存在的天然材料，长期以来被广泛应用于室内装饰、家具、建筑等领域。木材所带来的温暖、自然、平和、舒适的感觉可以归因于多种因素，如视觉、触觉、嗅觉等方面的影响。木材美丽的纹理不仅能让人心情愉悦，还能吸收紫外线，使人的视觉舒适健康。木材作为热的不良导体，在不同环境条件下因其适当的硬度能够提供舒适的触觉体验。木材作为一种天然多孔材料，具有良好的吸声和隔声性能，可以为人们提供一个相对安静的环境。除此之外，木材的吸湿除湿性能对室内的湿度也有调节作用，天然木材的宜人气味能够让人感到舒适和放松。虽然木材的气味通常被描述为令人愉快的，但也存在部分人群对一些物种，如紫檀(*Pterocarpus indicus* Willd.)木过敏的现象。研究表明，木材气味可以影响一个人的情绪、认知和身体健康。我国国内商用木材已有近 800 个树种，主要包括直接用于实木家具制造和用于人造板生产原料两类。这些商用木材根据材质优劣、储量多少等原则被划分为五类，主要包括香樟木、苦楝木、水曲柳、酸枣木、落叶松、杉木、桦木、杨木、马尾松、巨尾桉、板栗木、桂花木、白楠木、构木、香椿木、柞木、阴香木等。木材本身具有气味，并因其树种的差异具有其各自特殊的气味。研究表明，木材气味产生的主要来源包括：木材在正常生长过程中形成的存在于细胞腔内的挥发性有机化合物及单宁、树脂、树胶等物质，木材因真菌侵入树干形成的树脂或树胶分泌物，以及木材内淀粉和其他碳水化合物被微生物代谢或降解生成的产物。在木材进行后期工艺和涂饰处理的过程中，涂料具有的味道会和木材本身的味道进行不同程度的“消减”和“叠加”，使得实木家具在使用过程中存在来源复杂的气味问题。这些气味不仅会影响人类的生活品质，更会对人类的身体产生影响。虽然绝大部分气味和危害化合物来源于挥发性有机化合物，但是仅仅对木材释放挥发性有机化合物进行研究并不能全面地反映其对人类的影响，对气味物质的研究也造成了局限性。

随着国际社会针对室内空气质量和人类健康制定的标准越来越严格，除 VOCs 外，极易挥发性有机化合物(VVOCs)也逐渐成为室内空气分析的重点，在室内空气研究评价中发挥着越来越重要的作用。欧洲室内空气质量及其对人体的影响合作行动(ECA-IAQ)第 19 号报告指出，在评定多组分化合物共存的空气质量时，C_6～C_{16} 保留范围内的 VOCs 及其范围外的化合物应同时被考虑。1989 年，世界卫生组织(World Health Organization，WHO)根据室内有机污染物的沸点对室内挥发性有机化合物进行分类，确定包括烷烃类、芳香烃类、烯烃类、卤代烃类、酯类、醛类、酮类和其他等，同时引入了 VVOCs 的概念。对板材同时进行 VOCs 和 VVOCs 的研究能够突破单对木材 VOCs 进行研究的局限性，可以更全面地分析木材气味成分，更全面科学地评价其危害和影响。基于以上，本书研究以代表性商用木材为研究对象，使用气相色谱-质谱/嗅觉测量(gas chromatography-mass spectrometry-olfactometry，GC-MS-O)技术，从气味的视角展开，具体从不同树种木材释放特征气味化合物的识别与气味特征图谱的建立、不同含水率下木材气味活性化合物的鉴定、涂饰处理对木材释放气味物质的影响以及环境条件对木材气味释放组分的影响等多个方面开展分析研究，同时建立科学合理的多组分化合物释放材料健康等级综合评价方法，有针对性地破解木材及装饰制品“异味”及对健康影响问题，促进行业健康发展。

1.1 VVOCs/VOCs 概述

1.1.1 VOCs

VOCs 是一类种类多、成分复杂的有机化合物，区分于不同组织机构，具有多种定义。美国环境保护署(EPA)将 VOCs 定义为“除 CO、CO_2、H_2CO_3、金属碳化物、金属碳酸盐和碳酸铵外，任何参加大气光化学反应的碳化合物”。美国 ASTM D3960-1998 标准将 VOCs 定义为“任何能参加大气光化学反应的有机化合物”。欧盟规定 VOCs 为在标准大气压(101.3 kPa)条件下初沸点≤250℃，且会对听力和视力产生伤害的任何有机物质。按照世界卫生组织(WHO)的定义，VOCs 是指沸点为 50～260℃，在室温下饱和蒸气压超过 133.322 Pa，常温下以蒸气状态存在于空气中的一类化合物。因为参数范围较具体，目前越来越多的学者接受 WHO 对于 VOCs 的定义，本书也以该定义为准。

现有的 VOCs 采集应用较多且较为成熟的方法有气候箱法、试验室小空间释放法及快速检测法等。分析方法主要包括气相色谱分析法、高效液相色谱分析法、膜技术分析法及化学分析法等。由于 VOCs 单独存在时浓度低、种类多，因此其浓度用总挥发性有机化合物(total volatile organic compounds，TVOC)表示。

1.1.2　VVOCs

1989 年，世界卫生组织根据室内有机污染物的沸点对室内挥发性有机化合物进行了分类，同时引入了极易挥发性有机化合物(VVOCs)的概念。ISO 16000-6：2011 标准将 VVOCs 定义为“气相色谱法中在正己烷之前洗脱的有机物质”。然而，也有很多研究并未采纳 ISO 16000-6：2011 对 VVOCs 的定义，将其定义为“沸点<69℃(正己烷)或者碳原子数少于 6 的化合物”。Wang 等指出，无论这些物质是否在正己烷之前洗脱，其碳原子数小于 6 的皆可归为 VVOCs 的范畴之内。Gallego 等在研究中将 VVOCs 定义为沸点在 56～100℃之间，在 20℃时的饱和蒸气压介于 4～47 kPa 的物质。

基于 ECA-IAQ 第 19 号报告，德国建筑产品健康相关评估委员会(AgBB)在与健康相关的室内应用建筑产品 VOCs 排放评估方案中，将 VVOCs 定义为所有保留范围$<C_6$的单体化合物，相关概念和定义见表 1-1。由于目前针对 VVOCs 的定义尚不明确，为研究木材释放 VOCs，补充在 VOCs 范畴外的研究盲点，本书研究使用 ECA-IAQ 第 19 号报告中的定义。

表 1-1　AgBB 评估程序中的概念和定义

概念	定义
VVOCs	所有保留范围$<C_6$的单体化合物
VOCs	所有保留范围在 C_6～C_{16} 之间的单体化合物
TVOC	浓度≥5 mg/mL、保留范围在 C_6～C_{16} 之间的所有单体化合物浓度的总和[介于正己烷和正十六烷之间(含正十六烷)]
SVOCs	所有保留范围为 C_{16}～C_{22} 的单体化合物
TSVOC	浓度≥5 mg/mL、保留范围在 C_{16}～C_{22} 之间的所有单体化合物浓度的总和

注：SVOCs. 半挥发性有机化合物；TSVOC. 总半挥发性有机化合物。

1.2　木材 VVOCs/VOCs 及气味释放研究现状

伴随人类对于高品质生活的追求，室内装饰行业在近些年得到了迅猛发展。

木质家具因独特的纹理和舒适的质感备受人们喜爱。但实木家具、装饰材料及木质人造板等释放的物质对人居环境产生的危害一直困扰着消费者和生产企业。其影响主要来源于板材以及各种饰面材料释放的气味和危害化合物。

1.2.1 木材 VVOCs/VOCs 释放国内外研究现状

1. 国外研究现状

影响室内空气质量的污染物种类繁多，VOCs 在室内空气污染物中占有较大的比例。关于 VOCs 的研究国外开展得较早，相关机构已经督促工程师、建筑师、管理人员等考虑使用低挥发 VOCs 的建筑材料和装饰材料。美国办公家具协会(BIFMA)对整体家具 VOCs 的释放进行了检测和系统的研究，并制定了 ANSI/BIFMA M7.1-2011 和 ANSI/BIFMA X7.1-2011 相关标准。Wallace 等通过动物试验研究发现，苯、二氯乙烯、二氯苯、二氯甲烷、四氯化碳等 VOCs 是引起病态建筑综合征的主要原因之一。然而，除 VOCs 外，材料中释放的 VVOCs 在室内空气研究和评价中发挥着越来越重要的作用。ISO 16000 一系列相关标准中可找到针对排放试验室和室内空气中有机化学品分析的相关规定。欧洲相关标准 BS EN 16516：2017 中，规定了室内使用产品的试验和化学分析的程序。1989 年，世界卫生组织根据室内有机污染物的沸点对室内挥发性有机化合物进行了分类，同时引入了 VVOCs 的概念，然而，在接下来的几年中只有 Rothweiler 等少数学者对 VVOCs 进行了研究。2009 年，Weschler 提出五种经典 VOCs 物质，即甲醛、乙醛、丙烯醛、1,3-丁二烯和异戊二烯。2013 年，德国将一系列 VVOCs 纳入其污染物指导原则(以乙醛为例)，德国 AgBB 在制定建筑产品中的 VOCs 相关健康评估程序时决定在未来更新该程序的同时纳入相关的 VVOCs。与此同时，欧盟于 2013 年在欧洲合作行动第 29 号报告中指出“除了已经纳入 EU-LCI 中的 VOCs 外，仍需继续考虑纳入新的物质，同时制定更新的评估方案，未来应将 VVOCs 包括在内”。同时，欧盟公布了少量 VVOCs 物质(甲醛、乙醛、丁醛和戊醛)的 LCI(最低暴露水平)值。

在国际标准《通过在 Tenax TA 吸收剂上活性取样、热解吸和 MS/FID 气相色谱法测定室内和试验室空气中挥发性有机化合物的含量》(ISO 16000-6：2011)中规定了 Tenax TA 吸附管的使用。但是这种吸附管不能有效吸附 VVOCs。该标准中建议使用多种填料吸附管对 VVOCs 成分进行分析，以扩大检测范围。Schieweck 等使用填充有不同填料的吸附管对材料释放的 VVOCs 进行了研究，发现填充不同填料的吸附管吸附 VVOCs 效果如下：Carbograph 5TD > Carbopack X > Carbotrap > Tenax TA。多种吸附剂吸附目前同样也用在了大量测定环境空气中挥发性有毒有机化合物的验证方法方面(如 NIOSH 2549 和

EPA TO-17)。Brown 等使用含有 Tenax TA 的吸附管和包含多种填料(石英棉/Tenax TA/Carbograph 5TD)的吸附管对 VVOCs 的吸附性能进行比较，发现相比 Tenax TA 吸附管，具有多种填料的吸附管能够有效扩大对 VVOCs 的检测范围。Ueta 等开发出一种通过针型萃取装置进行吹扫和捕集测定水样品中 VVOCs 的方法，发现该方法可以成功地萃取出水样品中的 VVOCs，并得到甲醇、乙醛、乙醇、丙酮、乙腈和二氯甲烷的检测限。与此同时，建立了使用 GC-MS 测定气体样品中 VVOCs 的针型样品制备装置。通过研究使用 Carbopack X 和碳分子筛(carbon molecular sieve，CMS)作为吸附管填料吸附 VVOCs，发现双填料采样管表现出良好的吸附和解吸性能，能够检测出乙醛、异戊二烯、戊烷、丙酮和乙醇等 VVOCs。Hino 等也开发出了一种基于 Tenax TA 吸附管采集 VVOCs 的方法，并成功鉴定出各种水环境下二氟甲烷、氯甲烷、氯乙烯、溴甲烷、氯乙烷和三氯氟甲烷等物质。Hippelein 等使用固相萃微取(SPME)法检测了室内环境中特定的 10 种 VVOCs，发现室内空气中 TVVOC 升高主要来源于喷漆、黏合剂及地毯等。Salthhammer 在比较 VVOCs 不同的分类方法时概述了其困难和不一致性。

2. 国内研究现状

国内在木材 VOCs 方面的研究主要集中于木质人造板，鲜有对木材的针对性研究。赵杨等使用快速检测法对 3 层实木复合地板 VOCs 释放进行了研究，发现随着时间的延长，VOCs 的释放量呈逐渐下降至稳定趋势。3 层实木复合地板释放的主要挥发物酯类和芳香烃类来源于板材表面加工过程中使用涂料的有机溶剂。温湿度的协同作用影响 3 层实木复合地板 VOCs 释放量，高温高湿条件对 3 层实木复合地板中 VOCs 的释放量有显著影响。朱科等研究了实木复合采暖地板在冬季运行工况下室内温湿度变化及其对地板甲醛和 VOCs 释放量的影响；发现多层实木复合采暖地板的甲醛和 VOCs 释放与室内温湿度都具有正相关性，且受系统运行工况和室外环境的影响，当供暖系统运行温度较高时，在密闭的室内容易造成空气中甲醛等有机污染物含量超标，需开窗通风。贾竹贤以酚醛胶实木复合 UV 漆地板及其基材(试验室压制的酚醛胶合板)为试验对象，利用气候箱法研究了温湿度对酚醛胶人造板 VOCs 释放规律的影响。孙克亮研究了木床 VOCs 释放量，发现该类实木家具中有害物质种类分布及浓度相对集中，主要集中在 C_{10} 以下的低分子范围，主要的 VOCs 是以甲苯、二甲苯为主的苯系物及低分子脂类。目前国内关于 VVOCs 的相关研究较少，部分学者围绕饰面人造板 VVOCs 及其气味释放进行了一定的研究。

1.2.2 木材气味释放国内外研究现状

虽然人们对不同种类木材的气味成分进行了一些研究，但现有的信息仍然不广泛。大多数研究主要集中于用于酒精饮料储存的橡木的气味。

1. 国外研究现状

国外气味研究方面有许多水平较高且具有创新性的成果，相比国内开展的时间早，研究的范围较为广泛且研究程度深，主要涉及涂料、胶黏剂、木材等领域，研究内容包括气味浓度与嗅探行为的关系、化合物结构和气味特征的关系，以及化学结构对特定化合物气味品质和气味阈值的影响等。

Díaz-Maroto 等使用 GC-MS 和气相色谱-嗅觉测量(GC-O)技术研究了美国、法国、匈牙利和俄罗斯橡树(*Quercus* spp.)木材提取物中的气味活性物质。研究发现，橡木不仅含有典型的橡木香气的化合物，还含有其他散发出果香的挥发性化合物，另外具有较低内酯浓度且含有异丁醇的橡树木材能够将木材的气味传递至葡萄酒中。Culleré 等评估了皂荚木、栗木、樱桃木、水曲柳和橡木的香气特征。研究发现，4,5-二甲基-3-羟基-2(5*H*)-呋喃酮、顺-2-壬烯醛、呋喃酮、麦芽酚、2-甲基-3-呋喃硫醇、愈创木酚和反-2-壬烯醛等气味化合物构成了这些类型木材香气的基础成分。

德国 Buettner 教授的气味研究团队对多个领域的气味进行了深入的研究。该团队首先对鼻内气味浓度与嗅探行为的关系进行探究，同时研究了不同食品和材料气味活性化合物结构和气味特征的关系，分析化合物化学结构对特定材料气味品质和气味阈值的影响。Schreiner 等使用 GC-O 和气味提取物稀释分析(OEDA)研究得到德国欧洲赤松木样品释放的 44 种气味活性化合物，并发现(*E*,*E*)-壬-2,4-二烯醛、香草醛、苯乙酸、3-苯丙醇、δ-辛内酯和α-蒎烯为主要气味物质。气味主要来源于脂肪酸降解产物、萜类物质和木质素降解。Ghadiriasli 等基于 GC-O 和 OEDA 技术，使用人类感官和化学分析技术相结合的方法对橡木的气味成分进行了研究，共鉴定得到 97 种气味活性化合物。该研究发现大多数气味由一系列的萜类组成，主要是单萜类、倍半萜类、醛类、酸类和内酯类，以及一些含有酚类核心部分的多酚类物质。Schreiner 等通过人类感官对美国肖楠[*Calocedrus decurrens*(Torr.) Florin]木材样品的气味进行了分析评价。采用 GC-MS-O 结合 OEDA 对主导性木材气味进行了表征，共鉴定得到 22 种气味活性化合物。发现的主要气味组分中包括一系列萜烯、几种脂肪酸降解产物和一些酚醛类的气味物质。

2. 国内研究现状

在气味研究方面，虽然国内在气味活性化合物课题中有很多水平较高的研究，但这些研究主要集中于食品、香精香料、烟草等领域，且目前研究内容主要为对关键气味活性化合物的基础鉴定工作。国内对装饰用材气味研究的开展相对较晚，尚在起步阶段。国内对于装饰板材的气味研究目前主要包括饰面刨花板气味活性物质鉴定、环境因素对气味释放的影响以及总气味强度和气味评级的相关性建立、“主客观相结合方法”评价板材危害性等方面，对木材释放特征气味的研究较少。

东北林业大学 Wang 等研究了不同涂饰白楠[*Phoebe neurantha*(Hemsl.) Gamble]和酸枣[*Choerospondias axillaris*(Roxb.) Burtt et Hill]木材的气味和挥发性有机化合物，使用微池热萃取仪结合热解吸-气相色谱-质谱/嗅觉测量(TD/GC-MS-O)技术对气味组分进行了研究。同时使用 GC-MS-O 对杨树(*Populus* L. spp.)、松树(*Pinus* L. spp.)和椴树(*Tilia* L. spp.)木材释放的特征气味化合物进行了鉴定。Liu 等采用 GC-MS-O 鉴定了青杨(*Populus cathayana* Rehd.)、橡胶树(*Hevea brasiliensis*)、南方黄松(*Pinus* spp.)和杉木[*Cunninghamia lanceolata* (Lamb.) Hook.]木材的气味成分，发现使用乙醇-甲苯溶液萃取能够使青杨和橡胶树木材的一些气味的强度下降，但萃取过程中产生苯残留会导致苯样气味的增加。

杨锐等提出两套可行性较高的实木家具异味检测方案，即根据消费者投诉实地采样、追踪异味家具生产工艺流程。同时，他们对实木床头柜散发气体中异味的组成成分进行了研究，发现苯系物以及少数低分子脂类，如二甲苯(包括邻二甲苯、间二甲苯和对二甲苯)、乙酸正丁酯及乙酸仲丁酯等是异味挥发的主要成分。

在木质人造板材气味释放特性及环境因素影响研究方面，东北林业大学王启繁等使用微池热萃取仪采集不同环境因素条件下常用涂饰刨花板(硝基涂饰刨花板、水性涂饰刨花板)样品，同时采用 GC-MS-O 进行分析，发现硝基涂饰刨花板和水性涂饰刨花板的 TVOC(质量浓度)和总气味强度随着温度的增加和空气交换率与负载因子之比的减小而升高。相对湿度对两种板材的影响不同，随着相对湿度的增加，硝基涂饰刨花板 TVOC 和总气味强度增大，水性涂饰刨花板 TVOC 和总气味强度减小。同时进行了三聚氰胺贴面刨花板对环境影响的综合评价，发现芳香族化合物和酯类为三聚氰胺贴面刨花板主要气味物质来源，芳香族化合物多呈现植物芳香，酯类物质多呈现果香。不同气味活性化合物的气味强度和其浓度并没有直接的相关性，但是同一种气味活性化合物的质量浓度会在一定程度上影响其气味强度的大小。李赵京等采用 1 m^3 气候箱法对三聚氰胺浸渍纸贴面中纤板及其 MDF 素板进行气体采样，利用 GC-MS-O 确定气味活性化合物，发现三聚氰胺浸渍纸贴面会抑制气味活性化合物的释放，降低其质量浓度和气味强度，且同一种气味活性化合物的质量浓度会在一定程度上影响其气味强度的大小。

参 考 文 献

邓睿, 周飞, 唐江, 等. 2014. VOC 的排放以及控制措施和建议. 材料导报, 28(S2): 378-384.

贾竹贤. 2009. 酚醛胶实木复合地板及基材有机挥发物释放. 北京: 中国林业科学研究院.

李杰. 2014. VOC 气体检测仪的设计. 大连: 大连交通大学.

李赵京, 沈隽, 蒋利群, 等. 2018. 三聚氰胺浸渍纸贴面中纤板气味释放分析. 北京林业大学学报, 40(12): 117-123.

梁宝生, 田仁生. 2003. 总挥发性有机化合物(TVOC)室内空气质量评价标准的制订. 重庆环境科学, 25(5): 1-3.

刘铭, 沈隽, 王伟东, 等. 饰面刨花板 VVOC 及气味释放分析. 北京林业大学学报, 2021, 43(8): 117-126.

沈隽, 蒋利群. 2018. 人造板 VOCs 释放研究进展. 林业工程学报, 3(6): 1-10.

孙克亮. 2014. 家具 VOC 释放组分水平分析. 广东化工, 41(22): 196-197.

王启繁, 沈隽, 蒋利群, 等. 2019. 三聚氰胺贴面刨花板对环境影响的综合评价. 中南林业科技大学学报, 39(3): 99-106.

王启繁, 沈隽, 曾彬, 等. 2020. 漆饰贴面刨花板 VOCs 及气味释放研究. 林业科学, 56(5): 130-142.

谢力生. 2001. 居室环境与木材气味. 家具与室内装饰, (3): 13-15.

杨锐, 徐伟, 梁星宇, 等. 2017. 家具 VOC 与异味检测技术探索与分析. 家具, 38(5): 99-103.

杨锐, 徐伟, 梁星宇, 等. 2018. 床头柜 VOC 及异味气体释放组分分析. 家具, 39(2): 24-27.

赵杨. 2015. 胶合板和复合地板 VOC 快速检测研究. 哈尔滨: 东北林业大学.

赵杨, 沈隽, 崔晓磊. 2015. 3 层复合地板 VOC 释放及快速检测. 林业科学, 51(2): 99-104.

朱科, 杜光月, 郑焕琪, 等. 2018. 复合地采暖地板运行工况下的甲醛和 VOC 释放浓度. 林业科学, 54(11): 73-78.

Aatamila M, Verkasalo P K, Korhonen M J, et al. 2011. Odour annoyance and physical symptoms among residents living near waste treatment centres. Environ Res, 111: 164-170.

Adhoc A G. 2013. Indicative values for acetaldehyde in indoor air. Federal Health Gazette, 56: 1434-1447.

ANSI. 2011. Standard for formaldehyde and TVOC emissions of low-emitting office furniture systems and seating: ANSI/BIFMA X7.1-2011.

ANSI. 2011. Standard test method for determining VOC emissions from office furniture systems, components and seating: ANSI/BIFMA M7.1-2011.

Brattoli M, Cisternino E, Dambruoso P R, et al. 2013. Gas chromatography analysis with olfactometric detection(GC-O) as a useful methodology for chemical characterization of odorous compounds. Sensors, 13: 16759-16800.

Brown V M, Crump D R. 2013. An investigation into the performance of a multi-sorbent sampling tube for the measurement of VVOC and VOC emissions from products used indoors. Anal

Methods, 5: 2746-2756.

BSI. 2017. Construction products: Assessment of release of dangerous substances-determination of emissions into indoor air: BS EN 16516: 2017.

Buettner A. 2017. Springer Handbook of Odor. Berlin: Springer.

Culleré L, Fernández De Simón B, Cadahía E, et al. 2013. Characterization by gas chromatography-olfactometry of the most odor-active compounds in extracts prepared from acacia, chestnut, cherry, ash and oak woods. LWT-Food Sci Technol, 53(1): 240-248.

Daumling C. 2012. Product evaluation for the control of chemical emissions to indoor air—10 Years of experience with the AgBB scheme in Germany. Clean: Soil, Air, Water, 40(8): 779-789.

Díaz-Maroto M C, Guchu E, Castro-Vázquez L, et al. 2008. Aroma-active compounds of American, French, Hungarian and Russian oak woods, studied by GC-MS and GC-O. Flavour Frag J, 23(2): 93-98.

Doty R. 1995. Handbook of Olfaction and Gustation. New York: Wiley-Blackwell.

EU. 2011. Regulation(EU)No.305/2011 of the European Parliament and of the Council of 9 March 2011 Laying down Harmonised Conditions for the Marketing of Construction Products and Repealing Council Directive 89/106/EEC.

European Collaborative Action(ECA). 1997. Indoor air quality & its impact on man. Total volatile organic compounds(TVOC) in indoor air quality investigations. Report No. 19, EUR 17675 EN.

European Collaborative Action(ECA). 1999. Indoor air quality & its impact on man. Sensory evaluation of indoor air quality. Report No. 20, EUR 18676 EN.

European Collaborative Action(ECA). 2013. Harmonisation framework for health based evaluation of indoor emissions from construction products in the european union using the EU-LCI concept. Report No. 29, EUR 26168 EN.

Gallego E, Roca F J, Perales J F, et al. 2010. Comparative study of the adsorption performance of a multi-sorbent bed(Carbotrap, Carbopack X, Carboxen 569) and a Tenax TA adsorbent tube for the analysis of volatile organic compounds(VOC). Talanta, 81: 916-924.

Ghadiriasli R, Wagenstaller M, Büttner A. 2018. Identification of odorous compounds in oak wood using odor extract dilution analysis and two-dimensional gas chromatography-mass spectrometry/olfactometry. Anal Bioanal Chem, 410: 6595-6607.

Hino T, Nakanishi S, Maeda T, et al. 1998. Determination of very volatile organic compounds in environmental water by injection of a large amount of headspace gas into a gas chromatograph. J Chromatogr A, 810: 141-147.

Hippelein M. 2006. Analysing selected VVOC in indoor air with solid phase microextraction (SPME): A case study. Chemosphere, 65: 271-277.

ISO. 2006. Indoor air—Part 11: Determination of the emission of volatile organic compounds from building products and furnishing—Sampling, storage of samples and preparation of test specimens: ISO 16000-11: 2006.

ISO. 2008. Indoor air—Part 9: Determination of the emission of volatile organic compounds from building products and furnishing—Emission test chamber method: ISO 16000-9: 2008.

ISO. 2011. Indoor air—Part 6: Determination of volatile organic compounds in indoor and test chamber air by active sampling on Tenax TA sorbent, thermal desorption and gas chromatography using MS/FID: ISO 16000-6: 2011.

Klepeis N E, Nelson W C, Ott W R, et al. 2001. The national human activity pattern survey (NHAPS): A resource for assessing exposure to environmental pollutants. J Expo Anal Env Epid, 11(3): 231-252.

Liu R, Wang C, Huang A M, et al. 2018. Characterization of odors of wood by gas chromatography-olfactometry with removal of extractives as attempt to control indoor air quality. Molecules, 23(1): 203.

Liu R, Wang C, Huang A M, et al. 2018. Identification of odorous constituents of Southern Yellow Pine and China fir wood: The effects of extractive removal. Anal Methods, 10(18): 2115-2122.

NIOSH. 1996. Volatile organic compounds (screening): Method 2549.

Rothweiler H, Wager P A. Schlatter C. 1992. Volatile organic compounds and some very volatile organic compounds in new and recently renovated buildings in Switzerland. Atmos Environ A Gene Topics, 26: 2219-2225.

Salthammer T. 2016. Very volatile organic compounds: An understudied class of indoor air pollutants. Indoor Air, 26(1): 25-38.

Schieweck A, Gunschera J, Varol D, et al. 2018. Analytical procedure for the determination of very volatile organic compounds (C_3～C_6) in indoor air. Anal Bioanal Chem, 410: 3171-3183.

Schreiner L, Bauer P, Büttner A. 2018. Resolving the smell of wood identification of odour-active compounds in Scots pine (*Pinus sylvestris* L.). Sci Rep, 8: 1-9.

Schreiner L, Loos H M, Büttner A. 2017. Identification of odorants in wood of *Calocedrus decurrens* (Torr.) Florin by aroma extract dilution analysis and two-dimensional gas chromatography-mass spectrometry/olfactometry. Anal Bioanal Chem, 409: 3719-3729.

U. S. EPA. 1999. Compendium of methods for the determination of toxic organic compounds in ambient air. Method TO-17: Method for the determination of *N*-nitrosodimethylamine (NDMA) in ambient air using gas chromatography. https://www.epa.gov/amtic/compendium-methods-determination-toxic-organic-compounds-ambient-air.

Ueta I, Mitsumori T, Suzuki Y, et al. 2015. Determination of very volatile organic compounds in water samples by purge and trap analysis with a needle-type extraction device. J Chromatogr A, 1397: 27-31.

Ueta I, Samsudin E L, Mizuguchi A, et al. 2014. Double-bed-type extraction needle packed with activated-carbon-based sorbents for very volatile organic compounds. J Pharm Biomed Anal, 88: 423-428.

Wallace L A. 1991. Comparison of risks from outdoor and indoor exposure to toxic-chemicals. Environ Health Perspect, 95(4): 7.

Wang B, Zhao Y, Lan Z, et al. 2016. Sampling methods of emerging organic contaminants in indoor air. Trends Anal Chem, 12(Supplement C): 13-22.

Wang Q F, Shao Y L, Cao T Y, et al. 2017. Identification of key odor compounds from three kinds of wood species. 2017 International Conference on Environmental Science and Sustainable Energy, ESSE139, Suzhou, China.

Wang Q F, Shen J, Zeng B, et al. 2020. Identification and analysis of odor-active compounds from *Choerospondias axillaris*(Roxb.) Burtt Et Hill with different moisture content levels and lacquer treatments. Sci Rep, 10: 9565.

Wang Q F, Zeng B, Shen J, et al. 2020. Effect of lacquer decoration on VOCs and odor release from *P. neurantha*(Hemsl.) Gamble. Sci Rep, 10: 14856.

Weschler C J. 2009. Changes in indoor pollutants since the 1950s. Atmos Environ, 43: 153-169.

第 2 章　木材气味释放组分研究及特征图谱表达

木材被广泛使用于室内家具、地板及装饰用材，其释放的挥发性有机化合物及异味是造成室内空气污染的重要原因之一。本章研究从降低木材在室内环境中挥发性有机化合物及异味释放出发，利用 GC-MS-O 技术联合气味萃取分析方法，对南北方不同树种木材释放的气味活性化合物进行识别鉴定。使用层次分析法(AHP)，在气味强度指数的基础上构建层次结构模型。通过比较矩阵分析、单排序权重计算、矩阵总排序权重计算以及一致性检验对 16 种不同树种木材的主要气味源化合物进行定性与定量分析，实现不同树种木材关键气味活性化合物溯源。参考香水香氛领域对不同香味的分类，根据神经学科学家分析整理形成的人类感知气味类别的相关研究结果，总结得到不同类型气味轮廓，实现对不同树种木材气味物质特征及气味轮廓图谱的表达。

2.1　木材 TD/GC-MS-O 气味分析方法

2.1.1　试验材料与采样方法

1. 试验材料

试验材料选用 16 种南北方不同树种木材，具体参数见表 2-1。其中 1～11 号南方不同树种木材样品产自广运林场(桂林，中国广西)，12～16 号北方不同树种木材样品来源于沈阳森宝木业有限公司(沈阳，中国辽宁)。木材样品被干燥至平衡含水率状态(10%±2%)，裁剪成厚度 16 mm、直径 60 mm 圆形试件。样品均取同一板材相同或相近位置的材料以确保试验数据的稳定性。样品边部沿厚度方向用铝制胶带封边处理，防止板材边部产生 VOCs 的高释放。单个样品暴露面积为 5.65×10^{-3} m^2。样品处理完毕后使用聚四氟乙烯(PTFE)袋进行真空密封处理，贴好标签纸，置于−30℃的冰箱中保存备用。

表 2-1　试验材料

序号	树种名称	科	属	拉丁名
1	酸枣	漆树科	酸枣属	*Choerospondias axillaris* (Roxb.) Burtt et Hill
2	马尾松	松科	松属	*Pinus massoniana* Lamb.
3	巨尾桉	桃金娘科	桉属	*Eucalyptus grandis* × *E. urophylla*

续表

序号	树种名称	科	属	拉丁名
4	板栗	壳斗科	栗木属	*C. mollissima* Bl.
5	桂花	木犀科	木犀属	*Osmanthus fragrans* Lour.
6	白楠	樟科	楠属	*P. neurantha* (Hemsl.) Gamble
7	香樟	樟科	樟属	*Cinnamomum camphora* (L.) Presl
8	阴香	樟科	樟属	*C. burmanii* (Nees) Bl.
9	构树	桑科	构树属	*Broussonetia papyrifcra* (L.) Vent.
10	苦楝	楝科	楝属	*Melia azedarach* L.
11	香椿	楝科	香椿属	*Toona sinensis* (A. Juss.) Roem.
12	柞木	大风子科	柞木属	*Xylosma racemosum* (Sieb. et Zucc.) Miq.
13	水曲柳	木犀科	梣属	*Fraxinus mandshurica* Rupr.
14	长白鱼鳞云杉	松科	云杉属	*Picea jezoensis* Carr. var. *microsperma* (Lindl.) Cheng et L. K. Fu
15	大青杨	杨柳科	杨属	*Populus ussuriensis* Kom.
16	落叶松	松科	落叶松属	*Larix gmelinii* (Rupr.) Kuzen.

2. 采样方法

使用微池热萃取仪(M-CTE250，Markes 国际公司，英国)搭配 Tenax TA 吸附管及多填料吸附管对样品释放的挥发性有机化合物及气味组分进行采集。吸附管(Markes 国际公司，英国)规格为：89 mm(长度)×6.4 mm(外径)，内含 Tenax TA/Carbopack C、Carbopack B 和 Carboxen 1000 混合填料。首次使用前需进行活化处理，以后每次采样前需按下列方式进行梯度净化处理：高纯氮气流速为 50～100 mL/min 的条件下 100℃加热 15 min，200℃加热 15 min，300℃加热 15 min，380℃加热 15 min。吸附管两端搭配铜帽使用。微池热萃取仪包括 4 个深 36 mm、直径 64 mm 的圆柱形微池，温度可调节范围为 0～250℃，可用于检测和分析各种不同材料。具体试验参数如表 2-2 所示。

表 2-2　试验参数

试验参量	数值
舱体体积/m^3	1.35×10^{-4}
装载率/(m^2/m^3)	41.85
空气交换率与负载因子之比/[$m^3/(m^2\cdot h)$]	0.5±0.05
温度/℃	23±1
相对湿度/%	40±5

试验由 4 个圆柱形微池同时进行样品采集。在设定条件下采集 4 份样品，留存待分析。具体操作步骤如下所示：

(1) 每次采样前，使用去离子水擦拭微池热萃取仪内壁 3 次，清洁后打开电源。设置采样条件，通入高纯氮气，烘干采样舱内壁。待采样舱参数到达设定值并稳定后，将解冻好的预处理试验样品置于微池热萃取仪中，关闭舱门，保持舱体处于密封状态。气密性检查无误后开始试验。

(2) 每个样品采样循环周期为 8 h，待样品状态稳定后，将吸附管插入舱体采样管接头并拧紧，吸附管的另一端接入智能流量计以测量采样速率。单个样品采样量为 2 L。

(3) 采样完毕后使用铜帽将吸附管两端密封，使用聚四氟乙烯塑料袋将其包好，留存待分析。关闭微池热萃取仪电源和高纯氮气阀门，取出采样舱内的试件。

2.1.2　VVOCs/VOCs 分析方法

1. 试验设备及相关参数

样品采集完毕后，使用热脱附全自动进样器搭配热脱附仪 (TD) 和气相色谱-质谱 (GC-MS) 联用仪对吸附管中样品释放的挥发性有机化合物进行分析。相关设备参数如下所示。

1) 热脱附全自动进样器 (Markes 国际公司，英国)

Ultra 型 100 位热脱附全自动进样器，操作简便可靠，与 Unity2 型热脱附仪联机使用，实现自动压力进样。通过现有热脱附主机软件直接控制。每一个吸附管可以设定各自的脱附方法，按样品、校正样品或空白进样分类，所有序列方法能被储存；每支吸附管的操作状态、分类、序列视图都有图形显示；每个分析事件都将被记录在序列报告中。

2) 热脱附仪 (Markes 国际公司，英国)

Unity2 型热脱附仪可热脱附吸附管中采集的挥发性有机化合物，与 GC-MS 直接连接，实现对管内化合物的吹扫进样工作。热脱附装置分析条件如下所示：

(1) 热脱附温度：280℃；

(2) 热脱附时间：解吸时间 10 min，预吹扫 1 min，进样时间 1 min；

(3) 载气及流量：氮气，30 mL/min；

(4) 冷阱捕集温度：−15℃；

(5) 传输线温度：220℃。

3) DSQ Ⅱ 气相色谱-质谱联用仪 (Thermo Fisher Scientific，德国)

该仪器具有分析数据快速准确、灵敏度高、可靠性和耐用性强的特点，可以高效分析挥发性有机化合物的成分及浓度。气相色谱-质谱联用仪分析参数如下所示：

(1)石英毛细管色谱柱：规格为 30000 mm(长度)×0.26 mm(内径)×0.25 μm(膜厚)，型号 DB-5；

(2)色谱进样口温度：250℃；

(3)载气及流速：氦气(He)，1.0 mL/min(恒流)，不分流进样；

(4)程序升温：40℃ (2 min) $\xrightarrow{2^\circ\text{C/min}}$ 50℃ (4 min) $\xrightarrow{5^\circ\text{C/min}}$ 150℃ (4 min) $\xrightarrow{10^\circ\text{C/min}}$ 250℃ (8 min)；

(5)质量扫描范围及方式：50～650 amu，扫描方式为全扫描；

(6)电离能量：70 eV；

(7)传输线温度：270℃；

(8)离子源温度：230℃；

(9)色谱与质谱接口温度：280℃；

(10)四极杆温度：150℃。

4)TP-5000 通用型热解吸仪(老化仪)

该仪器产自北京北分天普仪器技术有限公司，可脱附 Tenax TA 吸附管中的检测物，清除样品分析完后管内的残留物。

2. 化合物定量方法

化合物定量分析参考国家标准《人造板及其制品中挥发性有机化合物释放量试验方法 小型释放舱法》(GB/T 29899—2013)，具体操作步骤如下所示：以甲醇作为溶剂，首先配制浓度标准样品(苯、甲苯、苯乙烯、萘及其他目标单体化合物)的溶液储备液，即移取甲醇于 100 mL 棕色容量瓶，使用减量法移取 0.2 g(精确至 0.2 mg)标准样品于容量瓶中，用甲醇溶剂稀释至刻度。该标准储备液放置在 0～4℃冰箱中密闭保存，应尽快使用，最长有效期为 4 周。移取上述标准储备液于 100 mL 棕色容量瓶中，用甲醇稀释使其浓度分别为 10 μg/mL、50 μg/mL、200 μg/mL、500 μg/mL、1000 μg/mL，装于 2 mL 具塞样品瓶作为标准工作溶液待用。该标准工作溶液应放置在 0～4℃冰箱中密闭保存，最长有效期为 2 周。

设置好热脱附仪和色谱仪的工作参数，依次放入标准样品吸附管、空白浓度吸附管和测试样品吸附管。对色谱峰逐一识别。试验数据处理工作通过 Xcalibur 软件，由美国国家标准与技术研究所(NIST)和 Wiley 质谱数据库鉴定完成。筛选正反匹配度均大于 750(最大值为 1000)的化合物。单个样品进行三次重复性试验，结果以平均值表示。

1)线性校准方程

根据标准样品吸附管中化合物单体的质量及色谱峰面积，通过最小二乘法得到线性校准方程，如式(2-1)所示(规定线性相关系数 R^2 应大于 0.995)：

$$A_i = K_i \times m_i + b_i \tag{2-1}$$

式中，A_i 为标准样品吸附管中单体化合物 i 的色谱峰面积；K_i 为单体化合物 i 线性校准方程的斜率；m_i 为标准样品吸附管中单体化合物 i 的质量，μg；b_i 为单体化合物 i 线性校准方程在 y 轴上的截距，应保证尽可能小。

2)目标单体化合物解吸量计算

吸附管中苯、甲苯、苯乙烯、萘及其他目标单体化合物的解吸量计算如式(2-2)所示：

$$M_{i,t} = (A_{i,t} - b_i)/K_i \tag{2-2}$$

式中，$M_{i,t}$ 为时间 t 时，吸附管中目标单体化合物 i 的质量，μg；$A_{i,t}$ 为时间 t 时，吸附管中目标单体化合物 i 的色谱峰面积；b_i 为单体化合物 i 线性校准方程在 y 轴上的截距；K_i 为单体化合物 i 线性校准方程的斜率。

3)总挥发性有机化合物解吸量计算

除目标单体化合物外，其他化合物的质量按甲苯的线性校准方程计算，总挥发性有机化合物的解吸量计算如式(2-3)所示：

$$M_{\mathrm{T},t} = \sum M_{i,t} + \sum M_{k,t} \tag{2-3}$$

式中，$M_{\mathrm{T},t}$ 为时间 t 时，总挥发性有机化合物的质量，μg；$M_{i,t}$ 为时间 t 时，目标单体化合物 i 的质量，μg；$M_{k,t}$ 为时间 t 时，除目标单体化合物外其他单体化合物的质量，μg。

4)目标单体化合物释放浓度计算

目标单体化合物释放浓度根据式(2-4)计算：

$$C_{i,t} = (M_{i,t} - M'_{i,t})/V_t \tag{2-4}$$

式中，$C_{i,t}$ 为时间 t 时，吸附管中目标单体化合物 i 的质量浓度，μg/m^3；$M_{i,t}$ 为时间 t 时，吸附管中目标单体化合物 i 的质量，μg；$M'_{i,t}$ 为时间 t 时，空白浓度吸附管中目标单体化合物 i 的质量，μg；V_t 为时间 t 时的采样体积，m^3。

5)总挥发性有机化合物浓度计算

总挥发性有机化合物的质量浓度根据式(2-5)计算：

$$C_{\mathrm{T},t} = \frac{\sum M_{i,t} - \sum M'_{i,t}}{V_t} + \frac{\sum M_{k,t} - \sum M'_{k,t}}{V_t} = \sum C_{i,t} + \sum C_{k,t} \tag{2-5}$$

式中，$C_{\mathrm{T},t}$ 为时间 t 时，总挥发性有机化合物的质量浓度，μg/m^3；$M_{i,t}$ 为时间 t 时，吸附管中目标单体化合物 i 的质量，μg；$M'_{i,t}$ 为时间 t 时，空白浓度吸附管中目标单体化合物 i 的质量，μg；$M_{k,t}$ 为时间 t 时，吸附管中除目标单体化合物外其他单体化合物的质量，μg；$M'_{k,t}$ 为时间 t 时，空白浓度吸附管中除目标单体化合物外其他单体化合物的质量，μg；V_t 为时间 t 时的采样体积，m³；$C_{i,t}$ 为时间 t 时，吸附管中目标单体化合物 i 的质量浓度，μg/m³；$C_{k,t}$ 为时间 t 时，除目标单体化合物外其他单体化合物的质量浓度，μg/m³。

2.1.3　气味分析与识别方法

该试验在气相色谱-质谱的基础上运用气相色谱-嗅觉测量技术，组合成为气相色谱-质谱/嗅觉测量(GC-MS-O)技术。利用分析仪器分离检测出具体气味化合物的成分及其质量浓度，结合主观嗅觉描述单一确定化合物气味类型与强度的检测技术，实现对挥发性有机化合物的定性、定量分析。使用 Sniffer 9100 嗅味检测仪(Brechbühler AG 公司，瑞士)、传输线进行加热处理，以保证嗅觉端口无冷凝点，避免样品交叉污染。气相色谱毛细管柱流出物被分为两组，一组进入质谱仪进行分析，另一组进入嗅味检测仪进行感官评价(比例 1∶1)。相关参数设置如下：ODP 传输线温度为 150℃；氮气(N_2)通过净化阀用作载气；在嗅辨评价端口加入湿空气，以防止感官评价员鼻黏膜脱水。作为气相色谱技术的延伸，闻香器主要用于香气分析中各种气味来源的识别，为进一步判断气味物质的详细结构提供一个基础分析平台。GC-MS-O 技术装置如图 2-1 所示。

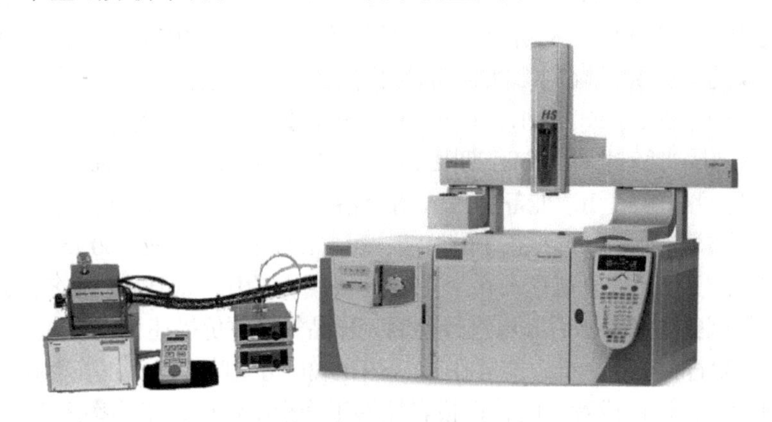

图 2-1　GC-MS-O 技术装置图

气味识别与分析的过程参照标准 ISO 12219-7：2017 相关流程。通过训练与筛选，由 4 名感官评价员(年龄在 20～30 岁之间，嗅觉感知能力良好、无吸烟史和嗅觉器官疾病，无使用重香味化妆品及嚼口香糖或槟榔嗜好，非过敏体质和慢性鼻炎患者)组成气味嗅辨组。主要由感官评价员的筛选、嗅辨训练、测试、试验进行和再测试训练几个部分组成。具体流程(图 2-2)和环境标准要求见下文。

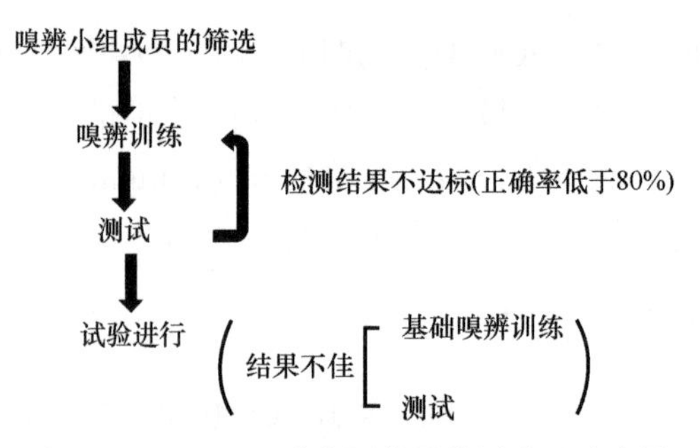

图 2-2　GC-MS-O 感官评价员检测流程示意图

1. 试验环境的要求

确保试验环境空气可经常更新流通，同时应避免周围环境，如气味、粉尘、烟、噪声等的影响；试验时室内环境应为温度控制在 23℃±2℃，相对湿度 40%±10%的密闭空间；具备气味评价间独立的评价台，避免评价员在试验时相互影响；感官评价员在试验室环境中适应一定时间，并确保其在试验室环境中处于舒适状态。

2. 感官评价员的筛选与训练

选择年龄在 20～30 岁之间，嗅觉感知能力良好、无吸烟史和嗅觉器官疾病，无使用重香味化妆品及嚼口香糖或槟榔嗜好，非过敏体质和慢性鼻炎患者的感官评价员进行试验。配制 DPCA 标准正丁醇溶液，使用 4 个 1 L 容量瓶分别配制 2 mL/L、10 mL/L、20 mL/L、30 mL/L 四种浓度的正丁醇溶液，标记好浓度和配制时间，隔热隔光密封保存(储存期限 3 天)。在进行一定次数的训练后对感官评价员进行测试。测试前 1 h，准备 DPCA 标准溶液：将 100 mL±5 mL 的去离子水、2 mL/L 正丁醇溶液、10 mL/L 正丁醇溶液、20 mL/L 正丁醇溶液、30 mL/L 正丁醇溶液和 99.5%正丁醇溶液分别置入 6 个 1 L 广口玻璃瓶中。标记好溶液名称放置于试验间。确保试验环境合格后方可进行检测，样品气味评价描述见表 2-3。合格的感官评价员需要符合如下标准：能够在 10 s 内正确区分气味等级，正确率高于 80%；故意贴错标签，让选拔者试闻，选拔者能够正确指出错误，正确率高于 80%。选定感官评价小组成员后，可使用已知特征气味组分的木制品作为样品，对感官评价员进行训练和测试。将试验结果和已知试验数据进行比较，并比较其准确性。

表 2-3　正丁醇溶液气味评价对应等级

正丁醇浓度	等级分类	气味评价描述
0(去离子水)	0 级	无异味、察觉不到
2 mL/L	1 级	可察觉、轻微强度
10 mL/L	2 级	可察觉、中等强度，但无刺激性

续表

正丁醇浓度	等级分类	气味评价描述
20 mL/L	3 级	强度较大、有刺激性味道
30 mL/L	4 级	强度很大、强烈的刺激性
99.5%正丁醇溶液	5 级	无法忍受

3. 试验过程要求(参照标准 BS EN 13725：2003)

(1)感官评价员应具有正确的试验动机；
(2)一旦确定评价小组，应尽量保持不变，以免影响试验的准确性；
(3)在试验开始 12 h 前，感官评价员不允许使用香水、除臭剂和有香味的清洁用品与化妆品；
(4)生病者不允许参与感官试验；
(5)试验开始 0.5 h 前，感官评价员不允许进食、吸烟、喝除水以外的其他饮品；
(6)禁止感官评价员在试验进行中比较试验结果；
(7)禁止进行任何可能对室内气味产生影响的活动。

4. GC-O 气味分析评价

试验选用气相色谱-嗅觉测量方法中的时间强度法，样品进样、色谱出峰的同时，感官评价员从 ODP 嗅觉端口感知并描述色谱柱流出组分，同时记录各流出组分的气味流出时间、气味类型、气味强度等信息，对气味活性化合物进行鉴定，同时采用指纹跨度法进一步验证结果。气味强度的判别参考日本标准：0=无臭，1=非常弱(勉强可嗅出的气味)，2=弱(稍可嗅出的气味)，3=中等(易嗅出的气味)，4=强(较强的气味)，5=非常强(强烈的气味)。当至少两名感官评价员描述相同的气味特性时，记录最终试验结果。气味强度值基于不同感官评价员给出结果的平均值。在感官评价员 GC-O 鉴定的基础上，通过质谱数据对比分析、相关气味文献查阅、保留指数参考等方法确定气味活性化合物最终特征。通过 Excel 处理样品数据，采用面积归一法得到木材释放气味活性化合物的相对百分含量，再结合质谱进行定量分析研究。同时根据正构烷烃(C_6～C_{30})在相同色谱条件下的保留时间计算相应气味活性化合物的保留指数 RI，具体见式(2-6)：

$$RI = 100z + 100[TR(x) - TR(z)]/[TR(z+1) - TR(z)] \tag{2-6}$$

式中，$TR(x)$、$TR(z)$、$TR(z+1)$分别代表气味活性化合物及碳数为 z、$z+1$ 正构烷烃的保留时间。即通过气味活性化合物与相同条件下系列前后正构烷烃的保留时间计算得到保留指数，存在如下关系 $TR(z) < TR(x) < TR(z+1)$。

2.2 木材释放气味活性化合物鉴定及气味强度分布

对南北方不同树种木材，包括酸枣、马尾松、巨尾桉、板栗、桂花、白楠、香樟、阴香、构树、苦楝、香椿、柞木、水曲柳、长白鱼鳞云杉、大青杨和落叶松 16 种树种木材在平衡含水率下释放的 VVOCs/VOCs 及气味活性化合物进行鉴定分析，得到的具体信息介绍如下。

2.2.1 南方不同树种木材释放气味组分分析及强度分布

1. 酸枣木释放 VVOCs/VOCs 成分及气味活性化合物鉴定

对酸枣木释放的 VVOCs/VOCs 及气味活性化合物进行鉴定分析。鉴定得到平衡含水率条件下酸枣木释放的 7 类 42 种挥发性化合物及气味特征信息。检测得到酸枣木释放的 2 种 VVOCs 物质，分别为乙醇(C_2H_6O)和乙酸($C_2H_4O_2$)。与酸枣木中的碳原子为 6～16 个的 VOCs 相比，酸枣木释放 VVOCs 不仅种类少，含量占比也不高，质量浓度只占总浓度的 3.28%。两种 VVOCs 物质都具有气味特征。通过 GC-MS-O 技术鉴定得到酸枣木释放的 26 种气味活性化合物，主要包括芳香族化合物、醛酮类、烯烃、酯类、醇类、烷烃和其他类化合物。其中芳香族化合物对酸枣木的整体气味形成有着主要的贡献，共鉴定得到 11 种芳香族气味活性化合物。

使用 GC-MS-O 技术对平衡含水率条件下酸枣木释放的 VVOCs/VOCs 不同组分物质进行分析研究。图 2-3 为平衡含水率条件下，酸枣木释放各组分物质浓度及气味强度分布。可以发现，酸枣木释放 VOCs 主要组分为芳香族化合物、烯烃和醛酮类，其质量浓度分别为 796.31 μg/m^3、635.49 μg/m^3 和 159.23 μg/m^3，分别占 VOCs 总释放组分的 39.63%、31.62%和 7.93%。同时发现少量酯类(155.86 μg/m^3)，烷烃(141.43 μg/m^3)、醇类(104.06 μg/m^3)和其他类(16.98 μg/m^3)，占比分别为 7.76%、7.04%、5.18%和 0.85%。各组分浓度由高到低依次为芳香族化合物 > 烯烃 > 醛酮类 > 酯类 > 烷烃 > 醇类 > 其他类。在所有 VOCs 释放组分中，呈现气味特性的主要组分为芳香族化合物、烯烃和醛酮类，其中气味组分分别占其总组分浓度的 80.08%、99.02%和 96.52%。VVOCs 组分主要出现在醇类和其他类，且所有组分均呈现气味特征，其释放浓度分别为 48.76 μg/m^3 和 16.98 μg/m^3。VOCs 和 VVOCs 气味组分浓度占总组分浓度的比例分别为 77.72% 和 100%。与气味浓度组分相同，不同组分气味强度呈现最高的组分仍为芳香族化合物(15.1)，其次为醛酮类(7.9)、烯烃类(5.6)和醇类(3.4)。其他类、酯类和烷烃的气味强度分别为 1.0、1.9 和 0.8。

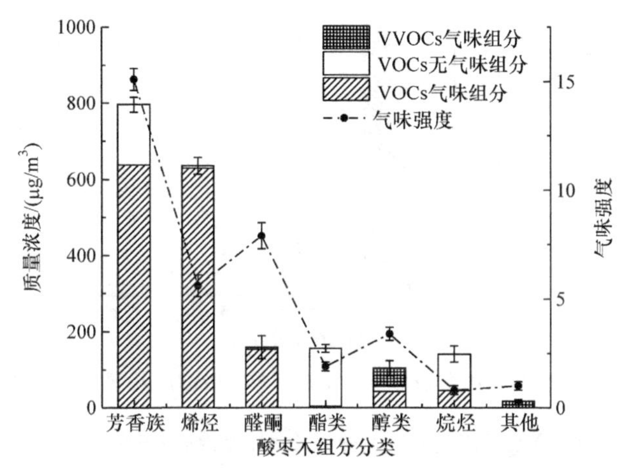

图 2-3　平衡含水率条件下酸枣木释放组分浓度及气味强度对比

2. 马尾松释放 VVOCs/VOCs 成分及气味活性化合物鉴定

通过对马尾松释放 VVOCs/VOCs 成分及气味活性化合物的分析，鉴定得到平衡含水率条件下马尾松释放的 5 类 48 种挥发性化合物及气味特征信息，主要包括芳香族化合物、醛酮类、烯烃、醇类和烷烃类。只检测到戊烷(C_5H_{12})一种具有气味特征的 VVOC 组分。与马尾松中的碳原子为 6～16 个的 VOCs 相比，马尾松释放 VVOCs 种类少且含量低，质量浓度只占总浓度的 0.29%。通过 GC-MS-O 技术鉴定得到马尾松释放的 20 种气味活性化合物，主要包括芳香族化合物、醛酮类、烯烃、醇类和烷烃类。其中烯烃类和醛酮类化合物对马尾松的整体气味形成有着主要的贡献，分别鉴定得到 6 种烯烃和 9 种醛酮类气味活性化合物。

图 2-4 为平衡含水率条件下，马尾松释放各组分物质浓度及气味强度分布。可以发现，马尾松释放 VOCs 主要组分为芳香族化合物、烯烃和醛酮类，其质量浓度分别为 2602.72 μg/m^3、3459.38 μg/m^3 和 567.20 μg/m^3，分别占 VOCs 总释放组分的 38.51%、51.18%和 8.39%。同时发现少量醇类(21.27 μg/m^3)和烷烃(108.66 μg/m^3)，占比分别为 0.31%和 1.61%。各组分浓度由高到低依次为烯烃 > 芳香族化合物 > 醛酮类 ≫ 烷烃 > 醇类。所有 VOCs 释放组分均呈现气味特性，其中气味组分分别占其总组分浓度的 87.07%、0.38%、91.78%、21.33%和 53.78%。VVOCs 组分出现在烷烃类，占总浓度极少比例。不同组分气味强度呈现最高的组分为烯烃和醛酮类，气味强度均为 10.1，芳香族化合物的气味强度为 0.5。

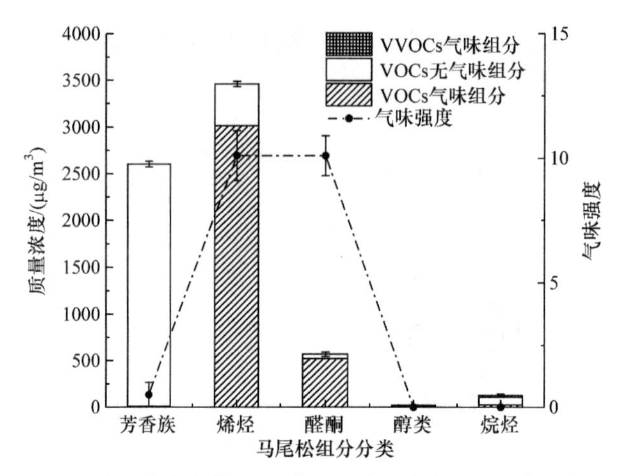

图 2-4　平衡含水率条件下马尾松释放组分浓度及气味强度对比

3. 巨尾桉释放 VVOCs/VOCs 成分及气味活性化合物鉴定

通过对巨尾桉释放 VVOCs/VOCs 成分及气味活性化合物的分析，鉴定得到平衡含水率条件下巨尾桉释放的 7 类 35 种挥发性化合物及气味特征信息，主要包括芳香族化合物、醛酮类、烯烃、酯类、醇类、烷烃类和其他类化合物。发现巨尾桉释放 4 种 VVOCs 化合物，分别为戊醛($C_5H_{10}O$)、乙醇(C_2H_6O)、环氧丙烷(C_3H_6O)和乙酸($C_2H_4O_2$)。与巨尾桉中释放的 VOCs 相比，巨尾桉释放的 VVOCs 种类相对少且含量不高，质量浓度只占总浓度的 8.12%。4 种 VVOCs 都具有气味特征。通过 GC-MS-O 技术鉴定得到巨尾桉释放的 21 种气味活性化合物，主要包括芳香族化合物、醛酮类、烯烃、酯类、醇类、烷烃类和其他类化合物。其中芳香族化合物对巨尾桉的整体气味形成有着主要的贡献，共鉴定得到 8 种芳香族气味活性化合物。

图 2-5 为平衡含水率条件下，巨尾桉释放各组分物质浓度及气味强度分布。可以发现，巨尾桉释放 VOCs 主要组分为芳香族化合物，其质量浓度为 239.14 $\mu g/m^3$，占 VOCs 总释放组分的 72.82%。同时发现少量烯烃(14.07 $\mu g/m^3$)、醛酮类(23.42 $\mu g/m^3$)、酯类(3.17 $\mu g/m^3$)、醇类(23.09 $\mu g/m^3$)和烷烃(25.49 $\mu g/m^3$)，占比分别为 4.28%、7.13%、0.97%、7.03%和 7.76%。各组分浓度由高到低依次为芳香族化合物＞烷烃＞醛酮类＞醇类＞烯烃＞酯类，各 VOCs 组分均呈现气味特性，其中气味组分分别占其总组分浓度的 75.93%、24.52%、100%、76.27%、41.79%和 100%。VVOCs 组分主要出现在烷烃、醇类、醛酮类和其他类，占总浓度极少比例。不同组分气味强度呈现最高的组分为芳香族化合物(7.7)，其次为醛酮类(4.2)，醇类、烷烃和其他类的气味强度分别为 1.8、1.0 和 0.8。

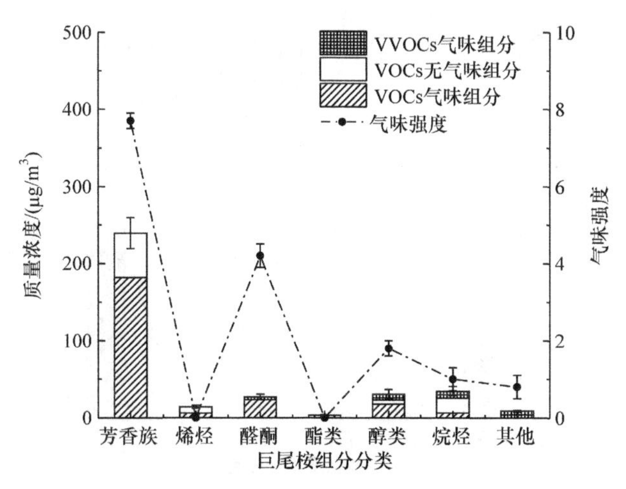

图2-5 平衡含水率条件下巨尾桉释放组分浓度及气味强度对比

4. 板栗木释放VVOCs/VOCs成分及气味活性化合物鉴定

通过对板栗木释放VVOCs/VOCs成分及气味活性化合物的分析，鉴定得到平衡含水率条件下板栗木释放的6类14种挥发性化合物及气味特征信息，主要包括芳香族化合物、烯烃、醛酮类、醇类、烷烃和其他类化合物。发现板栗木释放乙醇(C_2H_6O)和乙酸($C_2H_4O_2$)2种VVOCs物质。与板栗木中的VOCs相比，板栗木释放的VVOCs种类相对少，但其含量比VOCs高，质量浓度占总浓度的60.11%。检测得到的VVOCs化合物都具有气味特征。通过GC-MS-O技术鉴定得到板栗木释放的11种气味活性化合物，主要包括芳香族化合物、醛酮类、烯烃、醇类和其他类化合物。发现醛酮类、烯烃、醇类、芳香族化合物和其他类化合物均对板栗木的整体气味形成有着不同程度的贡献。

图2-6为平衡含水率条件下，板栗木释放各组分物质浓度及气味强度分布。可以发现，板栗木释放VOCs主要组分为芳香族化合物，质量浓度为42.72 μg/m³，占VOCs总释放组分的57.89%。同时发现少量醛酮类(13.03 μg/m³)、烯烃(7.87 μg/m³)、醇类(5.39 μg/m³)和烷烃(4.79 μg/m³)，占比分别为17.66%、10.66%、7.30%和6.49%。各组分浓度由高到低依次为芳香族化合物 > 醛酮类 > 烯烃 > 醇类 > 烷烃，其中芳香族化合物、醛酮类、烯烃和醇类呈现气味特性，气味组分分别占其总组分浓度的89.79%、100%、54.76%和100%。VVOCs组分出现在其他类，其来源主要为乙酸($C_2H_4O_2$)，质量浓度为107.66 μg/m³，占总浓度的比例为58.19%。不同组分气味强度整体不高且差别不大，其他类化合物、芳香族化合物、醇类和醛酮类组分的气味强度分别为3.0、2.0、1.5和1.2。

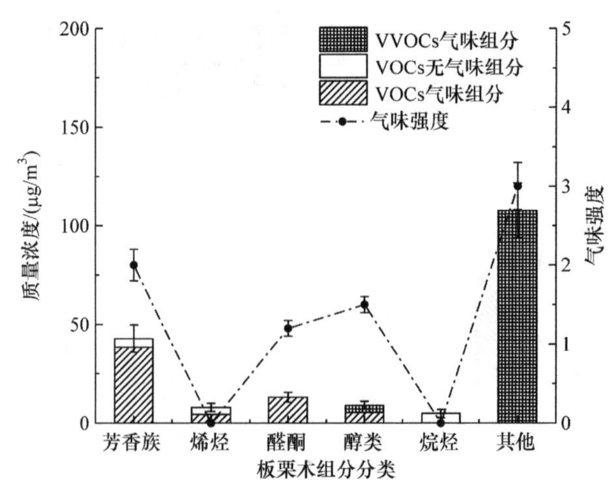

图 2-6 平衡含水率条件下板栗木释放组分浓度及气味强度对比

5. 桂花木释放 VVOCs/VOCs 成分及气味活性化合物鉴定

通过对桂花木释放 VVOCs/VOCs 成分及气味活性化合物的分析，鉴定得到平衡含水率条件下桂花木释放的 7 类 21 种挥发性化合物及气味特征信息，主要包括芳香族化合物、烯烃、醛酮类、酯类、醇类、烷烃和其他类化合物。发现桂花木释放化合物中有三种属于 VVOCs，分别为 2,3-丁二酮($C_4H_6O_2$)、乙醇(C_2H_6O)和乙酸($C_2H_4O_2$)。与桂花木中的 VOCs 相比，桂花木释放的 VVOCs 种类相对少，但其含量与 VOCs 相比差别不大，质量浓度占总浓度的 56.29%。三种 VVOCs 都具有气味特征。通过 GC-MS-O 技术鉴定得到桂花木释放的 16 种气味活性化合物，主要包括芳香族化合物、醛酮类、烯烃、醇类、烷烃和其他类化合物。发现醛酮类、醇类、芳香族化合物、烯烃、醇类和其他类均对桂花木的整体气味形成有着不同程度的贡献。

图 2-7 为平衡含水率条件下，桂花木释放各组分物质浓度及气味强度分布。可以发现，桂花木释放 VOCs 主要组分为芳香族化合物，质量浓度为 29.84 μg/m³，占 VOCs 总释放组分的 43.95%。同时发现少量醛酮类(17.81 μg/m³)、烯烃(10.36 μg/m³)、酯类(3.98 μg/m³)、烷烃(3.18 μg/m³)和醇类(2.73 μg/m³)，占比分别为 26.23%、15.26%、5.86%、4.68%和 4.02%。各组分浓度由高到低依次为芳香族化合物 > 醛酮类 > 烯烃 > 酯类 > 烷烃 > 醇类，其中芳香族化合物、醛酮类、烯烃、烷烃和醇类呈现气味特性，气味组分分别占其总组分浓度的 92.96%、72.60%、63.12%、100%和 100%。VVOCs 组分出现在醇类、醛酮类和其他类，占总浓度的比例分别为 39.89%、14.13%和 2.27%。不同组分气味强度整体较低且差别不大，醛酮类、醇类、芳香族化合物和其他类组分的气味强度分别为 1.8、1.5、1.2 和 0.5。

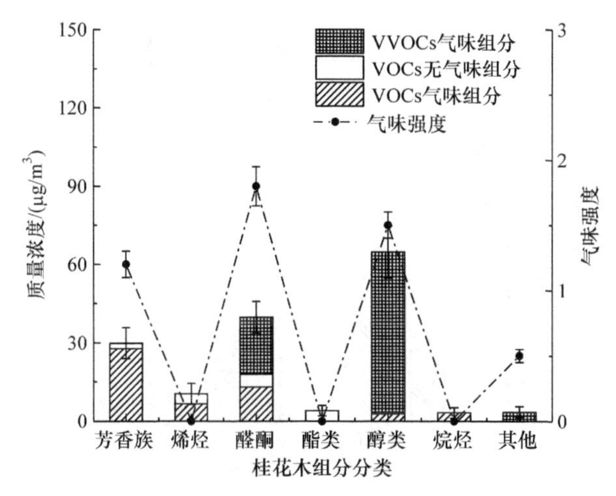

图 2-7　平衡含水率条件下桂花木释放组分浓度及气味强度对比

6. 白楠木释放 VVOCs/VOCs 成分及气味活性化合物鉴定

通过对白楠木释放 VVOCs/VOCs 成分及气味活性化合物的分析，鉴定得到平衡含水率条件下白楠木释放的 7 类 27 种挥发性化合物及气味特征信息，主要包括芳香族化合物、烯烃、醛酮类、酯类、醇类、烷烃和其他类化合物。发现白楠木释放乙醇(C_2H_6O)和乙酸($C_2H_4O_2$)2 种 VVOCs 组分。与白楠木中的 VOCs 相比，白楠木释放的 VVOCs 种类与含量均相对较少，质量浓度只占总浓度的 10.66%。2 种 VVOCs 都具有气味特征。通过 GC-MS-O 技术鉴定得到白楠木释放的 16 种气味活性化合物，主要包括芳香族化合物、醛酮类、烯烃、酯类、醇类和其他类化合物。其中芳香族化合物对白楠木的整体气味形成有着较大的贡献，共鉴定得到 6 种芳香族气味活性化合物。

图 2-8 为平衡含水率条件下，白楠木释放各组分物质浓度及气味强度分布。可以发现，白楠木释放 VOCs 主要组分为芳香族化合物，质量浓度为 132.14 μg/m³，占 VOCs 总释放组分的 47.37%。同时发现少量烯烃(27.59 μg/m³)、醛酮类(44.30 μg/m³)、酯类(40.49 μg/m³)、醇类(7.93 μg/m³)和烷烃(26.48 μg/m³)，占比分别为 9.89%、15.88%、14.52%、2.84%和 9.49%。组分浓度由高到低依次为芳香族化合物 > 醛酮类 > 酯类 > 烯烃 > 烷烃 > 醇类，各组分均呈现气味特性，气味组分分别占其总组分浓度的 86.64%、88.85%、90.17%、46.39%、100%和 100%。VVOCs 组分出现在醇类和其他类，占总浓度的比例分别为 8.67%和 1.99%。不同组分气味强度呈现最高的组分为芳香族化合物(6.7)，其次为醛酮类(3.2)和酯类(2.5)。醇类、烯烃和其他类的气味强度分别为 2.0、0.5 和 0.5。

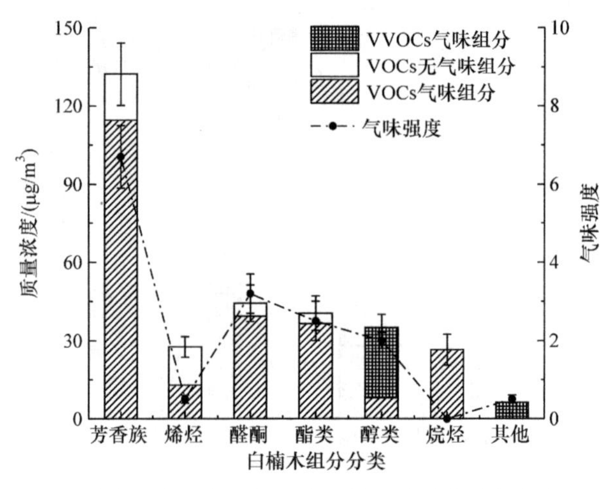

图 2-8 平衡含水率条件下白楠木释放组分浓度及气味强度对比

7. 香樟木释放 VVOCs/VOCs 成分及气味活性化合物鉴定

通过对香樟木释放 VVOCs/VOCs 成分及气味活性化合物的分析，鉴定得到平衡含水率条件下香樟木释放的 7 类 53 种挥发性化合物及气味特征信息，主要包括芳香族化合物、烯烃、醛酮类、酯类、醇类、烷烃和其他类化合物。发现香樟木释放乙醇(C_2H_6O) 1 种 VVOC 组分。与香樟木中的 VOCs 相比，香樟木释放的 VVOCs 种类少且含量低，质量浓度仅占总浓度的 0.17%。释放的单一 VVOC 组分乙醇呈现气味特征。通过 GC-MS-O 技术鉴定得到香樟木释放的 27 种气味活性化合物，主要包括芳香族化合物、醛酮类、烯烃、酯类、醇类和烷烃。其中烯烃对香樟木的整体气味形成有着较大的贡献，共鉴定得到 11 种烯烃类气味活性化合物。

图 2-9 为平衡含水率条件下，香樟木释放各组分物质浓度及气味强度分布。可以发现，香樟木释放 VOCs 主要组分为烯烃类化合物，质量浓度为 8879.13 μg/m^3，占 VOCs 总释放组分的 57.76%。其次为醛酮类、醇类和芳香族化合物，质量浓度分别为 3943.38 μg/m^3、1731.92 μg/m^3 和 687.90 μg/m^3，占 VOCs 总释放组分的 25.65%、11.27%和 4.47%。同时发现少量烷烃(86.92 μg/m^3)、其他类(25.86 μg/m^3)和酯类(18.60 μg/m^3)，占比分别为 0.57%、0.17%和 0.12%。组分浓度由高到低依次为烯烃 > 醛酮类 > 醇类 > 芳香族化合物 > 烷烃 > 其他类 > 酯类，其中烯烃、醛酮类、醇类、芳香族化合物、酯类和烷烃均呈现气味特性，气味组分分别占其总组分浓度的 67.38%、100%、93.29%、22.20%、100%和 20.29%。VVOCs 组分出现在醇类化合物，占总浓度的比例极少。不同组分气味强度呈现最高的组分为烯烃类化合物(22.0)，其次为醇类(9.3)、醛酮类(7.3)和芳香族化合物(4.9)。

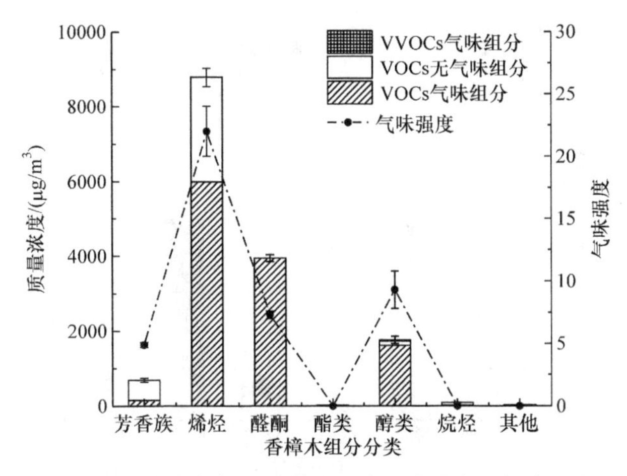

图 2-9　平衡含水率条件下香樟木释放组分浓度及气味强度对比

8. 阴香木释放 VVOCs/VOCs 成分及气味活性化合物鉴定

通过对阴香木释放 VVOCs/VOCs 成分及气味活性化合物的分析，鉴定得到平衡含水率条件下阴香木释放的 6 类 41 种挥发性化合物及气味特征信息，主要包括芳香族化合物、烯烃、醛酮类、酯类、醇类和烷烃。发现阴香木释放乙酸乙烯酯($C_4H_6O_2$)和乙醇(C_2H_6O)2 种 VVOCs 化合物。与阴香木中的 VOCs 相比，阴香木释放的 VVOCs 种类少且含量相对较低，VVOCs 质量浓度占总浓度的 25.25%。释放得到的 VVOCs 组分均呈现气味特征。通过 GC-MS-O 技术鉴定得到阴香木释放的 21 种气味活性化合物，主要包括芳香族化合物、醛酮类、烯烃、酯类、醇类和烷烃。其中芳香族化合物对阴香木的整体气味形成有着较大的贡献，共鉴定得到 9 种芳香族气味活性化合物。

图 2-10 为平衡含水率条件下，阴香木释放各组分物质浓度及气味强度分布。可以发现，阴香木释放 VOCs 主要组分为芳香族化合物，质量浓度为 249.55 μg/m³，占 VOCs 总释放组分的 54.19%。其次为烯烃，质量浓度为 140.42 μg/m³，占 VOCs 总释放组分的 30.49%。同时发现少量烷烃(21.69 μg/m³)、醛酮类(19.96 μg/m³)、酯类(18.97 μg/m³)和醇类(9.92 μg/m³)，占比分别为 4.71%、4.33%、4.12%和 2.15%。组分浓度由高到低依次为芳香族化合物 > 烯烃 > 烷烃 > 醛酮类 > 酯类 > 醇类，各组分均呈现气味特性，气味组分分别占其总组分浓度的 37.30%、24.72%、29.28%、100%、40.43%和 100%。VVOCs 组分出现在醇类和酯类化合物，占总浓度的比例分别为 23.62%和 1.63%。气味强度呈现最高的组分为芳香族化合物(4.7)，其次为烯烃(2.5)、醇类(2.5)、醛酮类(2.3)、烷烃(0.5)和酯类(0.5)。

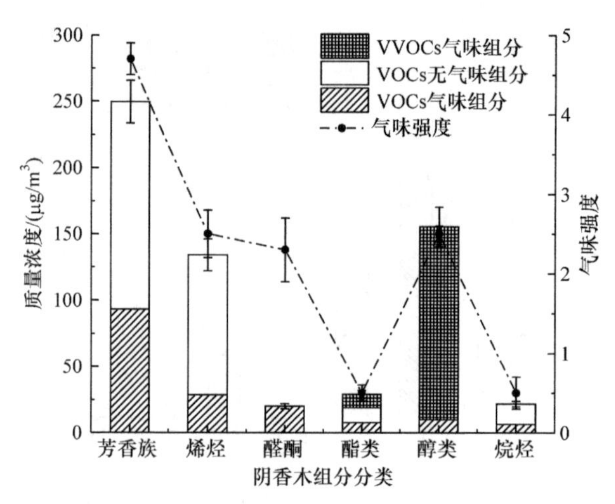

图 2-10 平衡含水率条件下阴香木释放组分浓度及气味强度对比

9. 构木释放 VVOCs/VOCs 成分及气味活性化合物鉴定

通过对构木释放 VVOCs/VOCs 成分及气味活性化合物的分析，鉴定得到平衡含水率条件下构木释放的 6 类 40 种挥发性化合物及气味特征信息，主要包括芳香族化合物、烯烃、醛酮类、酯类、醇类和烷烃类。发现构木释放 2,3-丁二酮($C_4H_6O_2$)和乙醇(C_2H_6O)2 种 VVOCs 化合物。与构木中的 VOCs 相比，构木释放的 VVOCs 种类少且含量相对较低，VVOCs 质量浓度占总浓度的 22.38%。释放得到的 2 种 VVOCs 化合物均呈现气味特征。通过 GC-MS-O 技术鉴定得到构木释放的 21 种气味活性化合物，主要包括芳香族化合物、醛酮类和醇类。其中芳香族化合物对构木的整体气味形成有着较大的贡献，共鉴定得到 14 种芳香族气味活性化合物。

图 2-11 为平衡含水率条件下，构木释放各组分物质浓度及气味强度分布。可以发现，构木释放 VOCs 主要组分为芳香族化合物，质量浓度为 225.94 μg/m³，占 VOCs 总释放组分的 80.96%。同时发现少量醛酮类(17.54 μg/m³)、烯烃(16.68 μg/m³)、醇类(9.31 μg/m³)、酯类(6.63 μg/m³)和烷烃(2.99 μg/m³)，占比分别为 6.28%、5.98%、3.34%、2.38%和 1.07%。组分浓度由高到低依次为芳香族化合物 > 醛酮类 > 烯烃 > 醇类 > 酯类 > 烷烃，其中芳香族化合物、醛酮类和醇类呈现气味特性，气味组分分别占其总组分浓度的 56.41%、100%和 100%。VVOCs 组分出现在醇类和醛酮类化合物，均呈现气味特征，占总浓度的比例分别为 18.29%和 4.09%。气味强度呈现最高的组分为芳香族化合物(5.8)，其次为醛酮类(3.0)和醇类化合物(2.4)。

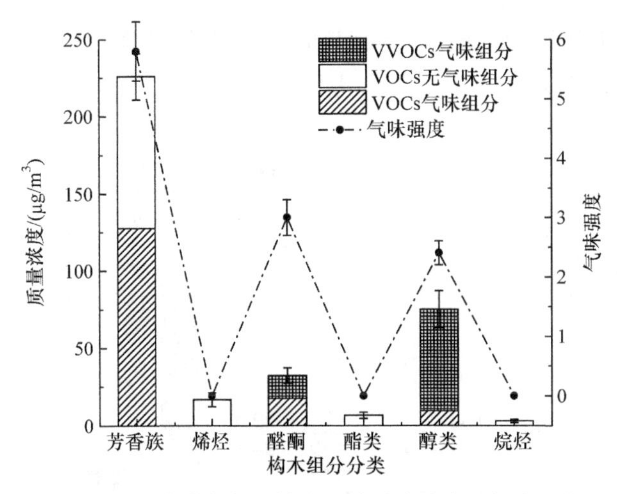

图 2-11　平衡含水率条件下构木释放组分浓度及气味强度对比

10. 苦楝木释放 VVOCs/VOCs 成分及气味活性化合物鉴定

通过对苦楝木释放 VVOCs/VOCs 成分及气味活性化合物的分析，鉴定得到平衡含水率条件下苦楝木释放的 6 类 22 种挥发性化合物及气味特征信息，主要包括芳香族化合物、烯烃、醛酮类、酯类、醇类和其他类化合物。发现苦楝木释放的 7 种 VVOCs 化合物分别为乙醛（C_2H_4O）、乙酸乙酯（$C_4H_8O_2$）、碳酸二乙酯（$C_5H_{10}O_3$）、乙醇（C_2H_6O）、3-甲基-1-丁醇（$C_5H_{12}O$）、(*S*)-2-甲基-1-丁醇（$C_5H_{12}O$）和乙酸（$C_2H_4O_2$）。释放得到的 VVOCs 化合物除(*S*)-2-甲基-1-丁醇外均呈气味特征。发现苦楝木释放 VOCs 的种类比 VVOCs 多，但 VVOCs 的含量与 VOCs 相差不大，VVOCs 和 VOCs 的质量浓度分别占总浓度的 50.33%和 49.67%。通过 GC-MS-O 技术鉴定得到苦楝木释放的 18 种气味活性化合物，主要包括芳香族化合物、烯烃、醛酮类、酯类、醇类和其他类化合物。发现芳香族化合物、烯烃、醛酮类、酯类、醇类和其他类化合物均对苦楝木的整体气味形成有着不同程度的贡献。

图 2-12 为平衡含水率条件下，苦楝木释放各组分物质浓度及气味强度分布。可以发现，苦楝木释放 VOCs 主要组分为醇类，质量浓度为 47.29 μg/m³，占 VOCs 总释放组分的 30.81%。其次为酯类，质量浓度为 37.90 μg/m³，占 VOCs 总释放组分的 24.69%。醛酮类、烯烃和芳香族化合物的质量浓度分别为 28.69 μg/m³、20.21 μg/m³ 和 19.40 μg/m³，占比分别为 18.69%、13.17%和 12.64%。组分浓度由高到低依次为醇类 > 酯类 > 醛酮类 > 烯烃 > 芳香族化合物，各组分均呈现气味特性，气味组分分别占其总组分浓度的 100%、68.29%、100%、100%和 100%。VVOCs 组分出现在醇类、其他类、酯类和醛酮类，各组分均呈现气味特性，占总浓度的比例分别为 25.94%、10.11%、7.27%和 7.01%。各组分气味

强度相差不大且均相对偏低，醇类、其他类、酯类、醛酮类、芳香族化合物和烯烃的气味强度分别为 3.0、2.3、2.0、1.5、1.5 和 1.0。

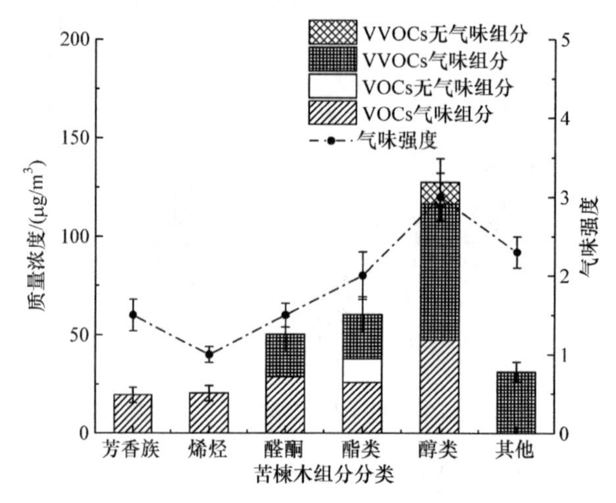

图 2-12　平衡含水率条件下苦楝木释放组分浓度及气味强度对比

11. 香椿木释放 VVOCs/VOCs 成分及气味活性化合物鉴定

通过对香椿木释放 VVOCs/VOCs 成分及气味活性化合物的分析，鉴定得到平衡含水率条件下香椿木释放的 7 类 62 种挥发性化合物及气味特征信息，主要包括芳香族化合物、烯烃、醛酮类、酯类、醇类、烷烃和其他类化合物。鉴定得到香椿木释放的 5 种 VVOCs 化合物，分别为 2-丁酮(C_4H_8O)、乙酸乙烯酯($C_4H_6O_2$)、乙酸乙酯($C_4H_8O_2$)、乙醇(C_2H_6O)和乙酸($C_2H_4O_2$)，5 种 VVOCs 化合物均呈气味特征。发现香椿木释放 VOCs 的种类和含量均远远高于 VVOCs，VVOCs 的质量浓度占总浓度的 2.34%。通过 GC-MS-O 技术鉴定得到香椿木释放的 26 种气味活性化合物，主要包括芳香族化合物、烯烃、醛酮类、酯类、醇类、烷烃和其他类化合物。其中烯烃类化合物对香椿木整体气味的形成有着主要的贡献，共鉴定得到 4 种烯烃类化合物。

图 2-13 为平衡含水率条件下，香椿木释放各组分物质浓度及气味强度分布。发现芳香族化合物和烯烃是香椿木释放的主要 VOCs 组分，质量浓度分别为 6552.55 μg/m³ 和 5676.55 μg/m³，占 VOCs 总释放组分的 52.58%和 45.55%，两类组分的总占比超过 VOCs 总浓度的 98%。同时发现少量醇类(142.24 μg/m³)、酯类(39.19 μg/m³)、醛酮类(23.05 μg/m³)、其他类(17.50 μg/m³)和烷烃化合物(12.08 μg/m³)，占比分别为 1.14%、0.31%、0.18%、0.14%和 0.10%。组分浓度由高到低依次为芳香族化合物 > 烯烃 > 醇类 > 酯类 > 醛酮类 > 其他类 > 烷烃，各组分均呈现气味特性，气味组分分别占其总组分浓度的 4.66%、44.51%、

5.37%、100%、79.13%、40.00%和 27.57%。VVOCs 组分出现在醇类、酯类、其他类和醛酮类，各组分均呈现气味特性，占总浓度的比例分别为 1.78%、0.44%、0.08%和 0.04%。气味强度呈现最高的组分为烯烃类(9.3)，其次为芳香族化合物(7.6)和醇类(2.5)。醛酮类、酯类、其他类和烷烃的气味强度分别为 1.6、1.0、0.8 和 0.4。

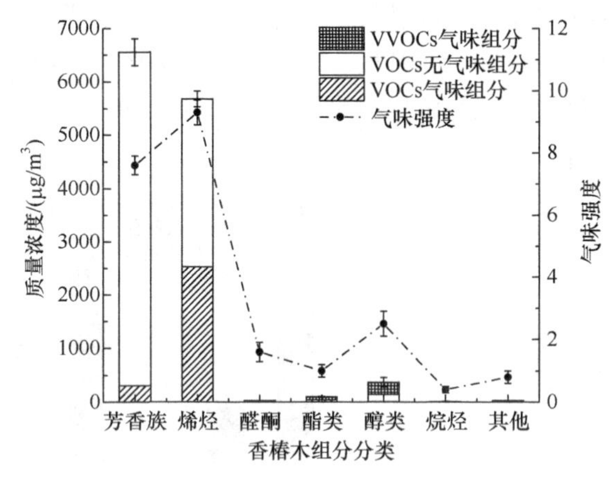

图 2-13　平衡含水率条件下香椿木释放组分浓度及气味强度对比

2.2.2　北方不同树种木材释放气味组分分析及强度分布

1. 柞木释放 VVOCs/VOCs 成分及气味活性化合物鉴定

通过对柞木释放 VVOCs/VOCs 成分及气味活性化合物的分析，鉴定得到平衡含水率条件下柞木释放的 6 类 11 种挥发性化合物及气味特征信息，主要包括芳香族化合物、醛酮类、酯类、醇类、烷烃和其他类化合物。鉴定得到柞木释放的 6 种 VVOCs 化合物，分别为乙酸甲酯($C_3H_6O_2$)、乙酸乙酯($C_4H_8O_2$)、2-甲基-2-丙烯酸甲酯($C_5H_8O_2$)、乙醇(C_2H_6O)、2,3-二甲基环氧乙烷(C_4H_8O)和乙酸($C_2H_4O_2$)，除 2,3-二甲基环氧乙烷外，其余 5 种 VVOCs 化合物均呈气味特征。发现柞木释放的组分包括 VOCs 和 VVOCs，VVOCs 作为主要释放组分，其质量浓度占总浓度的 88.06%。通过 GC-MS-O 技术鉴定得到柞木释放的 9 种气味活性化合物，主要包括芳香族化合物、醛酮类、酯类、醇类和其他类化合物。发现醇类、酯类、芳香族化合物、醛酮类及其他类化合物均对柞木整体气味形成有着不同程度的贡献。

图 2-14 为平衡含水率条件下，柞木释放各组分物质浓度及气味强度分布。发现芳香族化合物和烷烃是柞木释放的主要 VOCs 组分，质量浓度分别为 10.05 μg/m³ 和 9.80 μg/m³，分别占 VOCs 总释放组分的 30.05%和 29.31%，两类组分的总占比

超过 VOCs 总浓度的 50%。醛酮类、醇类和酯类的质量浓度分别为 5.30 μg/m³、4.49 μg/m³ 和 3.80 μg/m³，分别占总浓度的 15.85%、13.43%和 11.36%。组分浓度由高到低依次为芳香族化合物 > 烷烃 > 醛酮类 > 醇类 > 酯类，其中芳香族化合物、醛酮类、醇类和酯类呈现气味特性，气味组分分别占其总组分浓度的比例均为 100%。VVOCs 组分出现在其他类、酯类、醇类和烷烃类化合物，其中酯类、醇类和其他类组分呈现气味特性。其他类、酯类、醇类和烷烃类化合物占总浓度的比例分别为 37.06%、30.81%、18.29%和 1.91%。其他类、醇类、酯类、芳香族化合物和醛酮类的气味强度分别为 3.0、2.0、1.9、1.0 和 0.3。

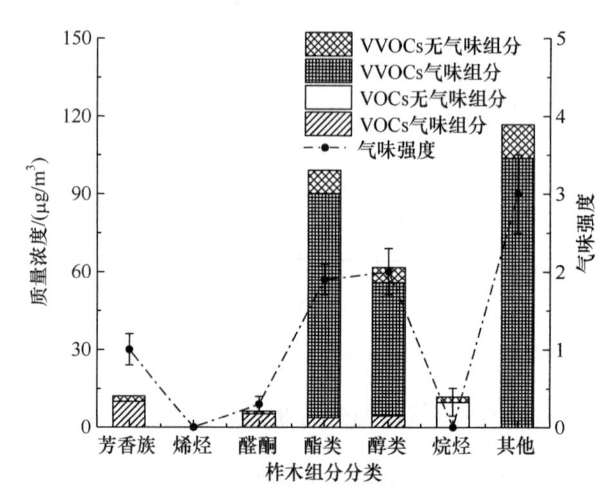

图 2-14　平衡含水率条件下柞木释放组分浓度及气味强度对比

2. 水曲柳释放 VVOCs/VOCs 成分及气味活性化合物鉴定

通过对水曲柳释放 VVOCs/VOCs 及气味活性化合物的分析，鉴定得到平衡含水率条件下水曲柳释放的 7 类 12 种挥发性化合物及气味特征信息，主要包括芳香族化合物、烯烃、醛酮类、酯类、醇类、烷烃和其他类化合物。鉴定得到水曲柳释放的 5 种 VVOCs 化合物，分别为丙酮（C_3H_6O）、乙酸乙酯（$C_4H_8O_2$）、2-甲基-2-丙烯酸甲酯（$C_5H_8O_2$）、乙醇（C_2H_6O）和乙酸（$C_2H_4O_2$）。5 种 VVOCs 化合物均呈气味特征。发现水曲柳释放的组分包括 VOCs 和 VVOCs，VVOCs 作为主要释放组分，其质量浓度占总浓度的 82.99%。通过 GC-MS-O 技术鉴定得到水曲柳释放的 10 种气味活性化合物，主要包括芳香族化合物、烯烃、醛酮类、酯类、醇类、烷烃和其他类化合物。发现酯类、其他类、醇类、烷烃、芳香族化合物和醛酮类均对水曲柳整体气味形成有着不同程度的贡献。

图 2-15 为平衡含水率条件下，水曲柳释放各组分物质浓度及气味强度分布。

发现芳香族化合物是水曲柳释放的主要 VOCs 组分，质量浓度为 18.26 μg/m³，占 VOCs 总释放组分的 45.91%。烷烃、烯烃、醛酮类和酯类的质量浓度分别为 8.16 μg/m³、6.36 μg/m³、3.52 μg/m³ 和 3.47 μg/m³，占比为 20.52%、15.99%、8.85%和 8.73%。组分浓度由高到低依次为芳香族化合物＞烷烃＞烯烃＞醛酮类＞酯类，其中芳香族化合物、烷烃、烯烃和酯类呈现气味特性，芳香族化合物气味组分占其总组分浓度的比例为 48.36%，烷烃、烯烃和酯类气味组分占其总组分浓度的比例均为 100%。VVOCs 组分出现在其他类、醇类、酯类和醛酮类，各组分均呈现气味特性，占总浓度的比例分别为 42.09%、32.27%、6.93%和 1.69%。各组分气味强度由高到低分别为：酯类(3.6)、其他类化合物(2.8)、醇类(1.3)、烷烃(0.8)、芳香族(0.7)和醛酮类(0.5)。

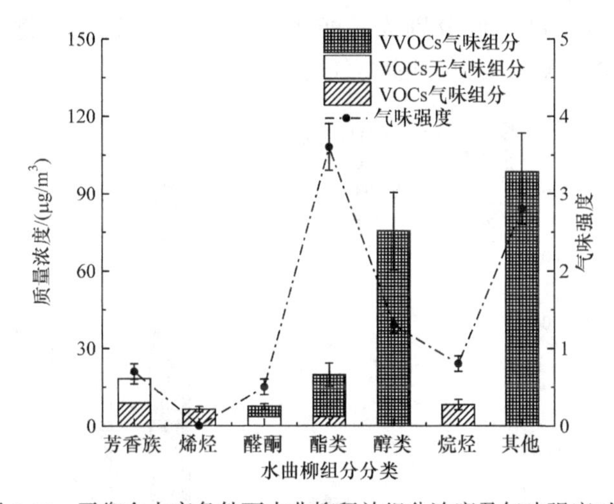

图 2-15　平衡含水率条件下水曲柳释放组分浓度及气味强度对比

3. 长白鱼鳞云杉释放 VVOCs/VOCs 成分及气味活性化合物鉴定

通过对长白鱼鳞云杉释放 VVOCs/VOCs 成分及气味活性化合物的分析，鉴定得到平衡含水率条件下长白鱼鳞云杉释放的 6 类 29 种挥发性化合物及气味特征信息，主要包括芳香族化合物、烯烃、醛酮类、酯类、醇类、烷烃。鉴定得到长白鱼鳞云杉释放的 5 种 VVOCs 化合物，分别为乙醛(C_2H_4O)、戊醛($C_5H_{10}O$)、乙酸乙酯($C_4H_8O_2$)、乙醇(C_2H_6O)和环戊烷(C_5H_{10})。其中乙醛、戊醛、乙酸乙酯和乙醇呈气味特征。虽然长白鱼鳞云杉释放 VVOCs 的种类不多，但其质量浓度占总浓度的 71.33%。通过 GC-MS-O 技术鉴定得到长白鱼鳞云杉释放的 18 种气味活性化合物，主要包括芳香族化合物、烯烃、醛酮类、酯类、醇类和烷烃。发现芳香族化合物、烯烃、醛酮类、酯类、醇类和烷烃均对长白鱼鳞云杉整体气味形成有着不同程度的贡献。

图 2-16 为平衡含水率条件下，长白鱼鳞云杉释放各组分物质浓度及气味强度分布。发现烷烃是长白鱼鳞云杉释放的主要 VOCs 组分，质量浓度为 395.61 μg/m^3，占 VOCs 总释放组分的 76.85%。其次为芳香族化合物，质量浓度为 57.75 μg/m^3，占 VOCs 总释放组分的 11.22%。烯烃、酯类、醛酮类和醇类的质量浓度分别为 22.64 μg/m^3、17.94 μg/m^3、15.54 μg/m^3 和 5.29 μg/m^3，占比分别为 4.40%、3.49%、3.02%和 1.03%。组分浓度由高到低依次为烷烃 > 芳香族化合物 > 烯烃 > 酯类 > 醛酮类 > 醇类，各组分均呈现气味特性，气味组分占其总组分浓度的比例分别为 95.43%、82.03%、45.51%、13.21%、100%和 100%。VVOCs 组分出现在醇类、烷烃、醛酮类和酯类，醇类、醛酮类和酯类呈现气味特性。醇类、烷烃、醛酮类和酯类占总浓度的比例分别为 61.20%、5.36%、3.06%和 1.72%。各组分气味强度由高到低分别为：醇类(3.1)、芳香族化合物(2.5)、醛酮类(2.2)、烷烃(2.0)、烯烃(1.9)和酯类(1.0)。

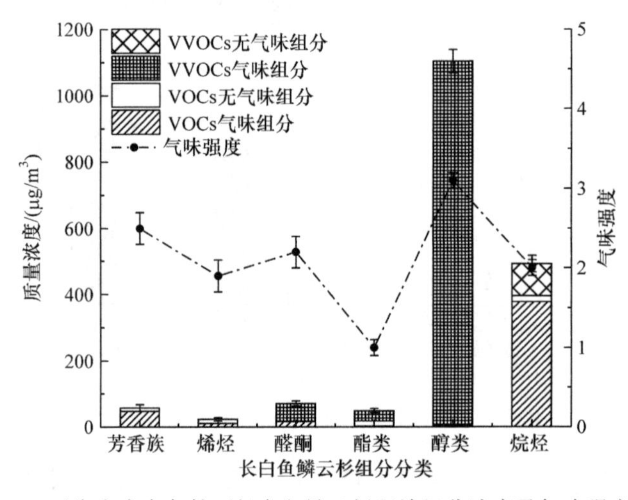

图 2-16 平衡含水率条件下长白鱼鳞云杉释放组分浓度及气味强度对比

4. 大青杨释放 VVOCs/VOCs 成分及气味活性化合物鉴定

通过对大青杨释放 VVOCs/VOCs 成分及气味活性化合物的分析，鉴定得到平衡含水率条件下大青杨释放的 7 类 17 种挥发性化合物及气味特征信息，主要包括芳香族化合物、烯烃、醛酮类、酯类、醇类、烷烃和其他类化合物。鉴定得到大青杨释放的三种 VVOCs 化合物，分别为乙酸乙酯($C_4H_8O_2$)、乙醇(C_2H_6O)和乙酸($C_2H_4O_2$)，三种 VVOCs 化合物均呈现气味特征。虽然大青杨释放 VVOCs 的种类不多，但其质量浓度占比超过总浓度的一半(59.40%)。通过 GC-MS-O 技术鉴定得到大青杨释放的 8 种气味活性化合物，主要包括芳香族化合物、醛酮类、酯类、醇类、烷烃和其他类化合物。发现醇类、酯类、烷烃、芳香族化合物、醛酮类和其他类化合物均对大青杨整体气味形成有着不同程度的贡献。

图 2-17 为平衡含水率条件下，大青杨释放各组分物质浓度及气味强度分布。发现芳香族化合物是大青杨释放的主要 VOCs 组分，质量浓度为 54.76 μg/m^3，占 VOCs 总释放组分的 57.84%。烷烃、烯烃、醛酮类和醇类的质量浓度分别为 15.32 μg/m^3、12.37 μg/m^3、6.91 μg/m^3 和 5.32 μg/m^3，分别占总 VOCs 浓度的 16.18%、13.07%、7.30%和 5.62%。组分浓度由高到低依次为芳香族化合物＞烷烃＞烯烃＞醛酮类＞醇类，其中芳香族化合物、醛酮类、醇类和烷烃呈现气味特性，气味组分占其组分浓度的比例分别为 40.60%、100%、100%和 25.07%。VVOCs 组分出现在酯类、醇类和其他类化合物，均呈现气味特性，各组分占总浓度的比例分别为 42.40%、14.41%和 2.59%。各组分气味强度由高到低分别为：醇类(2)、酯类(1.5)、芳香族化合物(1.4)、其他类化合物(0.5)和醛酮类(0.5)。

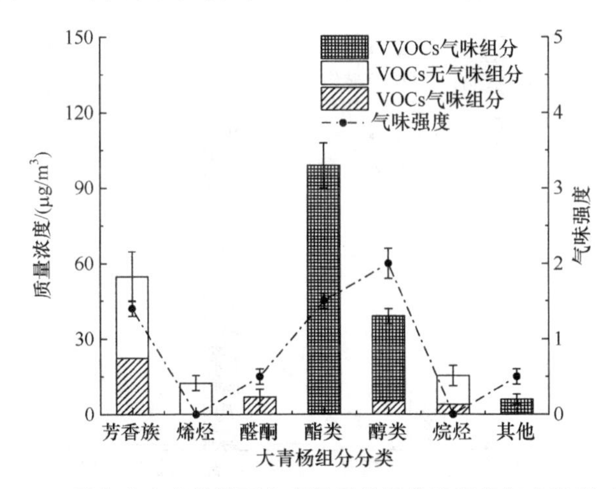

图 2-17　平衡含水率条件下大青杨释放组分浓度及气味强度对比

5. 落叶松释放 VVOCs/VOCs 成分及气味活性化合物鉴定

通过对落叶松释放 VVOCs/VOCs 成分及气味活性化合物的分析，鉴定得到平衡含水率条件下落叶松释放的 7 类 20 种挥发性化合物及气味特征信息，主要包括芳香族化合物、烯烃、醛酮类、酯类、醇类、烷烃和其他类化合物。鉴定得到落叶松释放的四种 VVOCs 化合物，分别为乙酸乙酯($C_4H_8O_2$)、乙醇(C_2H_6O)、三甲基环氧乙烷($C_5H_{10}O$)和乙酸($C_2H_4O_2$)，其中乙酸乙酯、乙醇和乙酸呈现气味特征。虽然落叶松释放 VVOCs 的种类不多，但其质量浓度占比是总浓度的 80.02%。通过 GC-MS-O 技术鉴定得到落叶松释放的 13 种气味活性化合物，主要包括芳香族化合物、烯烃、醛酮类、酯类、醇类、烷烃和其他类化合物。发现芳香族化合物、烯烃、醛酮类、酯类、醇类、烷烃和其他类化合物均对落叶松整体气味形成有着不同程度的贡献。

图 2-18 为平衡含水率条件下，落叶松释放各组分物质浓度及气味强度分布。发现烯烃类化合物是落叶松释放的主要 VOCs 组分，质量浓度为 142.07 μg/m³，占 VOCs 总释放组分的 67.40%。芳香族化合物、烷烃和醛酮类的质量浓度分别为 33.16 μg/m³、27.07 μg/m³ 和 8.47 μg/m³，分别占总 VOCs 浓度的 15.73%、12.84%和 4.02%。组分浓度由高到低依次为烯烃 > 芳香族化合物 > 烷烃 > 醛酮类。各组分均呈现气味特性，气味组分占其组分浓度的比例分别为 91.31%、80.31%、54.71%和 47.93%。VVOCs 组分出现在醇类、烷烃、酯类和其他类化合物，各组分占总浓度的比例分别为 75.15%、2.17%、1.51% 和 1.19%，其中醇类、酯类和其他类化合物呈现气味特性。各组分气味强度不高，由高到低分别为：烯烃(2.2)、醇类(2)、芳香族化合物(1.4)、其他类化合物(1.0)、酯类(0.9)、烷烃(0.5)和醛酮类(0.4)。

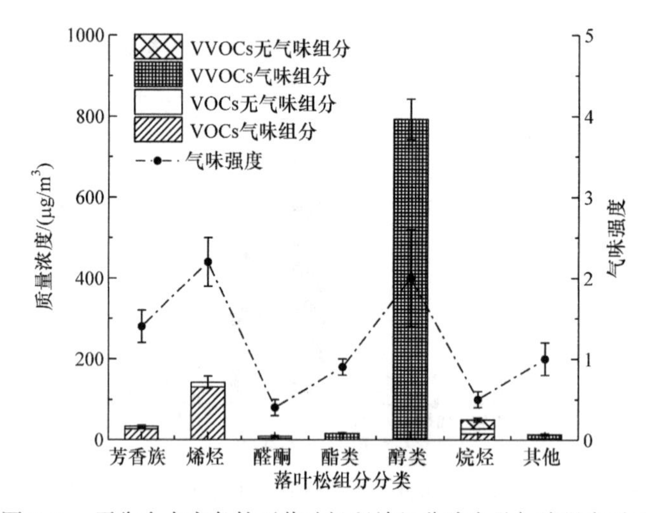

图 2-18　平衡含水率条件下落叶松释放组分浓度及气味强度对比

2.2.3　木材释放气味活性化合物分布及气味特征分析

对上述南北方不同树种木材释放气味活性化合物的特征进行整理分析，基于质量浓度和气味强度得到 16 种不同树种木材中气味活性化合物特征分布情况(图 2-19)。图中依据表 2-1 中的序号，使用右侧颜色进度条区分 16 种树种木材，分为 0～500 μg/m³ 的低浓度范围与 500～4000 μg/m³ 的高浓度范围，如图 2-19(a)和(b)所示。

由图 2-19 可以发现，16 种树种木材释放的气味活性化合物的质量浓度主要集中在 0～100 μg/m³ 的低浓度范围，气味强度主要集中于 1.0～2.0。研究中鉴定得到的高浓度气味活性化合物主要分布在落叶松(16 号)、马尾松(2 号)、酸枣木(1 号)、香椿木(11 号)、香樟木(7 号)和长白鱼鳞云杉(14 号)。高气味强度化合

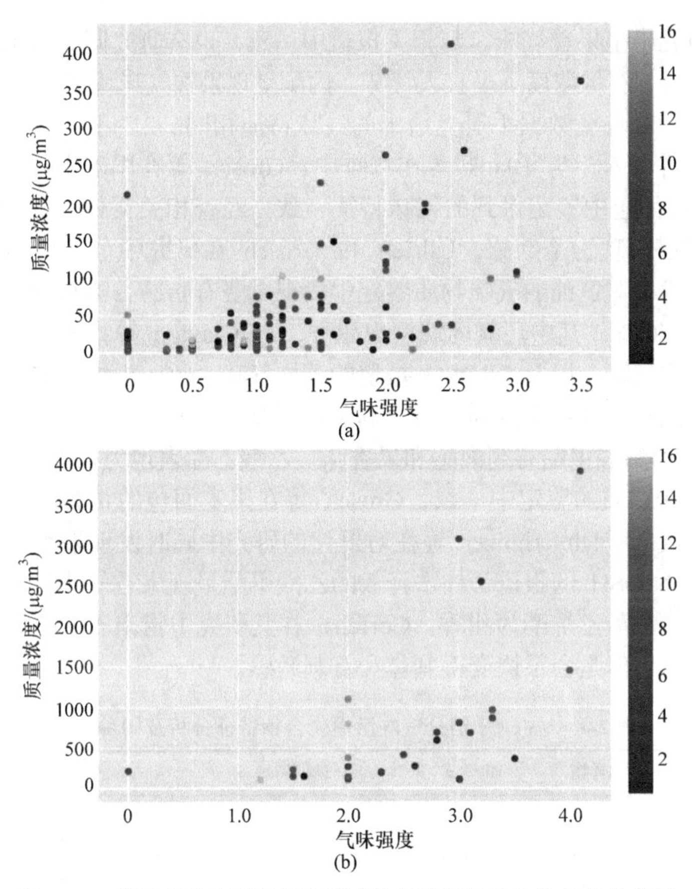

图 2-19　基于质量浓度和气味强度的气味活性化合物树种分布图

物主要分布在板栗木(4 号)、马尾松(2 号)、酸枣木(1 号)、香椿木(11 号)、香樟木(7 号)和柞木(12 号)。四种气味活性化合物，分别为来自香樟木的 1,7,7-三甲基二环[2.2.1]庚烷-2-酮(樟脑)和 5-(2-丙烯基)-1,3-苯并二氧杂环戊烯，来自马尾松的α-蒎烯和来自香椿木的石竹烯，在较高质量浓度(均高于 1400 μg/m^3)下表现为较强的气味强度(不低于 3.0)。

表 2-4 和表 2-5 分别为 VVOCs 和 VOCs 组分气味活性化合物的特征树种分布。由表 2-4 可以得到 VVOCs 组分中气味活性化合物的气味特征及其在不同树种中的分布情况。发现在两种醇类释放组分中，乙醇呈现酒香气味特征，与 Lewis 的研究和 CAMEO 化学数据库报道的保持一致，NIOSH 也报道其具有飘逸的酒香特征。3-甲基-1-丁醇呈现不宜人臭味，与 Budavari 在相关研究中报道的特征性不宜人气味一致，乙酸在本部分研究中被发现具有醋香特征，与日常生活中感知到的气味特性一致。NIOSH 也报道其具有酸味和醋样气息，然而，也有相关研究发现其具有刺鼻辛辣感。共鉴定得到 5 种醛酮类气味活性化合物，其

中乙醛在研究中呈果香气味，与相关报道中一致，也有研究同时指出乙醛具有辛辣感和窒息感，在低浓度下呈宜人气味。丙酮呈现果香气味特征，和 Verschueren 在《有机化学品环境数据手册》给出的气味特征相同。2,3-丁二酮在研究中呈现黄油香和奶香气味，与 Blank 等在咖啡中、Grosch 等在黑麦中以及 Grosch 和 Schieberle 在面包中鉴定得到的气味特征一致。经查相关文献，2-丁酮呈现果香和甜香。戊醛表现为辛辣感，Ullrich 和 Grosch 在研究中也发现戊醛为辛辣气味，Mallia 等在对黄油的气味物质鉴定中发现戊醛有脂肪香味和绿色清新感。两种烷烃类 VVOCs，其中环氧丙烷呈现甜香，与 Clayton 等报道的甜香、酒香、乙醚香和苯样气味，以及 NIOSH 报道的苯样气味一致。根据 NIOSH 的报道，戊烷呈现汽油味。共鉴定得到 5 种木材释放的酯类 VVOCs 气味活性化合物，其中 2-甲基-2-丙烯酸甲酯有刺激感和果香味。乙酸乙酯表现为果香，与 Büttner 等在对西柚气味物质的鉴定中一致，Grosch 等在黑麦面包的相关研究中发现乙酸乙酯呈溶剂气味，Hinterholzer 等在对橙汁的研究中同时发现果香和溶剂香两种气味。根据 NIOSH 的报道，柞木释放的乙酸甲酯呈现果香气味特性。碳酸二乙酯为宜人香。乙酸乙烯酯为甜香。Corfeiro 在其研究中指出乙酸乙烯酯呈现为令人愉快的气味，但是会很快变得刺鼻和有刺激感。

表 2-4　VVOCs 组分气味活性化合物特征分析及树种表达

分类	序号	化合物	化学式	气味特征	出现树种
醇类	1	乙醇	C_2H_6O	酒香	酸枣，巨尾桉，板栗，桂花，白楠，香樟，阴香，构树，苦楝，香椿，柞木，水曲柳，长白鱼鳞云杉，大青杨，落叶松
	2	3-甲基-1-丁醇	$C_5H_{12}O$	不宜人臭味	苦楝
酸类	3	乙酸	$C_2H_4O_2$	醋香	酸枣，巨尾桉，板栗，桂花，白楠，苦楝，香椿，柞木，水曲柳，大青杨，落叶松
醛酮类	4	乙醛	C_2H_4O	果香	苦楝，长白鱼鳞云杉
	5	丙酮	C_3H_6O	果香	水曲柳
	6	2,3-丁二酮	$C_4H_6O_2$	黄油香/奶香	桂花，构树
	7	2-丁酮	C_4H_8O	果香/甜香	香椿
	8	戊醛	$C_5H_{10}O$	辛辣感	巨尾桉，长白鱼鳞云杉
烷烃	9	环氧丙烷	C_3H_6O	甜香	巨尾桉
	10	戊烷	C_5H_{12}	汽油味	马尾松
酯类	11	乙酸甲酯	$C_3H_6O_2$	果香	柞木
	12	乙酸乙烯酯	$C_4H_6O_2$	甜香	阴香，香椿

续表

分类	序号	化合物	化学式	气味特征	出现树种
酯类	13	乙酸乙酯	$C_4H_8O_2$	果香	苦楝，香椿，柞木，水曲柳，长白鱼鳞云杉，大青杨，落叶松
	14	碳酸二乙酯	$C_5H_{10}O_3$	宜人香	苦楝
	15	2-甲基-2-丙烯酸甲酯	$C_5H_8O_2$	刺激感/果香	柞木，水曲柳

表 2-5　VOCs 组分气味活性化合物特征分析及树种表达

分类	序号	化合物	化学式	气味特征	出现树种
醇类	1	桉树醇	$C_{10}H_{18}O$	樟脑香	酸枣，巨尾桉，香樟，阴香
	2	2-莰醇	$C_{10}H_{18}O$	樟脑香/泥土香	香樟
	3	3,7-二甲基-1,6-辛基-3-醇(芳樟醇)	$C_{10}H_{18}O$	花香	香樟
	4	(*E*)-3,7,11-三甲基-1,6,10-十二碳三烯-3-醇(橙花叔醇)	$C_{15}H_{26}O$	花香/甜香	马尾松，香樟，苦楝
	5	4-甲基-2-戊醇	$C_6H_{14}O$	果香	苦楝
	6	1-庚醇	$C_7H_{16}O$	芳香	苦楝
	7	2-乙基-1-己醇	$C_8H_{18}O$	花香	酸枣，巨尾桉，板栗，桂花，白楠，阴香，构树，香椿，柞木，长白鱼鳞云杉，大青杨
芳香族化合物	8	邻苯二甲酸二甲酯	$C_{10}H_{10}O_4$	芳香	酸枣，巨尾桉，阴香，构树
	9	1-亚甲基-1*H*-茚	$C_{10}H_8$	木材香	酸枣，巨尾桉，白楠，阴香，构树，长白鱼鳞云杉
	10	2-萘酚	$C_{10}H_8O$	酚样气味	构树
	11	1,2-二甲氧基-4-(2-丙烯基)苯(甲基丁香酚)	$C_{11}H_{14}O_2$	花香	香樟
	12	二苯并呋喃	$C_{12}H_8O$	混合香	酸枣，阴香
	13	芴	$C_{13}H_{10}$	芳香	酸枣，阴香
	14	二苯甲酮	$C_{13}H_{10}O$	玫瑰香/甜香	构树
	15	丁基羟基甲苯	$C_{15}H_{24}O$	清凉感/薄荷香	酸枣，构树
	16	苯酚	C_6H_6O	甜香	构树
	17	苯甲醛	C_7H_6O	杏仁香	酸枣，马尾松，巨尾桉，板栗，白楠，香樟，阴香，构树，长白鱼鳞云杉

续表

分类	序号	化合物	化学式	气味特征	出现树种
芳香族化合物	18	甲苯	C_7H_8	芳香	酸枣，巨尾桉，桂花，白楠，香樟，阴香，构树，香椿，长白鱼鳞云杉
	19	邻二甲苯	C_8H_{10}	甜香/芳香	酸枣，巨尾桉，香椿
	20	对二甲苯	C_8H_{10}	芳香/甜香	巨尾桉，板栗，桂花，白楠，香樟，阴香，构树，苦楝，柞木，水曲柳，大青杨，落叶松
	21	1,3-二甲基苯	C_8H_{10}	金属气味	酸枣，巨尾桉，板栗，桂花，白楠，香椿，长白鱼鳞云杉，落叶松
	22	乙苯	C_8H_{10}	芳香	酸枣，马尾松，巨尾桉，板栗，桂花，白楠，香樟，阴香，构树，苦楝，香椿，长白鱼鳞云杉，大青杨，落叶松
	23	邻苯二甲酸酐	$C_8H_4O_3$	辛辣感	构树
	24	苯并呋喃	C_8H_6O	芳香	构树
	25	苯乙醛	C_8H_8O	果香	构树
	26	苯乙酮	C_8H_8O	甜香	酸枣，阴香，构树
	27	1,3,5-三甲基苯	C_9H_{12}	芳香/甜香	香椿
	28	1,2,4-三甲基苯	C_9H_{12}	芳香	香椿
	29	1,2,3-三甲基苯	C_9H_{12}	留兰香糖香	香椿
其他	30	2-戊醇乙酸酯	$C_7H_{14}O_2$	花香	香椿
醛酮	31	1,7,7-三甲基二环[2.2.1]庚烷-2-酮(樟脑)	$C_{10}H_{16}O$	樟脑香/芳香	香樟，苦楝，马尾松，板栗，桂花
	32	(*E*)-2-癸烯醛	$C_{10}H_{18}O$	油脂香	马尾松
	33	癸醛	$C_{10}H_{20}O$	肥皂香/柑橘香	酸枣，巨尾桉，板栗，桂花，白楠，香樟，阴香，构树，苦楝，香椿，长白鱼鳞云杉
	34	2-己酮	$C_6H_{12}O$	丙酮气味	苦楝
	35	己醛	$C_6H_{12}O$	青草香	酸枣，马尾松，巨尾桉，白楠，阴香，构树，香椿，柞木，长白鱼鳞云杉，大青杨，落叶松
	36	庚醛	$C_7H_{14}O$	油脂香	酸枣，马尾松，苦楝
	37	6-甲基-5-庚-2-酮	$C_8H_{14}O$	果香	桂花

续表

分类	序号	化合物	化学式	气味特征	出现树种
醛酮	38	(*E*)-2-辛烯醛	$C_8H_{14}O$	油脂香	马尾松
	39	辛醛	$C_8H_{16}O$	柑橘香	酸枣，马尾松，巨尾桉，桂花，白楠，香樟，阴香，构树，香椿，长白鱼鳞云杉
	40	(*E*)-2-壬烯醛	$C_9H_{16}O$	油脂香	马尾松
	41	(*Z*)-2-壬烯醛	$C_9H_{16}O$	油脂香/黄瓜香	马尾松
	42	壬醛	$C_9H_{18}O$	柑橘香	酸枣，马尾松，巨尾桉，板栗，桂花，白楠，香樟，阴香，构树，香椿，长白鱼鳞云杉
烷烃	43	己烷	C_6H_{14}	汽油味	酸枣，巨尾桉，桂花，香樟，阴香，长白鱼鳞云杉，大青杨，落叶松
	44	甲基环己烷	C_7H_{14}	芳香	香椿，水曲柳
	45	庚烷	C_7H_{16}	汽油味	酸枣，马尾松，落叶松
	46	辛烷	C_8H_{18}	汽油味	水曲柳
烯烃	47	5-(1-丙烯基)-1,3-苯并二氧杂环戊烯	$C_{10}H_{10}O_2$	芳香/小茴香味	酸枣，桂花
	48	5-(2-丙烯基)-1,3-苯并二氧杂环戊烯	$C_{10}H_{10}O_2$	木材香	板栗，桂花，香樟
	49	1-甲基-4-(1-甲基亚乙基)环己烯	$C_{10}H_{16}$	松香	马尾松，香樟，落叶松
	50	*β*-蒎烯	$C_{10}H_{16}$	松香	香樟
	51	1-甲基-4-(1-甲基乙基)-1,4-环己二烯	$C_{10}H_{16}$	柑橘香	香樟
	52	D-柠檬烯	$C_{10}H_{16}$	柑橘香	苦楝，落叶松
	53	*α*-水芹烯	$C_{10}H_{16}$	小茴香味	马尾松，香樟，白楠
	54	3-蒈烯	$C_{10}H_{16}$	松香	长白鱼鳞云杉
	55	莰烯	$C_{10}H_{16}$	木材香/清凉感/潮湿感	马尾松，香樟，苦楝，香椿，落叶松
	56	月桂烯	$C_{10}H_{16}$	金属气味	香樟
	57	2,6,6-三甲基双环[3.1.1]庚-2-烯	$C_{10}H_{16}$	松香/刺鼻气味/鱼腥味	酸枣，阴香
	58	柠檬烯	$C_{10}H_{16}$	柠檬皮香	酸枣，马尾松，香樟
	59	*α*-蒎烯	$C_{10}H_{16}$	松香	马尾松，巨尾桉，香樟，水曲柳，落叶松

续表

分类	序号	化合物	化学式	气味特征	出现树种
烯烃	60	古巴烯	$C_{15}H_{24}$	坚果香	白楠，香樟，阴香，香椿
	61	1-甲基-4-(5-甲基-1-亚甲基-4-己烯基)-(*S*)-环己烯(*β*-红没药烯)	$C_{15}H_{24}$	果香	香椿
	62	*β*-石竹烯	$C_{15}H_{24}$	胡萝卜香	马尾松，香樟
	63	石竹烯	$C_{15}H_{24}$	胡萝卜香	香椿，长白鱼鳞云杉
酯类	64	乙酸龙脑酯	$C_{12}H_{20}O_2$	松香	香樟
	65	2-甲基丙酸-1-(1,1-二甲基乙基)-2-甲基-1,3-丙二酯	$C_{16}H_{30}O_4$	消毒液味	酸枣，白楠，水曲柳
	66	乙酸-1-甲基丙酯	$C_6H_{12}O_2$	果香	巨尾桉，香椿，柞木，长白鱼鳞云杉
	67	乙酸-1-甲氧基-2-丙酯	$C_6H_{12}O_3$	甜香	香椿
	68	2-甲基-2-丙烯酸-2-羟丙基酯	$C_7H_{12}O_3$	醋香	阴香
	69	戊二酸二甲酯	$C_7H_{12}O_4$	宜人香	香椿
	70	庚酸乙酯	$C_9H_{18}O_2$	果香	苦楝

由表 2-5 可以得到 VOCs 组分中气味活性化合物的气味特征及其在不同树种中的分布情况。共鉴定得到 7 种木材释放的醇类气味活性化合物、22 种芳香族气味活性化合物、12 种醛酮类气味活性化合物、4 种烷烃类气味活性化合物、17 种烯烃类气味活性化合物、7 种酯类气味活性化合物和 1 种其他类气味活性化合物。其中 1-庚醇和 1,2,4-三甲基苯呈现芳香气味。Polster 等在 2015 年的研究中指出 1-庚醇呈现花香、肥皂香和水果香，Schnabel 等发现其呈现果香和肥皂香。乙苯表现出芳香味特征，也有研究表明乙苯为刺激性气味以及甜味和汽油味，Larranaga 等在其著作《霍利简明化学词典》中同样指明乙苯呈现芳香气味，与本节试验结果一致。Infante 等在其著作中显示乙苯表现出刺激性气味。甲苯、甲基环己烷和对二甲苯在研究中表现为芳香气味，与此同时对二甲苯还呈现甜香的气味特征。芴呈现类似于萘的特征性芳香。NIOSH 也指出甲基环己烷表现为微弱芳香气味，对二甲苯呈芳香气味，甲苯同时呈现甜香和刺激性气味。研究发现木材释放的苯甲醛和邻苯二甲酸二甲酯分别呈现杏仁香和芳香，与 O'Neil 研究报道的杏仁油和轻微芳香气味特征一致，李赵京也在中纤板的研究中表明苯甲醛呈现特殊杏仁味、苦味。癸醛为肥皂香和柑橘香，同时，癸醛在 Ashford 和 Kohlpaintner 等的研究中被描述为柑橘香和类似于橘子皮气味。鉴定得到辛醛为

柑橘香气味特征，与相关研究描述的水果香味相似，除了柑橘香外，也有研究表明辛醛呈现脂肪味、辛辣气味以及刺激性气味，庞雪莉等在研究哈密瓜香气活性成分时鉴定发现辛醛具有明显脂肪味和水果气味，同时有辛辣感。4-甲基-2-戊醇、1-甲基-4-(5-甲基-1-亚甲基-4-己烯基)-(*S*)-环己烯(*β*-红没药烯)、庚酸乙酯均呈现果香气味特征。

2-乙基-1-己醇、3,7-二甲基-1,6-辛基-3-醇(芳樟醇)、1,2-二甲氧基-4-(2-丙烯基)苯(甲基丁香酚)和(*E*)-3,7,11-三甲基-1,6,10-十二碳三烯-3-醇(橙花叔醇)4 种气味化合物均呈现花香。Schnabel 等在研究中发现 4-甲基-2-戊醇和 2-乙基-1-己醇呈现果香气味特征，2-乙基-1-己醇在本节试验中被检测为花香，同时该气味化合物在《费纳罗利风味成分手册》中被描述为温和甜美的玫瑰花香气味。Jung 等和 Blank 等也在西芹和咖啡的相关研究中发现芳樟醇呈现花香的气味特征，Lewis 也发现甲基丁香酚具有丁香花香和康乃馨香气味，Gerhartz 在《乌尔曼工业化学百科全书》中指出甲基丁香酚也呈现温和辛辣感和草药味。邻二甲苯呈现甜香/芳香气味特征。

研究发现木材释放的壬醛具有柑橘香，和 Schmid 等的研究一致。己醛呈现青草香特征，Burdock 等在研究中发现己醛呈现果香特征。同时，也有学者在相关研究中表明己醛呈现强烈青草香。桉树醇被发现为樟脑香，与其在《霍利简明化学词典》中描述的气味一致。丁基羟基甲苯呈清凉感、薄荷香。Burdock 在《费纳罗利风味成分手册》指出其呈现微弱的霉味，偶尔也呈似甲酚气味。苯乙酮为甜香气味特征，与 O'Donoghue 研究中描述的甜香特征一致，然而在其研究中也称苯乙酮具有类杏仁气味，Burdock 研究发现苯乙酮具有香甜、刺鼻和浓烈的药味。本节试验中二苯并呋喃、芴和 1-亚甲基-1*H*-茚分别呈现混合香、芳香和木材香。二苯并呋喃为混合香，Gerhartz 在其著作中表明二苯并呋喃具有特征气味，但并未指出具体气味特性。研究发现柠檬烯具有柠檬皮香，与相关研究中报道的宜人柠檬香、柑橘香以及橘子皮香味特征相似。辛烷和已烷均为汽油味，与 NIOSH 报道的一致。2-甲基丙酸-1-(1,1-二甲基乙基)-2-甲基-1,3-丙二酯具有消毒液味。2,6,6-三甲基双环[3.1.1]庚-2-烯被鉴定为松香，具有刺鼻气味和鱼腥味气味特征，Lewis 也在研究中表明其具有松脂气味，在《费纳罗利风味成分手册》中该化合物被报道为具有松香气味特征。

在构树中鉴定得到的苯酚为甜香，和《柯克-奥斯莫化工大全》中记载的甜香和焦油味具有相似之处。其中庚醛在本节研究中呈现油脂香，与相关研究中报道的脂肪味、刺激性气味相似。1,3-二甲基苯和月桂烯呈现金属气味。相关研究表明 1,3-二甲基苯呈现芳香气味和甜香。鉴定出月桂烯具有金属气味也在 Jung 等的研究中被发现，与此同时，此项研究还报道了其草本样的气味特性。香樟中鉴定得到的 2-莰醇呈现樟脑香和泥土香，其樟脑香特征与相关著作中表达的相同。马尾松中鉴定得到的(*E*)-2-辛烯醛和(*E*)-2-壬烯醛均呈现脂香，(*Z*)-2-壬烯醛还表现为黄瓜香气味特征。Fischer 等也在研究中报道了(*E*)-2-辛烯醛的油脂气味特征，Gasser 等发现了其霉味和果香气味特性。(*Z*)-2-壬烯醛在相关研究中被报道为相近的清新感和脂肪香。古巴烯被鉴定为坚果香。5-(2-丙烯基)-1,3-苯并二氧杂环戊烯在试验中被判定为木质香，与 O'Neil 等在研究中报道的番红花气味具有一定的差异性。莰烯被鉴定为木质香、清凉感、潮湿感，Tairu 等报道其具有萜烯类的特征气味。D-柠檬烯为柑橘香，β-石竹烯和石竹烯均为胡萝卜香气味特征。香椿释放的 1,2,3-三甲基苯为留兰香糖香，构树释放的二苯甲酮为玫瑰香和甜香，也有研究表明二苯甲酮呈现天竺葵气味。α-水芹烯呈现小茴香味气味特征。1-甲基-4-(1-甲基亚乙基)环己烯、3-蒈烯、α-蒎烯、β-蒎烯和乙酸龙脑酯均为松香气味特征，其中α-蒎烯的松香气味特征在相关研究中早有报道。部分化合物在本节研究中未呈现气味特征，但通过相关文献的查阅发现其本身是具有气味特性的，由于其浓度低，未能被感官评价员察觉，故被列为潜在的气味特征化合物。

2.3 层次分析法对主要气味源化合物分析

为得到木材中释放的主要气味源化合物，不仅需要考虑气味活性化合物的气味强度，还应同时关注其浓度以及其他相关指标。在分析木材主要气味来源时，由于变量繁多、结构复杂和不确定因素作用显著等特点，有必要对描述目标的相对重要性做出正确的评估，以反映因素的重要程度，即权重。权重是指标本身的物理属性的客观反映，是主客观综合量度的结果，由各因素权数组成的集合为权重集。本部分研究使用层次分析法(AHP)针对木材主要气味来源进行分析。该分析方法将复杂的多目标决策问题作为一个系统，将目标分解为多个目标或准则，进而分解为多指标的若干层次，通过定性指标模糊量化方法算出层次单排序权重和总排序权重，以作为多指标目标、多方案优化决策的分析方法。

2.3.1 气味强度指数计算

为统一度量，使用插值法将化合物气味强度转换为气味强度指数，见式(2-7)：

$$E_i = E_{j\min} + \frac{O_i - D_{ij(1)}}{D_{ij(2)} - D_{ij(1)}} \tag{2-7}$$

式中，E_i 为气味活性化合物 i 的气味强度指数；O_i 为气味活性化合物的气味强度；$E_{j\min}$ 为第 i 个气味活性化合物在 j 等级下的最小值；$D_{ij(2)}$ 与 $D_{ij(1)}$ 分别为气味活性化合物气味强度分级标准表中最贴近气味活性化合物 i 的气味强度的两个值。

例如，酸枣木中测得柠檬烯的气味强度 O_i 为 2.8，$E_{j\min}$ 为 2，$D_{ij(2)}$ 与 $D_{ij(1)}$ 分

别为 3 和 2，将其代入式(2-7)中，得出：$E_{柠檬烯}=2+(2.8-2)/(3-2)=2.8$。其他气味活性化合物的气味强度指数同理。

2.3.2 层次结构模型构建

目标层 O 代表决策的目的、要解决的问题。本节试验中：

O——某树种主要气味源化合物。

指标层 C 为中间层，也称为准则层，包含为实现目标所涉及的中间环节，代表需要考虑的因素。本节试验中指标层 C 包括三个因素，分别为：

C_1——木材气味活性化合物的气味强度指数；

C_2——木材气味活性化合物的质量浓度；

C_3——木材气味活性化合物的浓度分数。

P 为最底层，代表决策时的备选方案，因此也称为方案层。本节试验中取单一树种中气味强度最高的前 5 种气味活性化合物作为备选方案。以酸枣木释放气味活性化合物为例，可以得到酸枣木气味主要来源层级结构模型，如图 2-20 所示，酸枣木中最底层分别为：

P_1——乙苯；

P_2——2,6,6-三甲基双环[3.1.1]庚-2-烯；

P_3——柠檬烯；

P_4——1,3-二甲基苯；

P_5——辛醛。

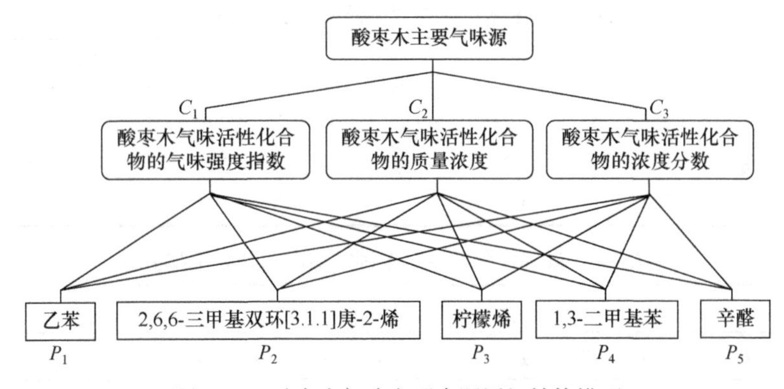

图 2-20　酸枣木气味主要来源层级结构模型

2.3.3 AHP 模型的实现过程

以酸枣木为例，使用 AHP 模型对其气味主要来源进行定性与定量结合分析。

1. 比较矩阵(判断矩阵)分析

比较矩阵表示本层所有因素针对上一层某一个指标的相对重要性的比较。研究使用 Saaty 的 1～9 标度方法对该值进行确定，具体见表 2-6。成对比较矩阵的元素 a_{ij} 即表示第 i 个因素相对于第 j 个因素的比较结果。

表 2-6　标度方法

标度	含义
1	两个因素相比，具有相同的作用
3	两个因素相比，一个因素比另一个因素稍微重要
5	两个因素相比，一个因素比另一个因素明显重要
7	两个因素相比，一个因素比另一个因素强烈重要
9	两个因素相比，一个因素比另一个因素极端重要
2、4、6、8	上述两两相邻标度的中值
倒数	因素 i 与因素 j 比较的判断结果为 a_{ij}，则因素 j 与因素 i 比较的判断结果 $a_{ji} = 1/a_{ij}$

酸枣木气味的主要来源中，将指标层 C 的各个元素对目标层 O 进行两两比较，得到准则层判断矩阵 A，如表 2-7 所示；将方案层 P 的各个元素对指标层 C 进行两两比较，得到方案层的判断矩阵 B，如表 2-8 所示。

表 2-7　酸枣木气味主要来源准则层判断矩阵 *A*

A	C_1	C_2	C_3
C_1	1	3	2
C_2	1/3	1	1/2
C_3	1/2	2	1

表 2-8　酸枣木气味主要来源方案层的判断矩阵 *B*

B_1						B_2						B_3					
C_1	P_1	P_2	P_3	P_4	P_5	C_2	P_1	P_2	P_3	P_4	P_5	C_3	P_1	P_2	P_3	P_4	P_5
P_1	1	2	2	4	5	P_1	1	2	1/7	1/4	4	P_1	1	2	1/7	1/4	4
P_2	1/2	1	1	2	3	P_2	1/2	1	1/8	1/4	2	P_2	1/2	1	1/8	1/4	2
P_3	1/2	1	1	2	3	P_3	7	8	1	4	9	P_3	7	8	1	4	9
P_4	1/4	1/2	1/2	1	2	P_4	4	4	1/4	1	5	P_4	4	4	1/4	1	5
P_5	1/5	1/3	1/3	1/2	1	P_5	1/4	1/2	1/9	1/5	1	P_5	1/4	1/2	1/9	1/5	1

2. 单排序权重计算

对酸枣木准则层判断矩阵和方案层判断矩阵的单排序权重进行计算，计算得到判断矩阵的特征向量并求出各个指标的相对权重。具体步骤如下：

(1) 求判断矩阵每一列元素的和。

(2) 对每一列进行归一化处理，公式为

$$m_{ij} = \frac{a_{ij}}{\sum a_{ij}} \tag{2-8}$$

式中，$\sum a_{ij}$ 的值为各列的和 $(i, j=1, 2, \cdots, n)$；m_{ij} 组成了新的矩阵 M。

(3) 对新矩阵 M 的每一行元素求和，各行的加和值 m_j 组成了特征向量。

(4) 计算指标的权重，即对特征向量进行归一化处理，公式为

$$W_i = \frac{m_j}{\sum m_j} \tag{2-9}$$

式中，W_i 为对应指标的权重。

将判断矩阵 A 代入式 (2-8)、式 (2-9)，可得酸枣气味活性化合物的气味强度指数 C_1 对酸枣气味主要来源 O 的权重 W_1：

$$\begin{aligned} W_1 = &[1/(1+1/3+1/2)+3/(3+1+2)+2/(2+1/2+1)]/[1/(1+1/3+1/2) \\ &+3/(3+1+2)+2/(2+1/2+1)+1/3(1+1/3+1/2)+1/(3+1+2) \\ &+1/2(2+1/2+1)+1/2(1+1/3+1/2)+2/(3+1+2) \\ &+1/(2+1/2+1)] = 0.5390 \end{aligned}$$

同理，将其他判断矩阵数值代入公式，得到表 2-9～表 2-12。

表 2-9　C_1、C_2、C_3 对 O 的权重

	C_1	C_2	C_3	权重 (W_{i_2})
C_1	1	3	2	0.5390
C_2	1/3	1	1/2	0.1638
C_3	1/2	2	1	0.2973

表 2-10　P_1、P_2、P_3、P_4、P_5 对 C_1 的权重

	P_1	P_2	P_3	P_4	P_5	权重 (W_{i_3})
P_1	1	2	2	4	5	0.4028
P_2	1/2	1	1	2	3	0.2085
P_3	1/2	1	1	2	3	0.2085
P_4	1/4	1/2	1/2	1	2	0.1114
P_5	1/5	1/3	1/3	1/2	1	0.0687

表 2-11　P_1、P_2、P_3、P_4、P_5 对 C_2 的权重

	P_1	P_2	P_3	P_4	P_5	权重 (W_{i_3})
P_1	1	2	1/7	1/4	4	0.1059
P_2	1/2	1	1/8	1/4	2	0.0639
P_3	7	8	1	4	9	0.5619
P_4	4	4	1/4	1	5	0.2278
P_5	1/4	1/2	1/9	1/5	1	0.0406

表 2-12　P_1、P_2、P_3、P_4、P_5 对 C_3 的权重

	P_1	P_2	P_3	P_4	P_5	权重 (W_{i_3})
P_1	1	2	1/7	1/4	4	0.1059
P_2	1/2	1	1/8	1/4	2	0.0639
P_3	7	8	1	4	9	0.5619
P_4	4	4	1/4	1	5	0.2278
P_5	1/4	1/2	1/9	1/5	1	0.0406

3. 矩阵总排序权重计算及一致性检验

为检验上述的权重分配是否合理，对判断矩阵进一步进行一致性检验。

(1) 计算判断矩阵的最大特征根，公式为

$$\lambda_{\max} = \frac{\sum \frac{P \cdot W_i}{W_i}}{n} \tag{2-10}$$

式中，P 为对应判断矩阵；n 为对应判断矩阵的阶数；$\lambda_{\max}$ 为对应判断矩阵的最大特征根。

(2) 计算判断矩阵的一致性指标，公式为

$$\mathrm{CI} = \frac{\lambda_{\max} - n}{n-1} \tag{2-11}$$

式中，CI 为判断矩阵一致性指标(constant index)。

(3) 计算随机一致性比率，公式为

$$\mathrm{CR} = \frac{\mathrm{CI}}{\mathrm{RI}} \tag{2-12}$$

式中，CR 为判断矩阵的随机一致性比率；RI 为判断矩阵的平均随机一致性指标，1～9 阶判断矩阵的 RI 值参见表 2-13。

表 2-13　RI 值的选择依据

n	1	2	3	4	5	6	7	8	9
RI	0	0	0.52	0.89	1.12	1.26	1.36	1.41	1.46

当判断矩阵 P 的 CR<0.1 或 $\lambda_{\max}=n$ 且 CI=0 时，认为 P 具有满意的一致性，否则需调整 P 中的因素以使其具有满意的一致性。

将 3 阶判断矩阵 A 的数值、权重及由表 2-13 获取的 RI=0.52 代入式(2-10)、式(2-11)、式(2-12)，求出 3 阶判断矩阵 A 的最大特征根 $\lambda_{\max}$ 为

$$\begin{aligned}\lambda_{\max} &= [(1\times0.5390+3\times0.1638+2\times0.2973)/0.5390 \\ &\quad +(0.5390/3+1\times0.1638+0.2973/2)/0.1638 \\ &\quad +(0.5390/2+2\times0.1638+1\times0.2973)/0.2973]/3=3.0092\end{aligned}$$

3 阶判断矩阵 A 的一致性指标 CI 为

$$\mathrm{CI}=(3.0092-3)/(3-1)=0.0046$$

3 阶判断矩阵 A 的随机一致性比率 CR 为

$$\mathrm{CR}=0.0046/0.52=0.0088<0.1$$

由此可知，判断矩阵 A 通过一致性检验，权重可用。同理，将各个判断矩阵数值、各级权重及查表 2-13 获取的 RI 值代入公式中，得：

a) 5 阶判断矩阵 B_1 的最大特征根 $\lambda_{\max}$、一致性指标 CI、随机一致性比率 CR 分别为 $\lambda_{\max}=5.0183$、CI=0.0046、CR=0.0041<0.1，判断矩阵 B_1 通过一致性检验，权重可用。

b) 5 阶判断矩阵 B_2 的最大特征根 $\lambda_{\max}$、一致性指标 CI、随机一致性比率 CR 分别为 $\lambda_{\max}=5.2430$、CI=0.0607、CR=0.0542<0.1，判断矩阵 B_2 通过一致性检验，权重可用。

c) 5 阶判断矩阵 B_3 的最大特征根 $\lambda_{\max}$、一致性指标 CI、随机一致性比率 CR 分别为 $\lambda_{\max}=5.2430$、CI=0.0607、CR=0.0542<0.1，判断矩阵 B_3 通过一致性检验，权重可用。

(4) 总排序权重的计算。

计算最下层对最上层总排序权重的公式为

$$W_{in}=\sum W_{i_2}W_{i_3} \tag{2-13}$$

将指标层 C 和方案层 P 的权重代入最下层对最上层总排序权重的计算公式[式(2-13)]，得到方案层元素 P_1 即乙苯，对目标层 O 酸枣木气味的主要来源的权重 W_{i1}：

$$W_{i1}=0.5390\times0.4028+0.1638\times0.1059+0.2973\times0.1059=0.2659$$

同理，求得 W_{i2}、W_{i3}、W_{i4}、W_{i5}，见表 2-14。

表 2-14 酸枣木总排序权重

底层元素	结论值(权重)
乙苯	0.2659
2,6,6-三甲基双环[3.1.1]庚-2-烯	0.1419
柠檬烯	0.3714
1,3-二甲基苯	0.1651
辛醛	0.0557

通过层次分析法最终计算出方案层元素相对于目标层的总排序权重，即通过结论值可以看出，柠檬烯对酸枣木气味的主要来源起了关键作用，权重大于乙苯、2,6,6-三甲基双环[3.1.1]庚-2-烯、1,3-二甲基苯和辛醛对酸枣木气味的影响。

2.3.4 不同木材关键气味源物质分析

使用上述 AHP 模型对包括酸枣木在内的 16 种树种木材的主要气味源化合物进行定性与定量结合分析，得到马尾松、巨尾桉、板栗、桂花、白楠、香樟、阴香、构树、苦楝、香椿、柞木、水曲柳、长白鱼鳞云杉、大青杨和落叶松主要来源层级结构模型分别如图 2-21～图 2-35 所示。不同树种 TOP 5 方案层的总排序权重和 AHP 一致性检验指标见表 2-15～表 2-44。各木材气味主要来源方案层的判断矩阵 B 如附录 A 所示。15 种木材均通过一致性检验，权重可用。通过不同木材方案层气味活性化合物的总排序权重，整理 16 种木材关键气味源物质及主要气味源化合物如表 2-45 所示。

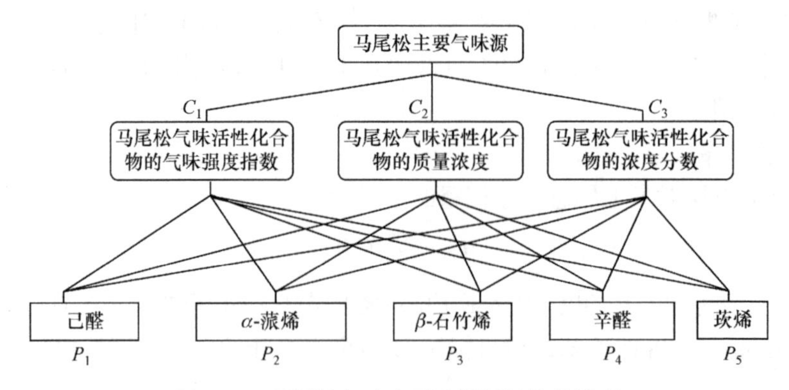

图 2-21 马尾松气味主要来源层级结构模型

表 2-15　马尾松 AHP 层次总排序

准则层		C_1	C_2	C_3	总排序权重
准则层权重		0.5390	0.1638	0.2973	
方案层单排序权重	P_1	0.3130	0.1672	0.1672	0.2458
	P_2	0.3130	0.5696	0.5696	0.4313
	P_3	0.1765	0.1573	0.1573	0.1676
	P_4	0.0988	0.0372	0.0372	0.0704
	P_5	0.0988	0.0687	0.0687	0.0849

表 2-16　马尾松 AHP 一致性检验指标

指标层次	最大特征根 λ_{max}	一致性指标 CI	随机一致性比率 CR
$O/C_1\ C_2\ C_3\ C_1\ C_1$	3.0092	0.0046	0.0089
$C_1/P_1\ P_2\ P_3\ P_4\ P_5$	5.0133	0.0033	0.0030
$C_2/P_1\ P_2\ P_3\ P_4\ P_5$	5.3707	0.0927	0.0828
$C_3/P_1\ P_2\ P_3\ P_4\ P_5$	5.3707	0.0927	0.0828

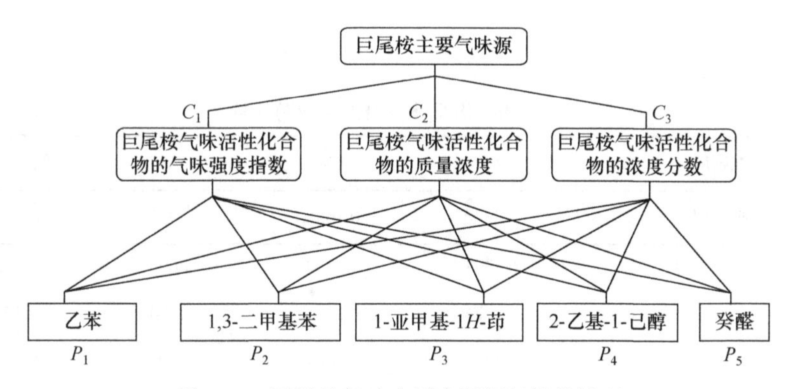

图 2-22　巨尾桉气味主要来源层级结构模型

表 2-17　巨尾桉 AHP 层次总排序

准则层		C_1	C_2	C_3	总排序权重
准则层权重		0.5390	0.1638	0.2973	
方案层单排序权重	P_1	0.3683	0.2080	0.2080	0.2944
	P_2	0.2064	0.5191	0.5191	0.3505
	P_3	0.2064	0.0502	0.0502	0.1344
	P_4	0.1094	0.1375	0.1375	0.1224
	P_5	0.1094	0.0853	0.0853	0.0983

表 2-18 巨尾桉 AHP 一致性检验指标

指标层次	最大特征根 λ_{max}	一致性指标 CI	随机一致性比率 CR
O/C_1 C_2 C_3 C_1 C_1	3.0092	0.0046	0.0089
C_1/P_1 P_2 P_3 P_4 P_5	5.0133	0.0033	0.0030
C_2/P_1 P_2 P_3 P_4 P_5	5.1079	0.0270	0.0241
C_3/P_1 P_2 P_3 P_4 P_5	5.1079	0.0270	0.0241

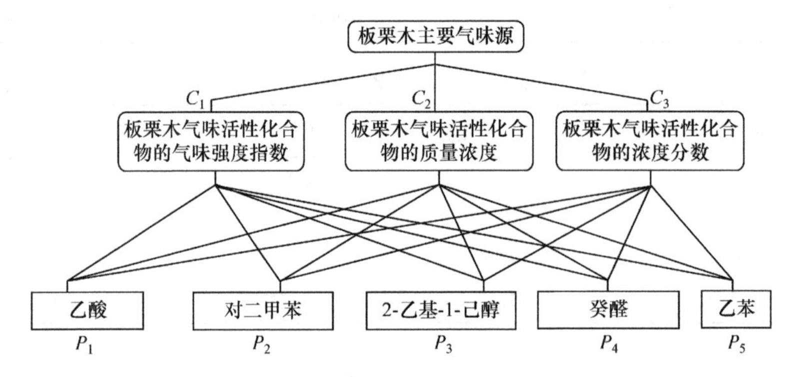

图 2-23 板栗木气味主要来源层级结构模型

表 2-19 板栗木 AHP 层次总排序

准则层		C_1	C_2	C_3	总排序权重
准则层权重		0.5390	0.1638	0.2973	
方案层单排序权重	P_1	0.4523	0.5157	0.6000	0.5066
	P_2	0.1774	0.1562	0.1000	0.1509
	P_3	0.1774	0.0860	0.1000	0.1394
	P_4	0.0964	0.0860	0.1000	0.0958
	P_5	0.0964	0.1562	0.1000	0.1073

表 2-20 板栗木 AHP 一致性检验指标

指标层次	最大特征根 λ_{max}	一致性指标 CI	随机一致性比率 CR
O/C_1 C_2 C_3 C_1 C_1	3.0092	0.0046	0.0089
C_1/P_1 P_2 P_3 P_4 P_5	5.0264	0.0066	0.0059
C_2/P_1 P_2 P_3 P_4 P_5	5.0355	0.0089	0.0079
C_3/P_1 P_2 P_3 P_4 P_5	5.0000	0.0000	0.0000

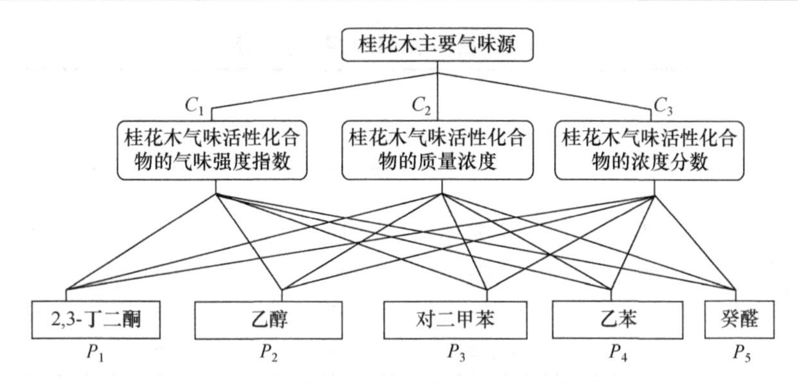

图 2-24　桂花木气味主要来源层级结构模型

表 2-21　桂花木 AHP 层次总排序

准则层		C_1	C_2	C_3	总排序权重
准则层权重		0.5390	0.1638	0.2973	
方案层单排序权重	P_1	0.3130	0.2477	0.2477	0.2829
	P_2	0.3130	0.5313	0.5313	0.4136
	P_3	0.1765	0.1185	0.1185	0.1498
	P_4	0.0988	0.0512	0.0512	0.0768
	P_5	0.0988	0.0512	0.0512	0.0768

表 2-22　桂花木 AHP 一致性检验指标

指标层次	最大特征根 λ_{max}	一致性指标 CI	随机一致性比率 CR
$O/C_1\ C_2\ C_3\ C_1\ C_1$	3.0092	0.0046	0.0089
$C_1/P_1\ P_2\ P_3\ P_4\ P_5$	5.0133	0.0033	0.0030
$C_2/P_1\ P_2\ P_3\ P_4\ P_5$	5.1210	0.0302	0.0270
$C_3/P_1\ P_2\ P_3\ P_4\ P_5$	5.1210	0.0302	0.0270

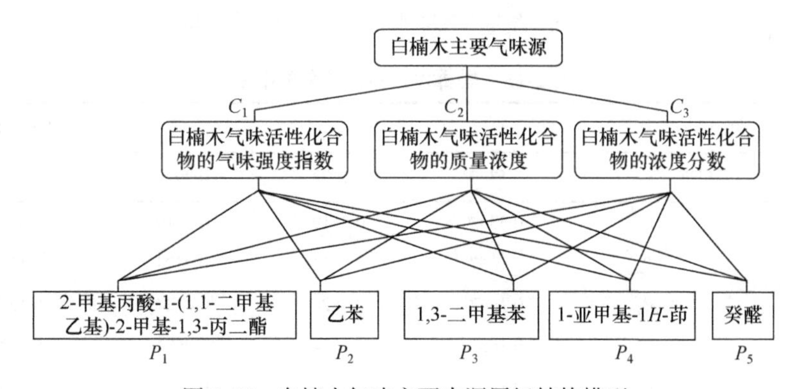

图 2-25　白楠木气味主要来源层级结构模型

表 2-23 白楠木 AHP 层次总排序

准则层		C_1	C_2	C_3	总排序权重
准则层权重		0.5390	0.1638	0.2973	
方案层单排序权重	P_1	0.4017	0.2377	0.2605	0.3329
	P_2	0.2442	0.1616	0.1452	0.2013
	P_3	0.1373	0.5053	0.4713	0.2969
	P_4	0.1373	0.0385	0.0462	0.0941
	P_5	0.0794	0.0569	0.0767	0.0749

表 2-24 白楠木 AHP 一致性检验指标

指标层次	最大特征根 λ_{max}	一致性指标 CI	随机一致性比率 CR
$O/C_1\ C_2\ C_3\ C_1\ C_1$	3.0092	0.0046	0.0089
$C_1/P_1\ P_2\ P_3\ P_4\ P_5$	5.0331	0.0083	0.0074
$C_2/P_1\ P_2\ P_3\ P_4\ P_5$	5.1411	0.0353	0.0315
$C_3/P_1\ P_2\ P_3\ P_4\ P_5$	5.0526	0.0132	0.0118

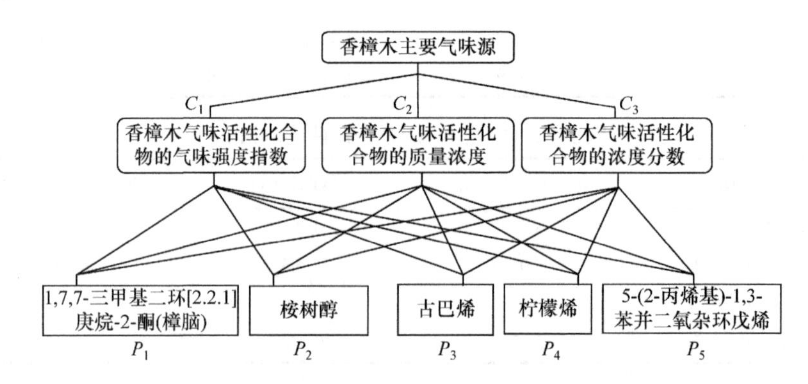

图 2-26 香樟木气味主要来源层级结构模型

表 2-25 香樟木 AHP 层次总排序

准则层		C_1	C_2	C_3	总排序权重
准则层权重		0.5390	0.1638	0.2973	
方案层单排序权重	P_1	0.3333	0.4519	0.4519	0.3880
	P_2	0.1667	0.0824	0.0824	0.1278
	P_3	0.1667	0.0824	0.0824	0.1278
	P_4	0.1667	0.0824	0.0824	0.1278
	P_5	0.1667	0.3010	0.3010	0.2286

表 2-26　香樟木 AHP 一致性检验指标

指标层次	最大特征根 λ_{max}	一致性指标 CI	随机一致性比率 CR
O/C_1 C_2 C_3 C_1 C_1	3.0092	0.0046	0.0089
C_1/P_1 P_2 P_3 P_4 P_5	5.0000	0.0000	0.0000
C_2/P_1 P_2 P_3 P_4 P_5	5.0266	0.0067	0.0059
C_3/P_1 P_2 P_3 P_4 P_5	5.0266	0.0067	0.0059

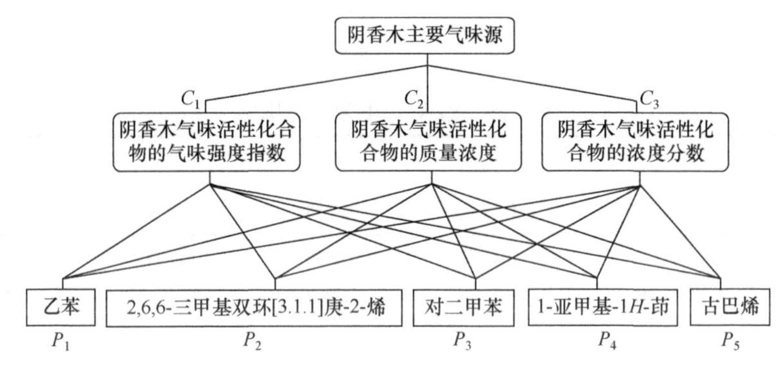

图 2-27　阴香木气味主要来源层级结构模型

表 2-27　阴香木 AHP 层次总排序

准则层		C_1	C_2	C_3	总排序权重
准则层权重		0.5390	0.1638	0.2973	
方案层单排序权重	P_1	0.3130	0.1253	0.1253	0.2265
	P_2	0.3130	0.1253	0.1253	0.2265
	P_3	0.1765	0.4513	0.4513	0.3032
	P_4	0.0988	0.0473	0.0473	0.0751
	P_5	0.0988	0.2507	0.2507	0.1688

表 2-28　阴香木 AHP 一致性检验指标

指标层次	最大特征根 λ_{max}	一致性指标 CI	随机一致性比率 CR
O/C_1 C_2 C_3 C_1 C_1	3.0092	0.0046	0.0089
C_1/P_1 P_2 P_3 P_4 P_5	5.0133	0.0033	0.0030
C_2/P_1 P_2 P_3 P_4 P_5	5.0353	0.0088	0.0079
C_3/P_1 P_2 P_3 P_4 P_5	5.0353	0.0088	0.0079

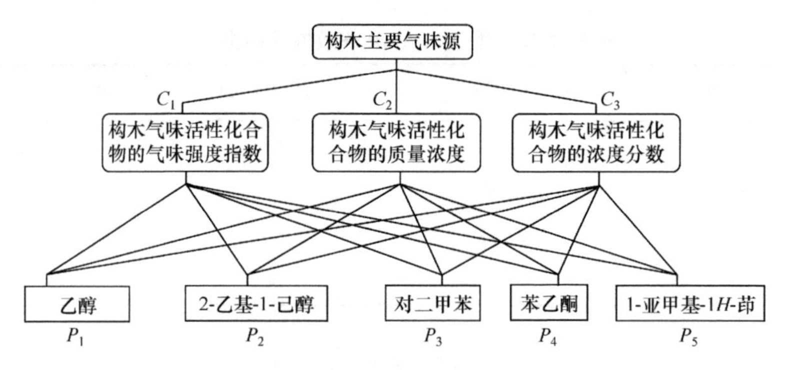

图 2-28 构木气味主要来源层级结构模型

表 2-29 构木 AHP 层次总排序

准则层		C_1	C_2	C_3	总排序权重
准则层权重		0.5390	0.1638	0.2973	
方案层单排序权重	P_1	0.2857	0.4746	0.4746	0.3728
	P_2	0.2857	0.0702	0.0702	0.1863
	P_3	0.1429	0.2025	0.2025	0.1704
	P_4	0.1429	0.2025	0.2025	0.1704
	P_5	0.1429	0.0502	0.0502	0.1001

表 2-30 构木 AHP 一致性检验指标

指标层次	最大特征根 λ_{max}	一致性指标 CI	随机一致性比率 CR
$O/C_1\ C_2\ C_3\ C_1\ C_1$	3.0092	0.0046	0.0089
$C_1/P_1\ P_2\ P_3\ P_4\ P_5$	5.0000	0.0000	0.0000
$C_2/P_1\ P_2\ P_3\ P_4\ P_5$	5.1146	0.0286	0.0256
$C_3/P_1\ P_2\ P_3\ P_4\ P_5$	5.1146	0.0286	0.0256

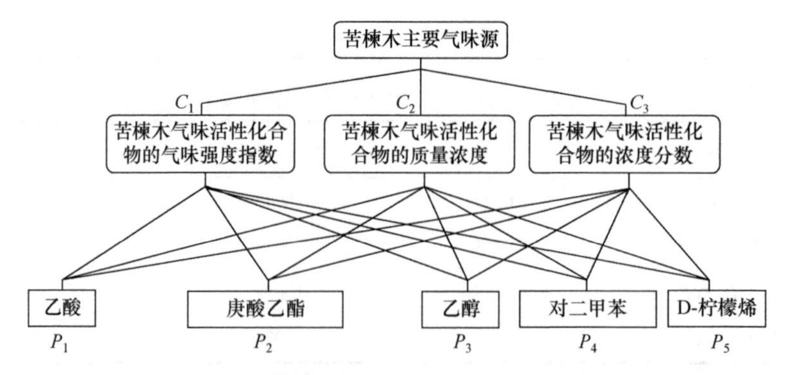

图 2-29 苦楝木气味主要来源层级结构模型

表 2-31　苦楝木 AHP 层次总排序

准则层		C_1	C_2	C_3	总排序权重
准则层权重		0.5390	0.1638	0.2973	
方案层单排序权重	P_1	0.4523	0.2708	0.2708	0.3686
	P_2	0.1774	0.1745	0.1745	0.1761
	P_3	0.1774	0.4227	0.4227	0.2905
	P_4	0.0964	0.0717	0.0717	0.0850
	P_5	0.0964	0.0604	0.0604	0.0798

表 2-32　苦楝木 AHP 一致性检验指标

指标层次	最大特征根 λ_{max}	一致性指标 CI	随机一致性比率 CR
$O/C_1\ C_2\ C_3\ C_1\ C_1$	3.0092	0.0046	0.0089
$C_1/P_1\ P_2\ P_3\ P_4\ P_5$	5.0264	0.0066	0.0059
$C_2/P_1\ P_2\ P_3\ P_4\ P_5$	5.1821	0.0455	0.0406
$C_3/P_1\ P_2\ P_3\ P_4\ P_5$	5.1821	0.0455	0.0406

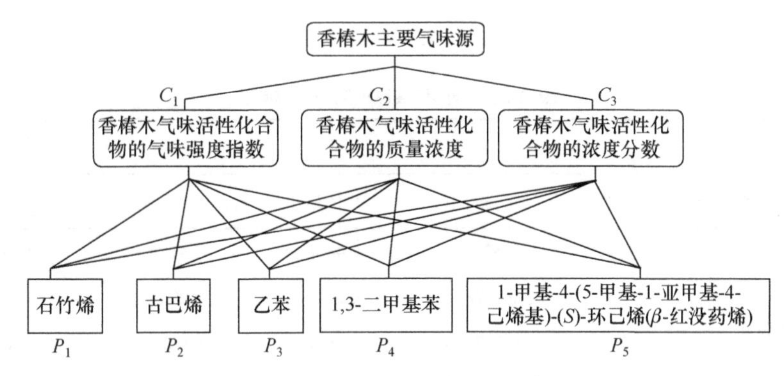

图 2-30　香椿木气味主要来源层级结构模型

表 2-33　香椿木 AHP 层次总排序

准则层		C_1	C_2	C_3	总排序权重
准则层权重		0.5390	0.1638	0.2973	
方案层单排序权重	P_1	0.4129	0.4667	0.4667	0.4377
	P_2	0.2571	0.3206	0.3206	0.2864
	P_3	0.1539	0.0338	0.0338	0.0985
	P_4	0.0881	0.0894	0.0894	0.0887
	P_5	0.0881	0.0894	0.0894	0.0887

表 2-34　香椿木 AHP 一致性检验指标

指标层次	最大特征根 λ_{max}	一致性指标 CI	随机一致性比率 CR
$O/C_1\ C_2\ C_3\ C_1\ C_1$	3.0092	0.0046	0.0089
$C_1/P_1\ P_2\ P_3\ P_4\ P_5$	5.0364	0.0091	0.0081
$C_2/P_1\ P_2\ P_3\ P_4\ P_5$	5.1850	0.0463	0.0413
$C_3/P_1\ P_2\ P_3\ P_4\ P_5$	5.1850	0.0463	0.0413

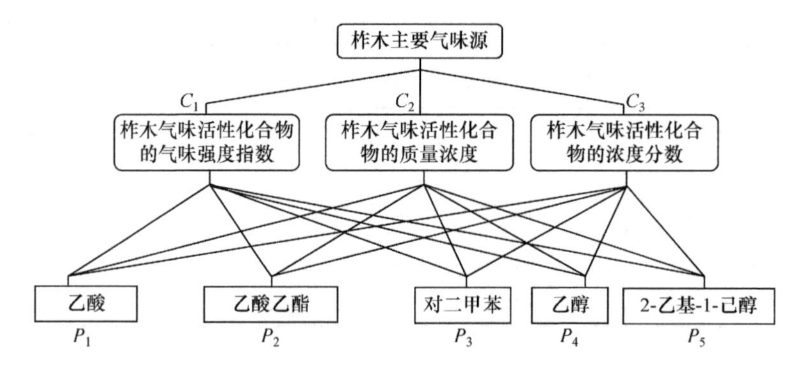

图 2-31　柞木气味主要来源层级结构模型

表 2-35　柞木 AHP 层次总排序

准则层		C_1	C_2	C_3	总排序权重
准则层权重		0.5390	0.1638	0.2973	
方案层单排序权重	P_1	0.5312	0.4458	0.4458	0.4918
	P_2	0.1778	0.2970	0.2970	0.2328
	P_3	0.0970	0.0677	0.0677	0.0835
	P_4	0.0970	0.1443	0.1443	0.1188
	P_5	0.0970	0.0452	0.0452	0.0731

表 2-36　柞木 AHP 一致性检验指标

指标层次	最大特征根 λ_{max}	一致性指标 CI	随机一致性比率 CR
$O/C_1\ C_2\ C_3\ C_1\ C_1$	3.0092	0.0046	0.0089
$C_1/P_1\ P_2\ P_3\ P_4\ P_5$	5.0267	0.0067	0.0060
$C_2/P_1\ P_2\ P_3\ P_4\ P_5$	5.1399	0.0350	0.0312
$C_3/P_1\ P_2\ P_3\ P_4\ P_5$	5.1399	0.0350	0.0312

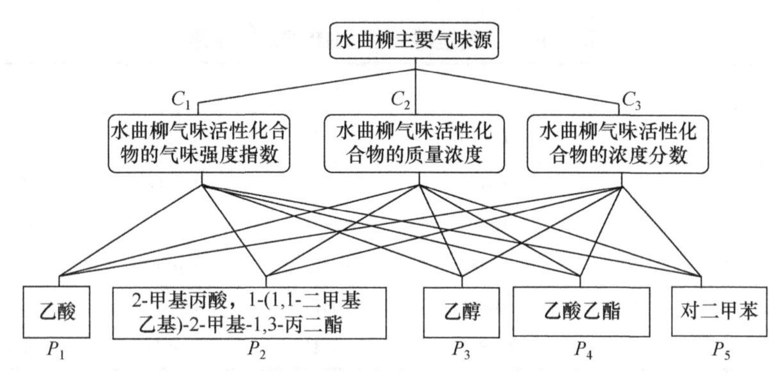

图 2-32　水曲柳气味主要来源层级结构模型

表 2-37　水曲柳 AHP 层次总排序

准则层		C_1	C_2	C_3	总排序权重
准则层权重		0.5390	0.1638	0.2973	
方案层单排序权重	P_1	0.4162	0.4719	0.4719	0.4419
	P_2	0.2618	0.0418	0.0418	0.1604
	P_3	0.1611	0.3260	0.3260	0.2371
	P_4	0.0986	0.0970	0.0970	0.0979
	P_5	0.0624	0.0632	0.0632	0.0628

表 2-38　水曲柳 AHP 一致性检验指标

指标层次	最大特征根 λ_{max}	一致性指标 CI	随机一致性比率 CR
O/C_1 C_2 C_3 C_1 C_1	3.0092	0.0046	0.0089
C_1/P_1 P_2 P_3 P_4 P_5	5.0683	0.0171	0.0153
C_2/P_1 P_2 P_3 P_4 P_5	5.1368	0.0342	0.0305
C_3/P_1 P_2 P_3 P_4 P_5	5.1368	0.0342	0.0305

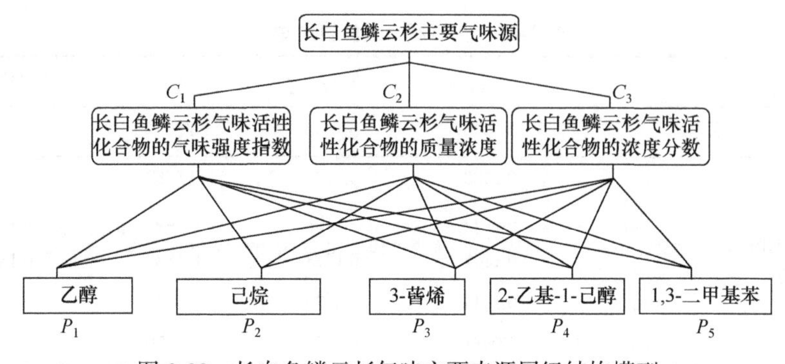

图 2-33　长白鱼鳞云杉气味主要来源层级结构模型

表 2-39　长白鱼鳞云杉 AHP 层次总排序

准则层		C_1	C_2	C_3	总排序权重
准则层权重		0.5390	0.1638	0.2973	
方案层单排序权重	P_1	0.3495	0.5260	0.5260	0.4309
	P_2	0.3495	0.2875	0.2875	0.3209
	P_3	0.1387	0.0512	0.0512	0.0984
	P_4	0.0811	0.0512	0.0512	0.0673
	P_5	0.0811	0.0841	0.0841	0.0825

表 2-40　长白鱼鳞云杉 AHP 一致性检验指标

指标层次	最大特征根 λ_{max}	一致性指标 CI	随机一致性比率 CR
O/C_1 C_2 C_3 C_1 C_1	3.0092	0.0046	0.0089
C_1/P_1 P_2 P_3 P_4 P_5	5.0265	0.0066	0.0059
C_2/P_1 P_2 P_3 P_4 P_5	5.1242	0.0310	0.0277
C_3/P_1 P_2 P_3 P_4 P_5	5.1242	0.0310	0.0277

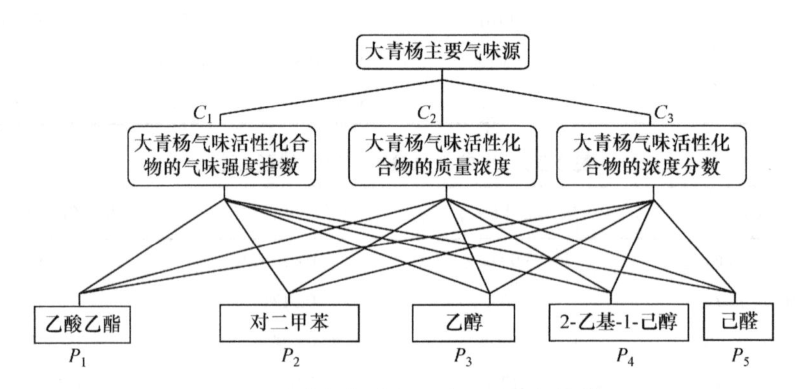

图 2-34　大青杨气味主要来源层级结构模型

表 2-41　大青杨 AHP 层次总排序

准则层		C_1	C_2	C_3	总排序权重
准则层权重		0.5390	0.1638	0.2973	
方案层单排序权重	P_1	0.3488	0.5789	0.5789	0.4549
	P_2	0.1844	0.1262	0.1262	0.1576
	P_3	0.1844	0.1888	0.1888	0.1864
	P_4	0.1844	0.0530	0.0530	0.1238
	P_5	0.0981	0.0530	0.0530	0.0773

表 2-42　大青杨 AHP 一致性检验指标

指标层次	最大特征根 λ_{max}	一致性指标 CI	随机一致性比率 CR
$O/C_1\ C_2\ C_3\ C_1\ C_1$	3.0092	0.0046	0.0089
$C_1/P_1\ P_2\ P_3\ P_4\ P_5$	5.0100	0.0025	0.0022
$C_2/P_1\ P_2\ P_3\ P_4\ P_5$	5.1462	0.0365	0.0326
$C_3/P_1\ P_2\ P_3\ P_4\ P_5$	5.1462	0.0365	0.0326

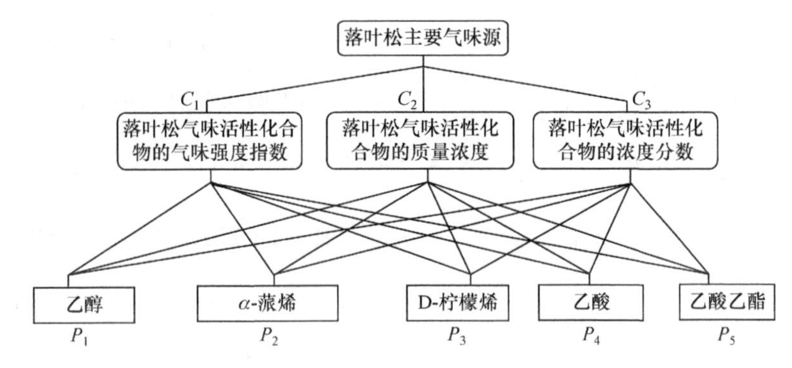

图 2-35　落叶松气味主要来源层级结构模型

表 2-43　落叶松 AHP 层次总排序

准则层		C_1	C_2	C_3	总排序权重
准则层权重		0.5390	0.1638	0.2973	
方案层单排序权重	P_1	0.4017	0.5951	0.5951	0.4909
	P_2	0.2442	0.2150	0.2150	0.2307
	P_3	0.1373	0.0633	0.0633	0.1032
	P_4	0.1373	0.0633	0.0633	0.1032
	P_5	0.0794	0.0633	0.0633	0.0720

表 2-44　落叶松 AHP 一致性检验指标

指标层次	最大特征根 λ_{max}	一致性指标 CI	随机一致性比率 CR
$O/C_1\ C_2\ C_3\ C_1\ C_1$	3.0092	0.0046	0.0089
$C_1/P_1\ P_2\ P_3\ P_4\ P_5$	5.0331	0.0083	0.0074
$C_2/P_1\ P_2\ P_3\ P_4\ P_5$	5.1038	0.0259	0.0232
$C_3/P_1\ P_2\ P_3\ P_4\ P_5$	5.1038	0.0259	0.0232

表 2-45　16 种树种木材关键气味源物质及主要气味源化合物

序号	树种名称	关键气味源物质(权重最高)	主要气味源化合物权重排序(以权重由大到小依次排序，加下划线者权重相等)
1	酸枣	柠檬烯	乙苯、1,3-二甲基苯、2,6,6-三甲基双环[3.1.1]庚-2-烯、辛醛
2	马尾松	α-蒎烯	己醛、β-石竹烯、莰烯、辛醛
3	巨尾桉	1,3-二甲基苯	乙苯、1-亚甲基-1*H*-茚、2-乙基-1-己醇、癸醛
4	板栗	乙酸	对二甲苯、2-乙基-1-己醇、乙苯、癸醛
5	桂花	乙醇	2,3-丁二酮、对二甲苯、乙苯、癸醛
6	白楠	2-甲基丙酸-1-(1,1-二甲基乙基)-2-甲基-1,3-丙二酯	1,3-二甲基苯、乙苯、1-亚甲基-1*H*-茚、癸醛
7	香樟	1,7,7-三甲基二环[2.2.1]庚烷-2-酮(樟脑)	5-(2-丙烯基)-1,3-苯并二氧杂环戊烯、桉树醇、古巴烯、柠檬烯
8	阴香	对二甲苯	乙苯、2,6,6-三甲基双环[3.1.1]庚-2-烯、古巴烯、1-亚甲基-1*H*-茚
9	构树	乙醇	2-乙基-1-己醇、对二甲苯、苯乙酮、1-亚甲基-1*H*-茚
10	苦楝	乙酸	乙醇、庚酸乙酯、对二甲苯、D-柠檬烯
11	香椿	石竹烯	古巴烯、乙苯、1,3-二甲基苯、1-甲基-4-(5-甲基-1-亚甲基-4-己烯基)-(*S*)-环己烯(β-红没药烯)
12	柞木	乙酸	乙酸乙酯、乙醇、对二甲苯、2-乙基-1-己醇
13	水曲柳	乙酸	乙醇、2-甲基丙酸、1-(1,1-二甲基乙基)-2-甲基-1,3-丙二酯、乙酸乙酯、对二甲苯
14	长白鱼鳞云杉	乙醇	己烷、3-蒈烯、1,3-二甲基苯、2-乙基-1-己醇
15	大青杨	乙酸乙酯	乙醇、对二甲苯、2-乙基-1-己醇、己醛
16	落叶松	乙醇	α-蒎烯、D-柠檬烯、乙酸、乙酸乙酯

由表 2-45 可知，乙酸和乙醇两种气味活性化合物作为关键气味源物质出现在多个树种木材中。乙酸是板栗、苦楝、柞木和水曲柳 4 种树种木材的关键气味源物质。乙醇是桂花、构树、长白鱼鳞云杉和落叶松的关键气味源物质。巨尾桉、香樟、白楠、马尾松、阴香、酸枣、香椿和大青杨的关键气味源物质分别为 1,3-二甲基苯、1,7,7-三甲基二环[2.2.1]庚烷-2-酮(樟脑)、2-甲基丙酸-1-(1,1-二甲基乙基)-2-甲基-1,3-丙二酯、α-蒎烯、对二甲苯、柠檬烯、石竹烯和乙酸乙酯。发现本节研究很多不同树种木材关键气味源物质属于 VVOCs 范围，表明在研究木材 VOCs 释放的同时进一步开展木材 VVOCs 释放的研究，补充 C_6 以下低分子量气味活性化合物研究的必要性。

2.4　木材气味轮廓图谱表达

2.4.1　气味特征轮廓分类

根据 GC-MS-O 的鉴定结果，对南北方不同树种木材，包括酸枣、马尾松、巨尾桉、板栗、桂花、白楠、香樟、阴香、构树、苦楝、香椿、柞木、水曲柳、长白鱼鳞云杉、大青杨和落叶松 16 种不同树种木材释放气味物质特征进行研究，并绘制气味特征表达图谱。

类似味觉可以被分为酸、甜、咸、苦、鲜五种，不同气味根据其气味特征也可以被分为不同香调。参考香水香氛领域对不同香味的分类，同时根据神经学科学家在对 146 个气味词汇进行统计分析后，通过其相互关联，分析整理形成的人类感知气味类别的相关研究结果，本书将不同气味特征对应分为 11 种不同类型气味轮廓(辅助气味特征不包含在内)，具体见表 2-46。

表 2-46　不同气味特征轮廓分类

轮廓分类	气味特征举例	解释
花香调	玫瑰香、薰衣草香、铃兰香、花香、芳香、宜人香	味道以各类花香为主
柑橘调	柠檬皮香、柑橘香、柚子香、肥皂香	味道以柠檬、橙子、葡萄柚一类酸甜的柑橘水果为主，具有清凉感
果香调	菠萝香、草莓香、蓝莓香、苹果香	味道以各类果香香调为主，但不包括柑橘调气味
绿叶调	青草香、绿叶香、海藻香、薄荷香、清凉感、黄瓜香、留兰香糖香	具有绿色大自然气息的香调
木质调	木材香、松香、香草根香、草药香、香烟味	偏重于表达沉稳、冷静
美食调	蜂蜜香、椰子香、黑巧克力香、焦糖香、杏仁香、醇香、糖果香、醋香、甜香、油脂香、小茴香味、胡萝卜香、坚果香、酒香、奶香	包括各类美食香调
皮革调	牛羊皮味、鹿皮味	古典、沉静、华贵的气味风格
苷苔调	泥土味、藿香味、霉味、金属气味、潮湿感	橡木苔是苷苔调的灵魂，配合木质调的气味和广藿香的苦药香，具有潮湿阴郁的树林和泥土的气息，香调多具有冷淡感
刺鼻调	大蒜味、胶水味、鱼腥味、刺鼻气味、刺激感、汽油味、辛辣感、不宜人臭味	包括各类刺激性气味
化学物调	煤油味、氨味、消毒液味、樟脑香	包括各种化学物香调
其他调	混合香、温和香味、特殊香味	不易描述的其他类型香调

2.4.2　南方不同树种木材气味物质特征及气味轮廓图谱的表达

1. 酸枣木气味物质特征及气味轮廓图谱的表达

基于 GC-MS-O 气味鉴定分析结果，得到酸枣木 23 种气味特征，包括刺鼻气味、鱼腥味、醋香、芳香、肥皂香、花香、混合香、青草香、清凉感、柠檬皮香、薄荷香、柑橘香、金属气味、酒香、木材香、汽油味、松香、消毒液味、小茴香味、杏仁香、樟脑香、甜香和油脂香。整理不同气味特征，根据其特性分类为不同气味轮廓，得到酸枣木释放气味特征分布与轮廓图谱，如图 2-36 所示。

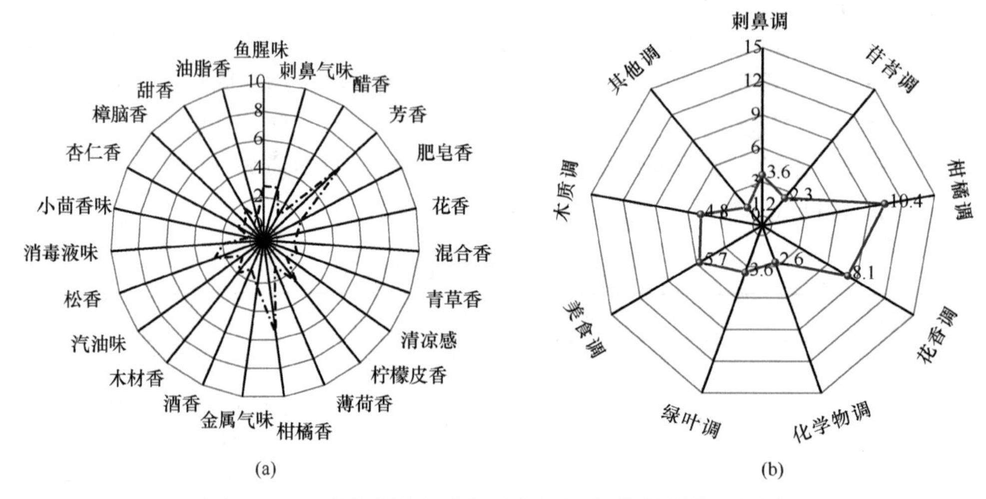

图 2-36　酸枣木释放气味特征分布(a)与轮廓图谱表达(b)

根据酸枣木释放气味特征分布图，发现酸枣木释放气味特征以芳香为主，总气味特征强度为 6.6。其次是柑橘香，气味强度为 5.6。刺鼻气味、鱼腥味、柠檬皮香和松香的气味特征强度均为 2.8。金属气味的气味特征强度为 2.3。木材香和肥皂香的气味特征强度均为 2.0，其他气味特征值均为小于 2 的低强度等级。柑橘调、花香调和美食调为酸枣木的最主要气味轮廓，总气味特征强度分别为 10.4、8.1 和 5.7。其次为木质调、刺鼻调、绿叶调，总气味特征强度分别为 4.8、3.6 和 3.6。化学物调(2.6)、苷苔调(2.3)和其他调(1.2)的气味等级相对较低。小茴香味为潜在气味特征，其本身具有气味特征，但在试验中强度为 0，分析可能是由于其浓度值低于阈值而不能被感官评价员察觉，但在浓度增大时具有呈现气味的可能性。

2. 马尾松气味物质特征及气味轮廓图谱的表达

基于 GC-MS-O 气味鉴定分析结果，得到马尾松 17 种气味特征，包括潮湿感、芳香、花香、黄瓜香、木材香、柠檬皮香、青草香、清凉感、柑橘香、胡萝卜香、汽油味、小茴香味、杏仁香、樟脑香、松香、甜香和油脂香。整理不同气味特征，根据其特性分类为不同气味轮廓，得到马尾松释放气味特征分布与轮廓图谱，如图 2-37 所示。

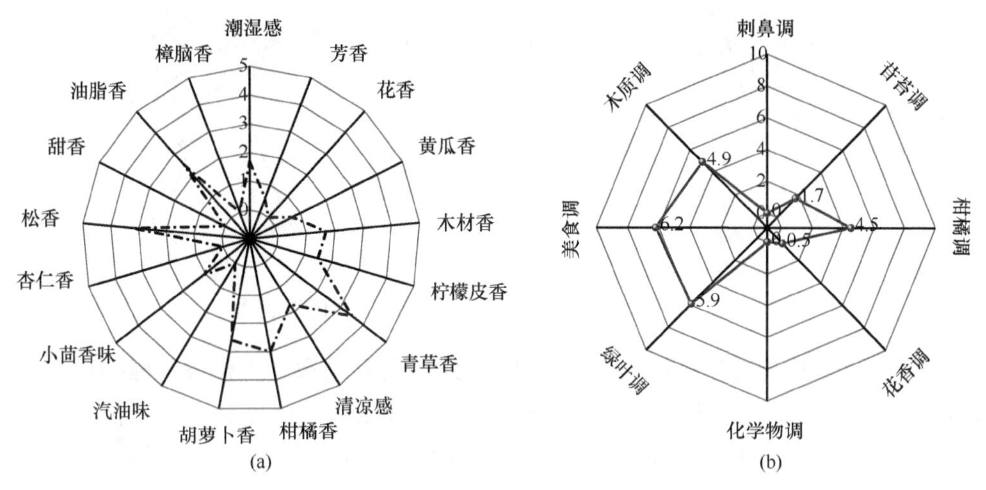

图 2-37　马尾松释放气味特征分布(a)与轮廓图谱表达(b)

根据马尾松释放气味特征分布图，发现马尾松释放气味特征以青草香、松香和柑橘香为主，总气味特征强度分别为 3.5、3.2 和 3.0。其次是胡萝卜香和油脂香，总气味特征强度分别为 2.6 和 2.5。其余气味特征的强度均低于 2.0。另有花香、汽油味、杏仁香、樟脑香和甜香为潜在气味特征，其本身具有气味特征，但在试验中强度为 0，分析可能是由于其浓度值低于阈值而不能被感官评价员察觉，但在浓度增大时仍具有呈现气味的可能性。美食调和绿叶调为马尾松的最主要气味轮廓，总气味特征强度分别为 6.2 和 5.9。其次为木质调和柑橘调，总气味特征强度分别为 4.9 和 4.5。苷苔调(1.7)、花香调(0.5)的气味等级相对较低。刺鼻调和化合物调为潜在气味轮廓。

3. 巨尾桉气味物质特征及气味轮廓图谱的表达

基于 GC-MS-O 气味鉴定分析结果，得到巨尾桉 16 种气味特征，分别为芳香、柑橘香、甜香、金属气味、木材香、花香、肥皂香、醋香、青草香、酒香、汽油味、辛辣感、果香、杏仁香、樟脑香和松香。整理不同气味特征，根据其特性分类为不同气味轮廓，得到巨尾桉释放气味特征分布与轮廓图谱，如图 2-38 所示。

根据巨尾桉释放气味特征分布图，发现巨尾桉释放气味特征以芳香为主，总气味特征强度为 4.7。其次是柑橘香，气味特征强度为 3.2。甜香气味特征的

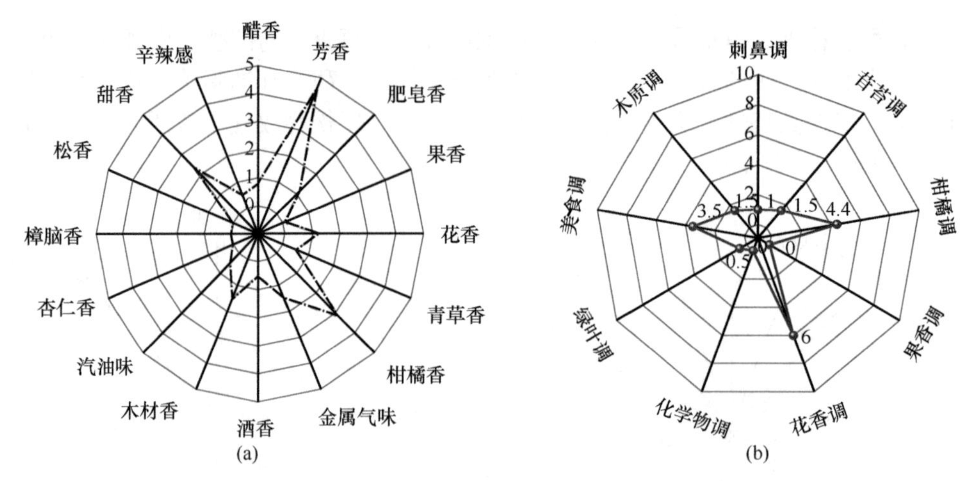

图 2-38　巨尾桉释放气味特征分布(a)与轮廓图谱表达(b)

强度为 2.2。其余气味特征的强度均低于 2.0。另有果香、杏仁香、樟脑香和松香为潜在气味特征，其本身具有气味特征，但在试验中强度为 0，分析可能是由于其浓度值低于阈值而不能被感官评价员察觉，但在浓度增大时仍具有呈现气味的可能性。花香调为巨尾桉的最主要气味轮廓，总气味特征强度为 6.0。其次为柑橘调和美食调，总气味特征强度分别为 4.4 和 3.5。苷苔调(1.5)、木质调(1.5)、刺鼻调(1.0)和绿叶调(0.5)的气味等级相对较低。果香调和化学物调为潜在气味轮廓。

4. 板栗木气味物质特征及气味轮廓图谱的表达

基于 GC-MS-O 气味鉴定分析结果，得到板栗木 11 种气味特征，分别为醋香、芳香、肥皂香、花香、木材香、柑橘香、金属气味、酒香、杏仁香、樟脑香和甜香。整理不同气味特征，根据其特性分类为不同气味轮廓，得到板栗木释放气味特征分布与轮廓图谱，如图 2-39 所示。

根据板栗木释放气味特征分布图，发现板栗木释放各气味特征的强度均不高，主要以醋香为主(3.0)，芳香、柑橘香、花香和甜香的气味强度分别为 1.5、1.2、1.0 和 1.0。其余气味特征的强度均低于 1.0。另有木材香、杏仁香、樟脑香为潜在气味特征，其本身具有气味特征，但在试验中强度表现为 0，分析可能是由于其浓度值低于阈值而不能被感官评价员察觉，但在浓度增大时仍具有呈现气味的可能性，被列为潜在气味特征。美食调为板栗木的最主要气味轮廓，总气味特征强度为 4.5。其次为花香调和柑橘调，总气味特征强度分别为 2.5 和 2.0。苷苔调的气味特征强度为 0.5。化学物调和木质调为潜在气味轮廓。

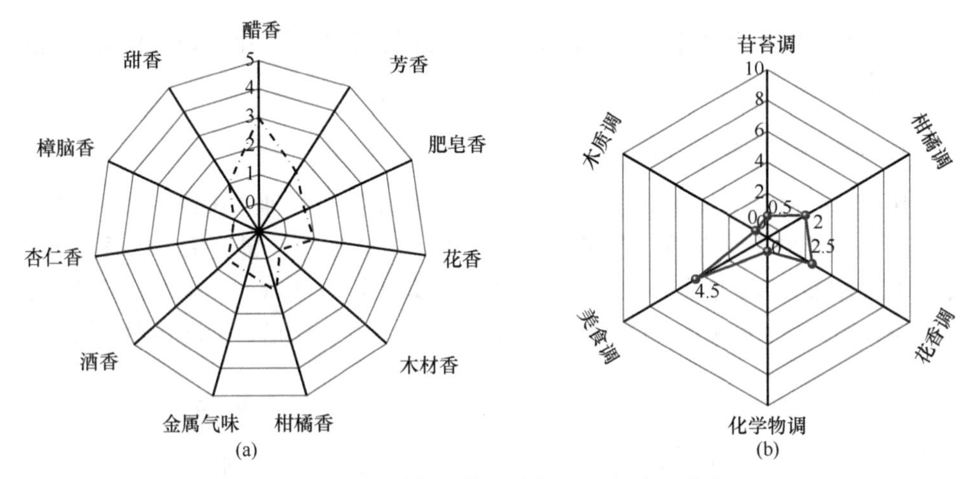

图 2-39　板栗木释放气味特征分布(a)与轮廓图谱表达(b)

5. 桂花木气味物质特征及气味轮廓图谱的表达

基于 GC-MS-O 气味鉴定分析结果，得到桂花木 15 种气味特征，分别为醋香、芳香、肥皂香、果香、花香、黄油香、木质香、奶香、柑橘香、金属气味、酒香、汽油味、小茴香味、樟脑香和甜香。整理不同气味特征，根据其特性分类为不同气味轮廓，得到桂花木释放气味特征分布与轮廓图谱，如图 2-40 所示。

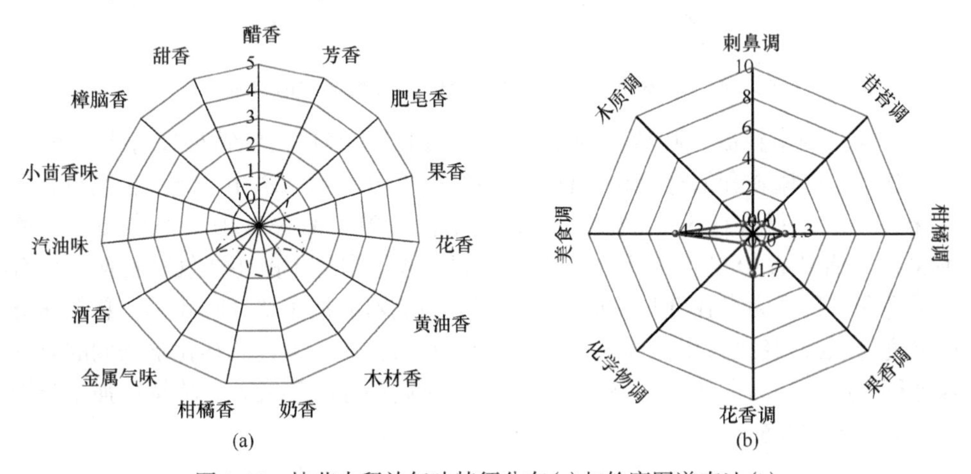

图 2-40　桂花木释放气味特征分布(a)与轮廓图谱表达(b)

根据桂花木释放气味特征分布图，发现桂花木释放各气味特征的强度不高，芳香(1.2)、黄油香(1.0)、奶香(1.0)、酒香(1.0)、柑橘香(0.8)、甜香(0.7)、醋香(0.5)、肥皂香(0.5)、花香(0.5)共同构成了桂花木的主要气味特征。另有 6 种潜在气味特征，分别为果香、木材香、金属气味、汽油味、小茴香味和樟脑香。美食调为桂花木的最主要气味轮廓，总气味特征强度为 4.2。其次为花香调和柑橘调，强度分别为 1.7 和 1.3。刺鼻调、苷苔调、果香调、化学物调和木质调为潜在气味轮廓。

6. 白楠木气味物质特征及气味轮廓图谱的表达

基于 GC-MS-O 气味鉴定分析结果，得到白楠木 14 种气味特征，分别为醋香、芳香、肥皂香、花香、坚果香、青草香、柑橘香、金属气味、酒香、木材香、小茴香味、杏仁香、甜香、消毒液味。整理不同气味特征，根据其特性分类为不同气味轮廓，得到白楠木释放气味特征分布与轮廓图谱，如图 2-41 所示。

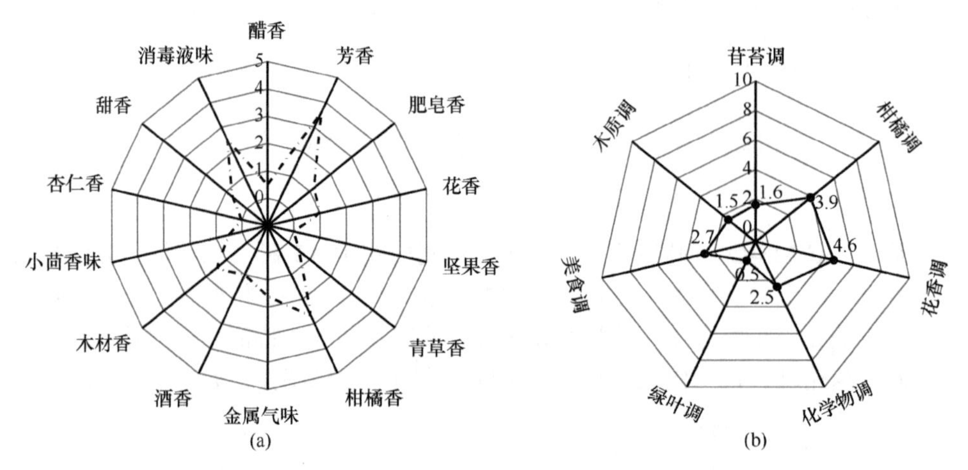

图 2-41　白楠木释放气味特征分布(a)与轮廓图谱表达(b)

根据白楠木释放气味特征分布图，发现白楠木释放气味特征以芳香(3.6)为主。其次为柑橘香和消毒液味，总气味特征强度分别为 2.7 和 2.5。它们与金属气味(1.6)、木材香(1.5)、肥皂香(1.2)、花香(1.0)、酒香(1.0)、甜香(0.7)、醋香(0.5)、青草香(0.5)、小茴香味(0.5)共同构成了白楠木的主要气味特征。另有坚果香和杏仁香为潜在气味特征。花香调为白楠木的最主要气味轮廓，总气味特征强度为 4.6，其次为柑橘调，总气味特征强度为 3.9，美食调和化学物调的总气味特征强度分别为 2.7 和 2.5。苷苔调、木质调和绿叶调的总气味特征强度分别为 1.6、1.5 和 0.5。

7. 香樟木气味物质特征及气味轮廓图谱的表达

基于 GC-MS-O 气味鉴定分析结果，得到香樟木 19 种气味特征，分别为潮湿感、芳香、肥皂香、花香、坚果香、木材香、泥土香、柠檬皮香、清凉感、柑橘香、胡萝卜香、金属气味、酒香、汽油味、小茴香味、杏仁香、樟脑香、松香和甜香。整理不同气味特征，根据其特性分类为不同气味轮廓，得到香樟木释放气味特征分布与轮廓图谱，如图 2-42 所示。

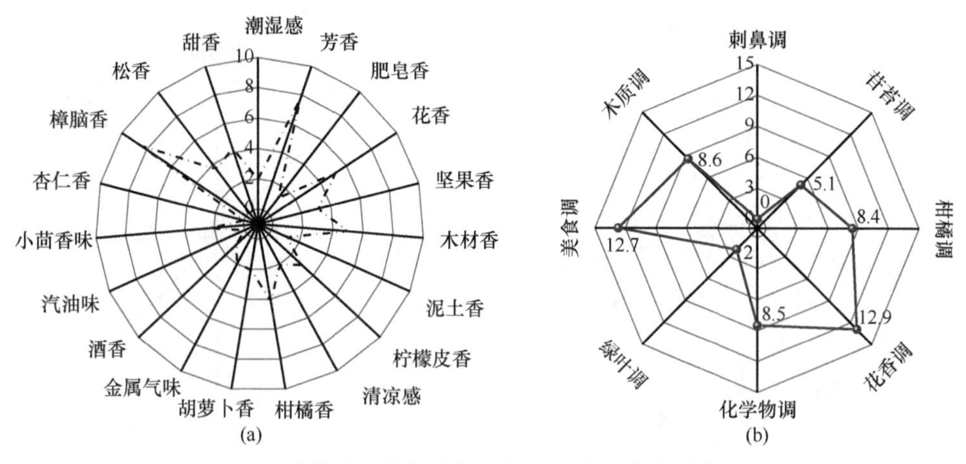

图 2-42　香樟木释放气味特征分布(a)与轮廓图谱表达(b)

根据香樟木释放气味特征分布图，发现香樟木释放气味特征以樟脑香(8.5)为主，其次为芳香(7.7)。花香和木材香的强度分别为 5.2 和 5.0。甜香、柑橘香的强度分别为 4.3 和 4.2，为中等强度。它们与松香(3.6)、坚果香(3.1)、柠檬皮香(3.0)、小茴香味(2.3)、潮湿感(2.0)、清凉感(2.0)、胡萝卜香(2.0)、金属气味(2.0)共同构成了香樟木的主要气味特征。其余气味特征强度均低于 2.0。汽油味和杏仁香为潜在气味特征。花香调和美食调为香樟木的最主要气味轮廓，总气味特征强度分别为 12.9 和 12.7。其次为木质调、化学物调和柑橘调，总气味特征强度分别为 8.6、8.5 和 8.4。苷苔调和绿叶调的总气味特征强度分别为 5.1 和 2.0。刺鼻调为潜在气味轮廓。

8. 阴香木气味物质特征及气味轮廓图谱的表达

基于 GC-MS-O 气味鉴定分析结果，得到阴香木 17 种气味特征，分别为刺鼻气味、醋香、芳香、肥皂香、花香、混合香、坚果香、青草香、柑橘香、酒香、木材香、汽油味、松香、杏仁香、樟脑香、甜香和鱼腥味。整理不同气味特征，根据其特性分类为不同气味轮廓，得到阴香木释放气味特征分布与轮廓图谱，如图 2-43 所示。

根据阴香木释放气味特征分布图，发现阴香木释放气味特征以芳香(3.4)为主。其与甜香(2.0)、柑橘香(1.9)、刺鼻气味(1.5)、酒香(1.5)、松香(1.5)和鱼腥味(1.5)共同构成了阴香木的主要气味特征。其余气味特征强度均低于 1.0。美食调和花香调为阴香木的最主要气味轮廓，总气味特征强度分别为 4.5 和 4.4。其次为刺鼻调、柑橘调和木质调，总气味特征强度分别为 3.5、2.9 和 2.5。绿叶调的总气味特征强度为 0.4。化学物调和其他调为潜在气味轮廓。

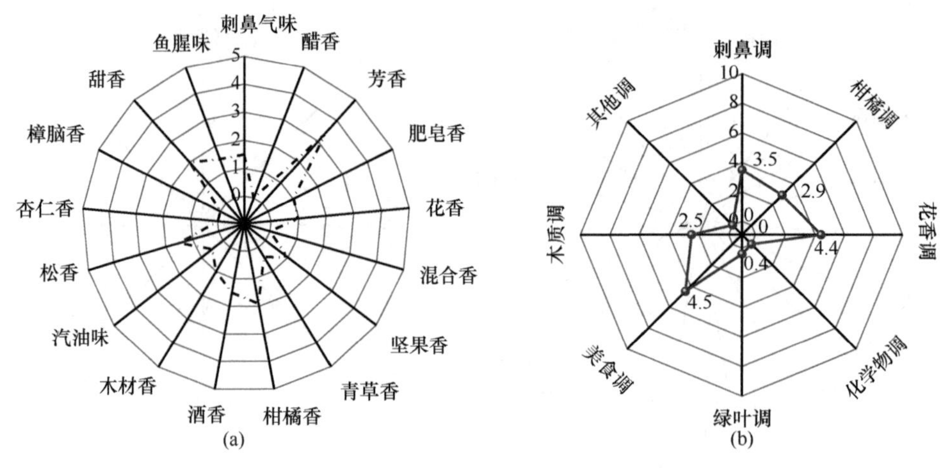

图 2-43　阴香木释放气味特征分布(a)与轮廓图谱表达(b)

9. 构木气味物质特征及气味轮廓图谱的表达

基于 GC-MS-O 气味鉴定分析结果，得到构木 17 种气味特征，分别为芳香、肥皂香、果香、花香、黄油香、奶香、青草香、清凉感、薄荷香、酚样气味、柑橘香、酒香、玫瑰香、木材香、杏仁香、甜香和辛辣感。整理不同气味特征，根据其特性分类为不同气味轮廓，得到构木释放气味特征分布与轮廓图谱，如图 2-44 所示。

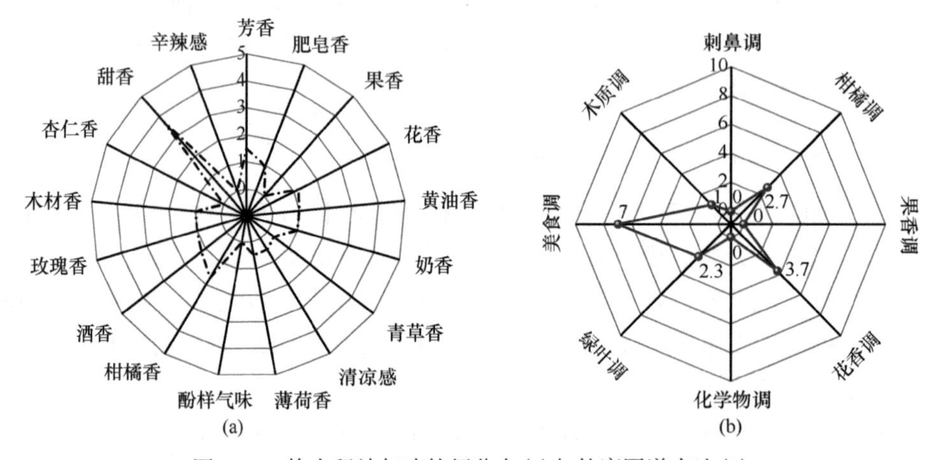

图 2-44　构木释放气味特征分布(a)与轮廓图谱表达(b)

根据构木释放气味特征分布图，发现构木释放气味特征以甜香(3.8)为主。其与柑橘香(1.7)、芳香(1.5)、薄荷香(0.5)、花香(1.2)、酒香(1.2)、肥皂香(1.0)、黄油香(1.0)、奶香(1.0)、玫瑰香(1.0)和木材香(1.0)共同构成了构木的主要气味特征。清凉感和青草香的气味特征强度属于低于 1.0 的低强度。果香、酚样气味、杏仁香和辛辣感为潜在气味特征。美食调为构木的最主要气味轮廓，总气味特征强度为 7.0。其次为花香调、柑橘调和绿叶调，强度分别为 3.7、2.7 和 2.3。木质调的总气味特征强度为 1.0。刺鼻调、果香调和化学物调为潜在气味轮廓。

10. 苦楝木气味物质特征及气味轮廓图谱的表达

基于 GC-MS-O 气味鉴定分析结果，得到苦楝木 16 种气味特征，分别为不宜人臭味、潮湿感、醋香、芳香、肥皂香、果香、花香、木材香、清凉感、丙酮气味、柑橘香、酒香、樟脑香、甜香、宜人香和油脂香。整理不同气味特征，根据其特性分类为不同气味轮廓。得到苦楝木释放气味特征分布与轮廓图谱，如图 2-45 所示。

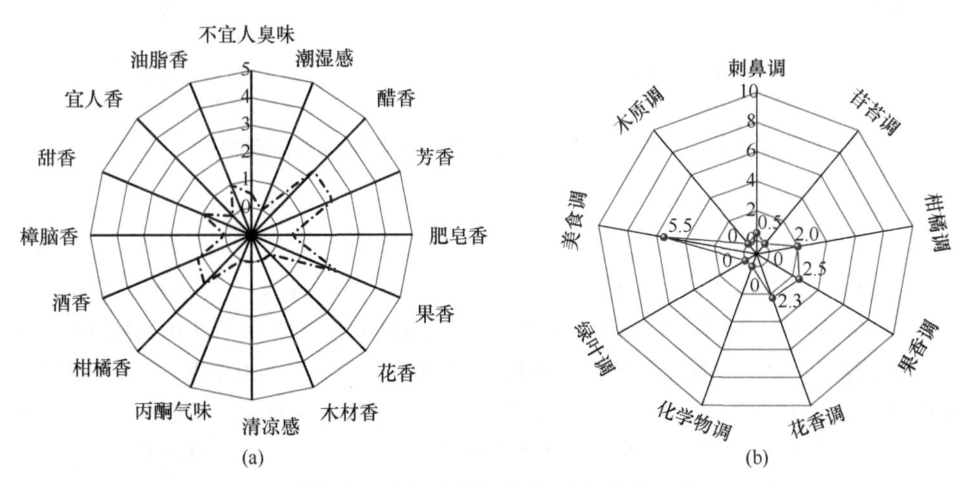

图 2-45　苦楝木释放气味特征分布(a)与轮廓图谱表达(b)

根据苦楝木释放气味特征分布图，发现苦楝木释放气味特征强度均不高。果香(2.5)、醋香(2.3)、芳香(2.3)、柑橘香(1.5)、酒香(1.2)、甜香(1.0)、油脂香(1.0)、不宜人臭味(0.5)和肥皂香(0.5)共同构成了苦楝木的主要气味轮廓。潮湿感、花香、木材香、清凉感、丙酮气味、樟脑香和宜人香为潜在气味特征。美食调为苦楝木的最主要气味轮廓，总气味特征强度为 5.5。其次为果香调、花香调和柑橘调，总气味特征强度分别为 2.5、2.3 和 2.0。刺鼻调的总气味特征强度为 0.5。苷苔调、化学物调、绿叶调和木质调为潜在气味轮廓。

11. 香椿木气味物质特征及气味轮廓图谱的表达

基于 GC-MS-O 气味鉴定分析结果，得到香椿木 17 种气味特征，分别为潮湿感、醋香、芳香、肥皂香、果香、花香、坚果香、木材香、青草香、清凉感、柑橘香、胡萝卜香、金属气味、酒香、留兰香糖香、甜香和宜人香。整理不同气味特征，根据其特性分类为不同气味轮廓，得到香椿木释放气味特征分布与轮廓图谱，如图 2-46 所示。

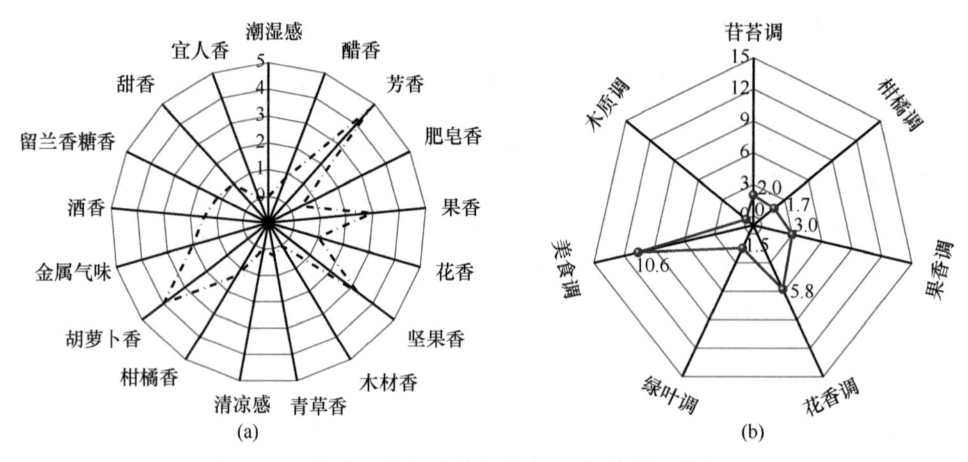

图 2-46　香椿木释放气味特征分布(a)与轮廓图谱表达(b)

根据香椿木释放气味特征分布图，发现香椿木释放气味特征以芳香(4.8)和胡萝卜香(4.0)为主。其次为坚果香(3.3)和果香(3.0)。它们与金属气味(2.0)、酒香(1.5)、柑橘香(1.3)、留兰香糖香(1.2)、花香(1.0)和甜香(1.0)共同构成了香椿木的主要气味特征。醋香、肥皂香和青草香气味特征的强度均低于 1.0。潮湿感、木材香、清凉感和宜人香为潜在气味特征。美食调为最主要气味轮廓，总气味特征强度为 10.6。其次为花香调、果香调和苷苔调，强度分别为 5.8、3.0 和 2.0。柑橘调和绿叶调的总气味特征强度分别为 1.7 和 1.5。木质调为潜在气味轮廓。

2.4.3　北方不同树种木材气味物质特征及气味轮廓图谱的表达

1. 柞木气味物质特征及气味轮廓图谱的表达

基于 GC-MS-O 气味鉴定分析结果，得到柞木 8 种气味特征，分别为刺鼻气味、醋香、芳香、果香、花香、青草香、酒香和甜香。整理不同气味特征，根据其特性分类为不同气味轮廓，得到柞木释放气味特征分布与轮廓图谱，如图 2-47 所示。

根据柞木释放气味特征分布图，发现柞木释放气味特征以醋香(3.0)为主，其次为果香(1.9)。芳香、花香、酒香、甜香的气味特征强度均为 1.0。刺鼻气味和青草香属于低于 1.0 的低气味强度。美食调为最主要气味轮廓，总气味特征强度为 5.0。其次为花香调和果香调，总气味特征强度分别为 2.0 和 1.9。刺鼻调和绿叶调的总气味特征强度分别为 0.5 和 0.3。

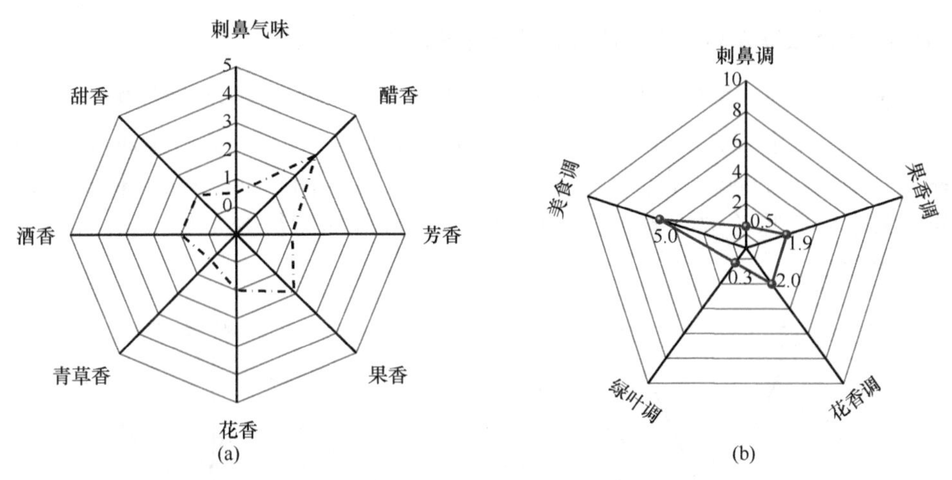

图2-47　柞木释放气味特征分布(a)与轮廓图谱表达(b)

2. 水曲柳气味物质特征及气味轮廓图谱的表达

基于GC-MS-O气味鉴定分析结果，得到水曲柳9种气味特征，分别为刺鼻气味、醋香、芳香、果香、汽油味、酒香、消毒液味、松香和甜香。整理不同气味特征，根据其特性分类为不同气味轮廓，得到水曲柳的特征分布与轮廓图谱，如图2-48所示。

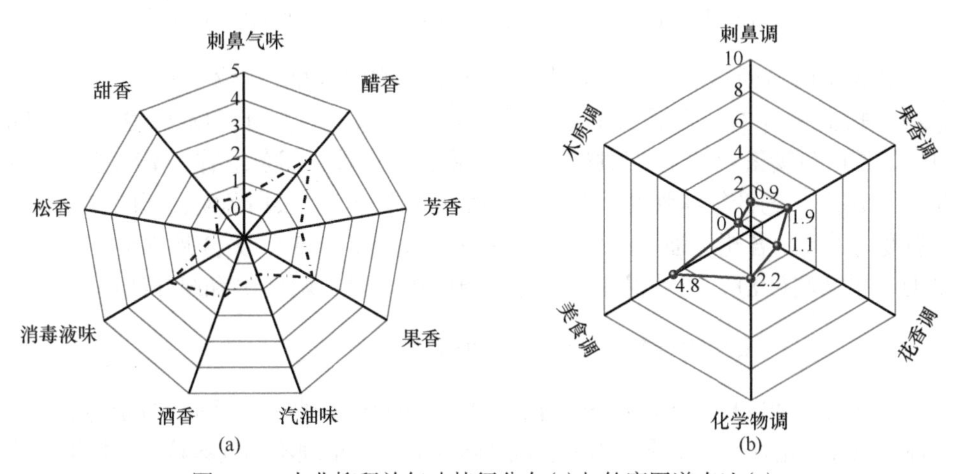

图2-48　水曲柳释放气味特征分布(a)与轮廓图谱表达(b)

根据水曲柳释放气味特征分布图，醋香(2.8)、消毒液味(2.2)、果香(1.9)、酒香(1.3)、芳香(1.1)、甜香(0.7)、刺鼻气味(0.5)和汽油味(0.4)共同构成了水曲柳的主要气味特征。松香为潜在气味特征。美食调为最主要气味轮廓，总气味特征强度为4.8。其次为化学物调和果香调，总气味特征强度分别为2.2和1.9。花香调和刺鼻调的总气味特征强度分别为1.1和0.9。木质调为潜在气味轮廓。

3. 长白鱼鳞云杉气味物质特征及气味轮廓图谱的表达

基于 GC-MS-O 气味鉴定分析结果，得到长白鱼鳞云杉 14 种气味特征，分别为芳香、肥皂香、果香、花香、青草香、柑橘香、胡萝卜香、金属气味、酒香、木材香、汽油味、杏仁香、松香和辛辣感。整理不同气味特征，根据其特性分类为不同气味轮廓，得到长白鱼鳞云杉释放气味特征分布与轮廓图谱，如图 2-49 所示。

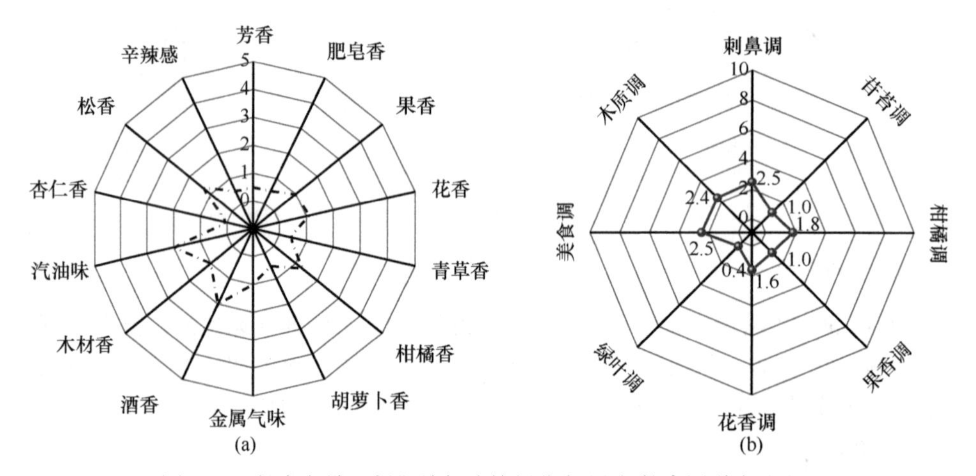

图 2-49　长白鱼鳞云杉释放气味特征分布(a)与轮廓图谱表达(b)

根据长白鱼鳞云杉释放气味特征分布图，酒香(2.0)、汽油味(2.0)、松香(1.4)、柑橘香(1.3)、花香(1.1)、果香(1.0)、金属气味(1.0)和木材香(1.0)共同构成了长白鱼鳞云杉的主要气味特征。芳香、肥皂香、胡萝卜香、辛辣感和青草香属于小于 1 的低气味强度。杏仁香为潜在气味特征。长白鱼鳞云杉的各气味轮廓强度均不高，各轮廓强度由高到低分别为：刺鼻调(2.5)、美食调(2.5)、木质调(2.4)、柑橘调(1.8)、花香调(1.6)、苷苔调(1.0)、果香调(1.0)和绿叶调(0.4)。

4. 大青杨气味物质特征及气味轮廓图谱的表达

基于 GC-MS-O 气味鉴定分析结果，得到大青杨 8 种气味特征，分别为醋香、芳香、果香、花香、青草香、酒香、汽油味和甜香。整理不同气味特征，根据其特性分类为不同气味轮廓，得到大青杨的特征分布与轮廓图谱，如图 2-50 所示。

根据大青杨释放气味特征分布图，各气味特征的强度均很低，果香(1.5)、芳香(1.4)、花香(1.0)、酒香(1.0)、甜香(1.0)、醋香(0.5)、青草香(0.5)共同构成了大青杨的主要气味特征。汽油味为潜在气味特征。和气味特征强度一样，大青杨的各气味轮廓强度也处于偏低水平，各轮廓强度由高到低依次为：美食调(2.5)、花香调(2.4)、果香调(1.5)、绿叶调(0.5)，刺鼻调为潜在气味轮廓。

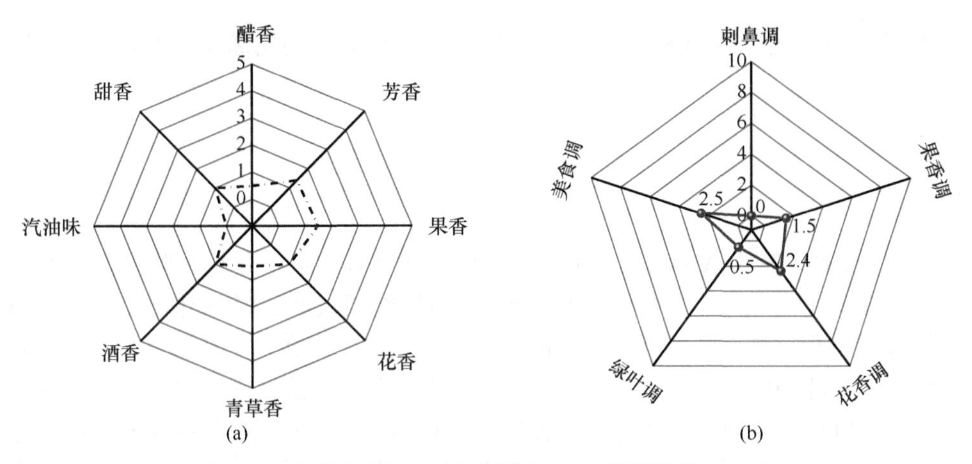

图 2-50　大青杨释放气味特征分布(a)与轮廓图谱表达(b)

5. 落叶松气味物质特征及气味轮廓图谱的表达

基于 GC-MS-O 气味鉴定分析结果，得到落叶松 13 种气味特征，分别为潮湿感、醋香、芳香、果香、木材香、青草香、清凉感、柑橘香、金属气味、酒香、汽油味、松香和甜香。整理不同气味特征，根据其特性分类为不同气味轮廓，得到落叶松的特征分布与轮廓图谱，如图 2-51 所示。

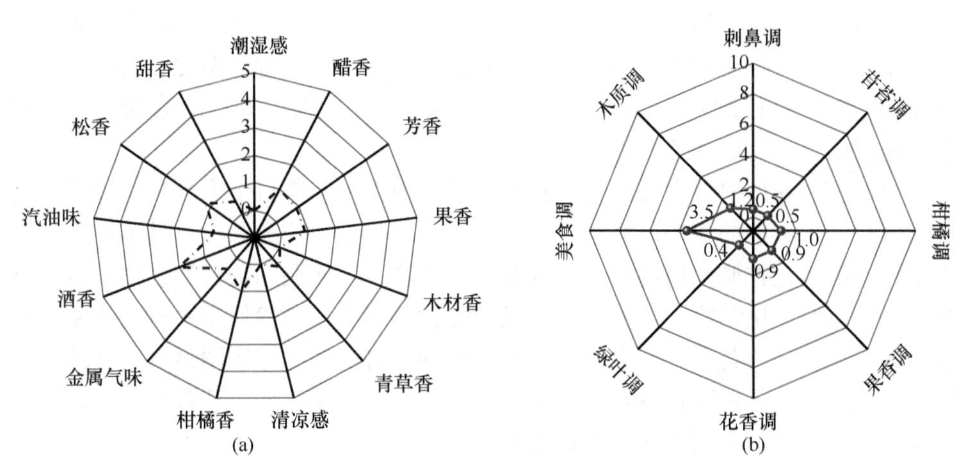

图 2-51　落叶松释放气味特征分布(a)与轮廓图谱表达(b)

根据落叶松释放气味特征分布图，各气味特征的强度水平普遍很低，酒香(2.0)、松香(1.2)、醋香(1.0)、柑橘香(1.0)、芳香(0.9)、果香(0.9)、金属气味(0.5)、汽油味(0.5)、甜香(0.5)和青草香(0.4)共同构成了落叶松的主要气味特征。潮湿感、木材香和清凉感为潜在气味特征。落叶松的气味轮廓以美食调为主，强度值为 3.5。木质调、柑橘调的气味强度分别为 1.2 和 1.0。果香调(0.9)、花香调(0.9)、刺鼻调(0.5)、苷苔调(0.5)和绿叶调(0.4)的轮廓强度为低于 1.0 偏低水平。

2.5　本章小结

(1)对木材释放 VVOCs/VOCs 及气味活性化合物进行分析，鉴定得到平衡含水率条件下南北方不同树种木材释放挥发性化合物及气味特征信息。发现 16 种树种木材释放的气味活性化合物的质量浓度主要集中在 0～100 μg/m^3 的低浓度范围，气味强度主要集中于 1.0～2.0。鉴定得到的高浓度气味活性化合物主要分布在落叶松、马尾松、酸枣木、香椿木、香樟木和云杉。高气味强度化合物主要分布在板栗木、马尾松、酸枣木、香椿木、香樟木和柞木。香樟木释放的 1,7,7-三甲基二环[2.2.1]庚烷-2-酮(樟脑)和 5-(2-丙烯基)-1,3-苯并二氧杂环戊烯，马尾松释放的α-蒎烯和来自香椿木的石竹烯，在高于 1400 μg/m^3 质量浓度下表现为不低于 3.0 的较强气味强度。

(2)构建层次结构模型，通过层次分析法发现乙酸和乙醇两种气味活性化合物作为关键气味源物质出现在多个树种木材中。其中，乙酸是板栗、苦楝、柞木和水曲柳 4 种树种木材的关键气味源物质；乙醇是桂花、构树、长白鱼鳞云杉和落叶松的关键气味源物质。巨尾桉、香樟、白楠、马尾松、阴香、酸枣、香椿和大青杨的关键气味源物质分别为 1,3-二甲基苯、1,7,7-三甲基二环[2.2.1]庚烷-2-酮(樟脑)、2-甲基丙酸-1-(1,1-二甲基乙基)-2-甲基-1,3-丙二酯、α-蒎烯、对二甲苯、柠檬烯、石竹烯和乙酸乙酯。

(3)整理 16 种树种木材的气味轮廓图谱，根据神经学科学家分析整理形成的人类感知气味类别的相关研究结果，将不同气味特征对应分为 11 种不同类型气味轮廓，包括花香调、柑橘调、果香调、绿叶调、木质调、美食调、皮革调、苷苔调、刺鼻调、化学物调和其他调，发现美食调是本章试验使用木材的主要气味轮廓香调，其次为花香调和柑橘调。不同树种木材的气味轮廓图谱具有其各自的特点，除以上主要轮廓香调外，木质调、绿叶调、化学物调、苷苔调、果香调和刺鼻调共同构成了不同木材的气味基础轮廓。

参考文献

庞雪莉, 胡小松, 廖小军, 等. 2012. FD-GC-O 和 OAV 方法鉴定哈密瓜香气活性成分研究. 中国食品学报, 12 (6): 174-182.

国家质量监督检验检疫总局, 国家标准化管理委员会. 2014. 人造板及其制品中挥发性有机化合物释放量试验方法　小型释放舱法: GB/T 29899—2013. 北京: 中国标准出版社.

Ashford R D. 1994. Ashford’s Dictionary of Industrial Chemicals. London: Wavelength Publications

Ltd.

Bingham E, Cohrssen B. 2012. Patty's Toxicology: Volume 6. 6th ed. New York: John Wiley & Sons.

Blank I, Sen A, Grosch W. 1991. Aroma impact compounds of arabica and robusta coffee. Qualitative and quantitative data. Fourteenth International Conference on Coffee Science, San Francisco. ASIC 91: 117-129.

Blank I, Sen A, Grosch W. 1992. Potent odorants of the roasted powder and brew of arabica coffee. Z Lebensm Unters Forsch, 195: 239-245.

BSI. 2003. Air quality—Determination of odour concentration by dynamic olfactometry BS EN 13725: 2003.

BSI. 2017. Interior air of road vehicles—Part 7: Odour determination in interior air of road vehicles and test chamber air of trim components by olfactory measurements: BS ISO 12219-7: 2017.

Budavari S, O'Neil M J, Smith A, et al. 1996. The Merck Index—An Encyclopedia of Chemicals, Drugs, and Biologicals. Rathway: Merck and Co., Inc.

Buettner A, Schieberle P. 1999. Characterization of the most odor-active volatiles in fresh, hand-squeezed juice of grapefruit（*Citrus paradisi* Macfayden）. J Agric Food Chem, 47: 5189-5193.

Burdock G A. 2010. Fenaroli's Handbook of Flavor Ingredients. 6th ed. Boca Raton: CRC Press.

Clayton G D, Clayton F E. 1994. Patty's Industrial Hygiene and Toxicology. Vol 2C: Toxicology. 3rd ed. New York: John Wiley & Sons.

European Collaborative Action（ECA）. 1997. Indoor air quality &its impact on man. Total volatile organic compounds（TVOC）in indoor air quality investigations. Report No. 19, EUR 17675 EN.

Furia T E. 1980. CRC Handbook of Food Additives: Volume 2. 2nd ed. Boca Raton: CRC Press.

Grosch W, Schieberle P. 1989. Bread flavour: qualitative and quantitaive analysis//Rothe M. Characterization, Production and Application of Food Flavours. Berlin: Akademie-Verlag: 139-151.

Grosch W, Schieberle P. 1991. Bread//Maarse H. Volatile Compounds in Foods and Beverages. New York: Marcel Dekker: 41-77.

Hinterholzer A, Schieberle P. 1998. Identification of the most odour-active volatiles in fresh, hand-extracted juice of valencia late oranges by odour dilution techniques. Flavour Fragr J, 13: 49-55.

Jung H P, Sen A, Grosch W. 1992. Evaluation of potent odorants in parsley leaves [*Petroselinum Crispum*（Mill.）Nym. ssp. Crispum]by aroma extract dilution analysis. Lebensm Wiss Technol, 25: 55-60.

Larranaga M D, Lewis R J, Sr, Lewis R A. 2016. Hawley's Condensed Chemical Dictionary. 16th ed. New York: John Wiley &Sons.

Lewis R J. 1999. Sax's Dangerous Properties of Industrial Materials: Volumes 1～3. 10th ed. New York: John Wiley &Sons.

Long L, Lu X X. 2008. VOC emission from Chinese fir（*Cunninghamia lanceolata*）drying. Sci Silva Sin,（1）: 107-116.

Mallia S, Escher F, Hartl C, et al. 2008. Odour-active compounds of UFA/CLA enriched butter and conventional butter during storage. //Blank I, Wüst M, Yeretzian C. Expression of Multidisciplinary

Flavour Science. Proceedings of the 12th Weurman Flavour Research Symposium, Interlaken, Switzerland: 207-210.

Ministry of the Environment Law. 1971. No. 91. Offensive Odor Control Law, Government of Japan, Tokyo, Japan.

NIOSH. 2010. NIOSH Pocket Guide to Chemical Hazards.

NOAA. 2018. CAMEO Chemicals. Database of Hazardous Materials. Ethanol(64-17-5).

O'Neil M J. 2013. The Merck Index—An Encyclopedia of Chemicals, Drugs, and Biologicals. Cambridge: Royal Society of Chemistry.

Othmer K. 2005. Kirk-Othmer Encyclopedia of Chemical Technology. 5th ed. New York: John Wiley &Sons.

Polster J, Schieberle P. 2015. Structure-odor correlations in homologous series of alkanethiols and attempts to predict odor thresholds by 3D-QSAR studies. J Agric Food Chem, 63: 1419-1432.

Pripdeevech P, Khummueng W, Park S K. 2011. Identification of odor-active components of agarwood essential oils from Thailand by solid phase microextraction-GC/MS and GC-O. J Essent Oil Res, 23: 46-53.

Schmid W, Grosc W. 1986. Identifizierung flüchtiger aromastoffe mit hohen aromawerten in sauerkirschen(*Prunus cerasus* L.). Z Lebensm Unters Forsch, 182: 407-412.

Schnabel K, Belitz H V, Ranson C. 1988. Untersuchungen zur struktur-aktivitäts-beziehung bei geruchsstoffen. Z Lebensm Unters Forsch, 187: 215-223.

Ullmann F. 2011. Ullmann's Encyclopedia of Industrial Chemistry. 7th ed. New York: John Wiley &Sons.

U.S. Coast Guard, Department of Transportation. 1984. CHRIS: Hazardous Chemical Data. Volume Ⅱ. Washington: U.S. Government Printing Office.

Ullrich F, Grosch W. 1987. Identification of the most intense volatile flavour compounds formed during autoxidation of linoleic acid. Z Lebensm Unters Forsch, 184: 277-282.

Van Den Dool H, Kratz P D. 1963. A generalization of the retention index system including linear temperature programmed gas-liquid partition chromatography. J Chromatogr A, 11: 463-471.

Wang Q F, Shen J, Du J H, et al. 2018. Characterization of odorants in particleboard coated with nitrocellulose lacquer under different environment conditions. Forest Prod J, 68(3): 272-280.

Xiao Z, Fan B, Niu Y, et al. 2016. Characterization of odor-active compounds of various chrysanthemum essential oils by gas chromatography-olfactometry, gas chromatography-mass spectrometry and their correlation with sensory attributes. J Chromatogr B, 1009-1010: 152-162.

第3章　含水率对木材释放 VVOCs/VOCs 组分及气味活性化合物轮廓组成的影响

木材作为纤维素、半纤维素和木质素组成的有机体，同时含有抽提物和各种无机成分。木材中的水分可分为自由水、吸着水和化合水三类。自由水是指存在于细胞腔和细胞间隙中的水分，吸着水是指存在于细胞壁微纤丝间的水分，化合水是指存在于木材化学成分中的水分。自由水和吸着水为木材中的主要水分。通常用木材含水率来描述木材中的水分变化，即木材所含水分与木材质量之比。含水率对木材的众多性质具有较大的影响，如自由水与木材密度、燃烧、干燥、渗透有密切关系，吸着水影响着木材性质。与此同时，木材成分和气味的释放也与水在木材中的运动具有一定的相关性。因此，有必要对不同含水率下木材的释放组分及气味活性化合物进行研究，以便更好地探究木材气味释放特性。本章选择第 2 章中呈现较强气味特性的木材——酸枣木、马尾松和香樟木为研究对象，对不同含水率条件下木材的挥发性有机化合物和气味组分释放特性进行分析，探索在不同含水率条件下特定木材 VVOCs/VOCs 和气味组分的释放特性。

3.1　含水率对木材气味释放影响的分析方法

使用 GC-MS-O 技术对呈现较大气味特性的木材，即酸枣[漆树科、酸枣属/*Choerospondias axillaris*(Roxb.) Burtt et Hill]木、马尾松（松科、松属/*Pinus massoniana* Lamb.）和香樟[樟科、樟属/*Cinnamomum camphora*（L.）Presl]木在不同含水率下挥发性有机化合物及气味组分释放情况进行重点分析，以探究不同含水率对三种木材挥发性有机化合物及气味释放的影响。尽量选取同一棵树木相近位置，统一裁剪成厚度 16 mm、直径 60 mm 的圆形试件。裁剪完成后使用铝制胶带对样品进行封边处理，随后立即使用聚四氟乙烯(PTFE)袋真空密封处理，贴好标签纸，置于−30℃的冰箱中保存备用。单个样品暴露面积为 5.65×10^{-3} m^2。在试验过程中，使用烘箱在 45℃±1℃的条件对木材进行干燥处理，使木材样品的含水率依次降低至相应值，重点关注纤维饱和点平均值(30% ±2%)和平衡含水率(10%±2%)样品的释放水平。

使用微池热萃取仪(M-CTE250，Markes 国际公司，英国)搭配 Tenax TA 吸附管(Markes 国际公司，英国)和多填料吸附管(Markes 国际公司，英国)对不同含水率条件下样品释放的挥发性有机化合物及气味组分进行采集，样品的试验参数见表 3-1。

表 3-1　试验参数

试验参量	数值
舱体体积/m^3	1.35×10^{-4}
装载率/(m^2/m^3)	41.85
空气交换率与负载因子之比/[m^3/($m^2\cdot h$)]	0.5±0.05
温度/℃	23±1
相对湿度/%	40±5

3.2　含水率对木材释放 VVOCs/VOCs 及气味组分的影响

1. 含水率对酸枣木释放 VVOCs/VOCs 组分浓度及气味强度的影响

为探索在不同含水率条件下酸枣木释放 VVOCs、VOCs 和各气味组分的特性，在常温常湿条件(温度 23℃±1℃、相对湿度 40%±5%)下对酸枣木释放物质进行采集，使用 GC-MS-O 技术对样品进行分析。试验中五个含水率变化梯度依次为 60%(Ⅰ)、45%(Ⅱ)、30%(Ⅲ)、10%(Ⅳ)、5%(Ⅴ)。酸枣木各组分在不同含水率条件下 VVOCs/VOCs 释放浓度及化合物总气味强度情况如表 3-2 所示。由表 3-2 可得到酸枣木不同 VVOCs/VOCs 释放组分浓度水平和气味化合物总气味强度随含水率的变化(图 3-1)。

表 3-2　不同含水率条件下酸枣木各组分 VVOCs/VOCs 释放浓度及化合物总气味强度

组分	含水率/%	TVOC(其中气味组分浓度)/(μg/m^3)	TVVOC(其中气味组分浓度)/(μg/m^3)	化合物总气味强度
总组分	60	31813.80(30610.00)	12328.40(12296.87)	65.0
	45	16353.39(15302.98)	685.84(685.84)	44.6
	30	2138.40(1617.72)	287.73(281.77)	41.9
	10	2066.19(1555.21)	110.54(110.54)	39.3
	5	1223.20(904.81)	28.03(28.03)	30.8
醇类	60	22617.42(22035.59)	11671.86(11640.33)	14.7
	45	11488.99(11326.62)	574.76(574.76)	9.6
	30	403.57(394.60)	233.56(233.56)	6.2
	10	71.84(42.11)	48.76(48.76)	3.4
	5	29.02(23.15)	28.03(28.03)	2.5

续表

组分	含水率/%	TVOC (其中气味组分浓度) / (μg/m³)	TVVOC (其中气味组分浓度) / (μg/m³)	化合物总气味强度
烯烃	60	6901.31 (6881.88)	—	7.4
	45	2722.40 (2638.81)	—	5.6
	30	562.51 (367.10)	—	5.0
	10	630.28 (624.04)	—	5.6
	5	300.18 (249.51)	—	3.8
芳香族	60	1102.99 (914.43)	—	18.2
	45	1156.96 (989.83)	—	13.0
	30	822.62 (717.76)	—	17.7
	10	869.96 (711.34)	—	16.7
	5	643.24 (536.20)	—	17.4
醛酮类	60	497.10 (423.96)	375.75 (375.75)	12.6
	45	334.34 (317.36)	75.54 (75.54)	12.9
	30	153.18 (121.91)	—	7.9
	10	196.82 (153.69)	—	8.7
	5	103.97 (81.97)	—	6.3
酯类	60	428.68 (221.19)	220.37 (220.37)	6.6
	45	486.19 (30.36)	18.42 (18.42)	2.5
	30	99.07 (3.50)	—	2.1
	10	155.86 (3.23)	—	1.9
	5	121.55 (0)	—	0

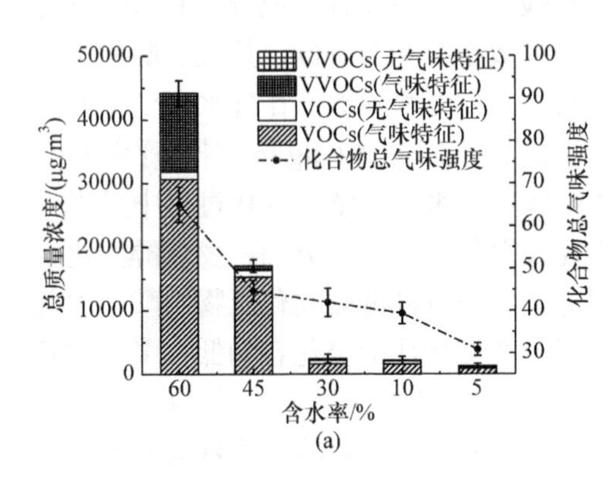

(a)

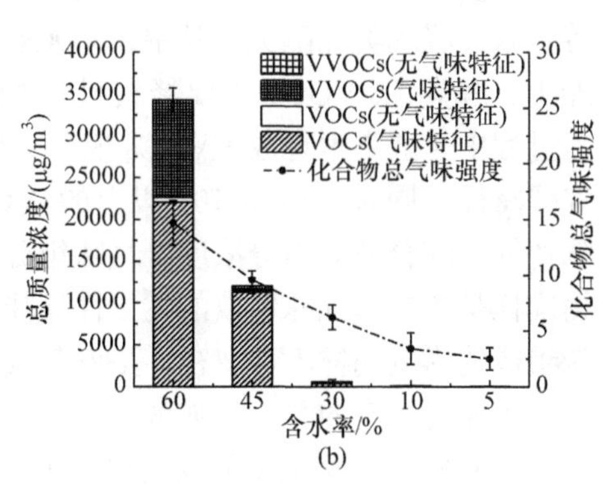

(b)

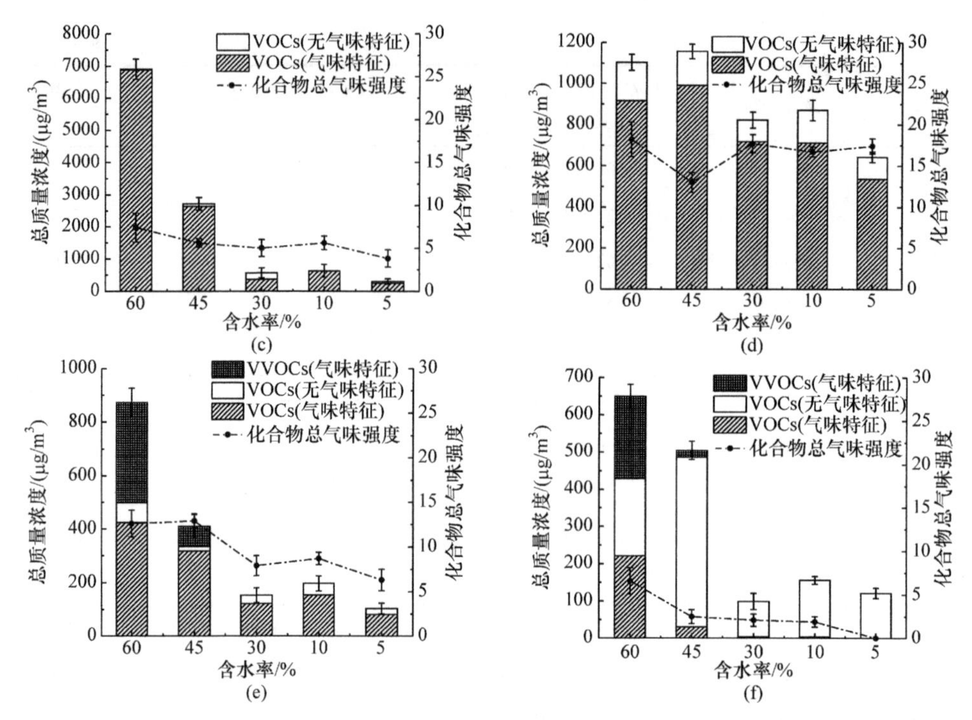

图 3-1 不同含水率条件下酸枣木各组分 VVOCs/VOCs 释放水平及化合物总气味强度
(a) 总组分；(b) 醇类；(c) 烯烃；(d) 芳香族；(e) 醛酮类；(f) 酯类

酸枣木释放组分主要成分可分为醇类、烯烃、芳香族、醛酮类和酯类化合物。图 3-1 为在不同含水率条件下，酸枣木释放的 VVOCs/VOCs 各组分质量浓度和总气味强度的变化情况。其中，图 3-1(a) 为酸枣木释放 VOCs 和 VVOCs 的总组分浓度，图 3-1(b)、(c)、(d)、(e) 和 (f) 为醇类、烯烃、芳香族、醛酮类和酯类物质随含水率变化的释放特性。

在含水率下降的过程中，酸枣木总组分释放和不同组分释放 VOCs 浓度始终显著高于 VVOCs 的浓度。醇类和烯烃是酸枣木最主要释放成分，其次分别为芳香族、醛酮类和酯类。其中，VOCs 主要释放组分为芳香族、烯烃、醛酮类、酯类、醇类，VVOCs 主要释放组分为醛酮类、酯类和醇类。在含水率变化的整个过程中，酸枣木释放 VVOCs 成分除少量醇类物质(31.53 μg/m^3)外几乎都具有气味特征，同时，超过 70%以上的 VOCs 成分在水分的整个变化过程中呈现气味特征。综合考虑组分浓度、气味组分占比及总气味强度多方面，发现醇类化合物同样是酸枣木气味释放的主导性气味组分。芳香族和醛酮类化合物对酸枣木气味组成的影响同样不可忽视，虽然其气味组分浓度相比醇类化合物低很多，但其呈现出相对较高的总气味强度。

试验发现，含水率的变化对酸枣木 VOCs 和 VVOCs 的释放具有显著的影响。当含水率为 60%(Ⅰ)时，VVOCs/VOCs 质量浓度达到最大值。随着含水率的下降，VVOCs/VOCs 质量浓度也随之下降。当含水率由 60%下降至 30%(Ⅲ)时含水率的影响最为显著，VVOCs/VOCs 质量浓度迅速下降，TVOC 和 TVVOC 下降百分比分别为 93.28%、97.67%。其中，当含水率由 60%(Ⅰ)下降至 45%(Ⅱ)时，TVOC、TVVOC 下降量分别为 15460.41 μg/m^3(48.60%)和 11642.56 μg/m^3(94.44%)，由 45%(Ⅱ)下降至 30%(Ⅲ)时，分别继续降低了 14214.99 μg/m^3(86.92%)和 398.11 μg/m^3(58.05%)。当含水率由 30%继续下降时，其影响程度降低，组分释放的下降速度开始放缓。当含水率由 30%降至 10%时，VOCs 和 VVOCs 的质量浓度分别下降了 72.21 μg/m^3 和 177.19 μg/m^3，继续由 10%降至 5%时，VOCs 和 VVOCs 的质量浓度降低了 842.99 μg/m^3 和 82.51 μg/m^3。

木材 VVOCs/VOCs 成分和气味的释放与水在木材中的运动直接相关。随着含水率的降低，木材中 VOCs 和 VVOCs 随水分的蒸发和迁移而释放，导致木材中 VOCs 和 VVOCs 浓度的降低。30%作为纤维饱和点的平均值，是含水率对酸枣木组分释放的影响程度的转折点。处于该状态时，木材细胞壁中的结合水呈饱和状态，而细胞腔和细胞间隙中无自由水存在。研究发现，木材自由水含量的变化对木材组分释放有很大的影响。当含水率低于纤维饱和点时，结合水的运动可分为蒸气压梯度引起的扩散传递和介质变化引起的压力波动造成的水分移动两部分。在此阶段含水率对酸枣木组分释放的影响减小。在醇类和醛酮类组分中发现有类似的现象，当含水率由 60%下降到 30%时，醇类的 TVOC 和 TVVOC 分别降低了 22213.85 μg/m^3(98.22%)和 11438.30 μg/m^3(98.00%)，醛酮类分别降低了 343.92 μg/m^3(69.18%)和 375.75 μg/m^3(100%)。烯烃类的 TVOC 在含水率由 60%降低为 30%的过程中同样下降最快(6338.80 μg/m^3，91.85%)，在此组分中并未检测出 VVOCs。酯类物质的 TVOC 在此过程中由 220.37 μg/m^3 降低至 0。其 TVOC 浓度在含水率降低至 45%后开始出现下降趋势。对于芳香族而言，在含水率变化的过程中无 VVOCs 检出，其 TVOC 随含水率改变也呈现出不规则波动。

酸枣木释放化合物总气味强度在含水率由 60%下降至 45%时和 10%下降至 5%的过程中呈显著降低趋势，分别下降了 20.4 和 8.5。当含水率为 60%、45%、30%、10%和 5%时，化合物总气味强度分别为 65.0、44.6、41.9、39.3 和 30.8。研究表明，含水率通过影响抽提物从而对气味的释放产生影响。随着含水率的降低，木材中抽提物的含量也随之减少，从而导致化合物总气味强度的降低。当含水率由 60%下降至 5%时，醇类物质的总气味强度呈现近乎线性的下降趋势，由 14.7 下降至 2.5。酯类物质的总气味强度由 6.6 下降至 0。烯烃、醛酮类和芳香族化合物总气味强度在含水率由 60%下降至 5%的过程中略有下降，呈波动趋势。

2. 含水率对马尾松释放 VVOCs/VOCs 组分浓度及气味强度的影响

为探索在不同含水率下马尾松释放 VVOCs、VOCs 和各气味组分的特性，在常温常湿条件(温度 23℃±1℃、相对湿度 40%±5%)下对马尾松释放物质进行采集，使用 GC-MS-O 技术对样品进行分析。试验中五个含水率变化梯度依次为 120%(Ⅰ)、90%(Ⅱ)、60%(Ⅲ)、30%(Ⅳ)、10%(Ⅴ)。马尾松各组分在不同含水率下 VVOCs/VOCs 释放浓度及化合物总气味强度情况如表 3-3 所示。由表可得到马尾松不同组分 VVOCs/VOCs 释放水平和化合物总气味强度随含水率的变化，如图 3-2 所示。

表 3-3 不同含水率条件下马尾松各组分 VVOCs/VOCs 释放浓度及化合物总气味强度

组分	含水率/%	TVOC(其中气味组分浓度)/(μg/m³)	TVVOC(其中气味组分浓度)/(μg/m³)	化合物总气味强度
总组分	120	34134.05(25288.41)	73.16(56.88)	35.5
	90	30613.09(21613.96)	42.35(35.07)	35.0
	60	25815.61(16307.13)	54.52(44.62)	35.6
	30	11844.79(7555.46)	21.17(7.11)	23.7
	10	6837.85(3573.67)	19.6(0)	19.6
芳香族	120	686.09(47.47)	—	1.9
	90	852.77(41.46)	—	1.9
	60	1215.11(28.71)	—	1.6
	30	3406.17(10.27)	—	0.5
	10	2636.42(9.95)	—	0.5
烷烃	120	1595.83(0)	16.28(0)	0
	90	1821.78(0)	7.28(0)	0
	60	1931.07(0)	9.9(0)	0
	30	206.68(0)	14.06(0)	0
	10	180.62(0)	19.6(0)	0
烯烃	120	31052.69(24979.47)	—	22.2
	90	27087(21183.62)	—	20.7
	60	21775.88(15693.35)	—	20.9
	30	7786.59(7289.22)	—	15.1
	10	3425.68(3084.11)	—	10.1
醛酮类	120	536.89(250.57)	24.95(24.95)	8.7
	90	612.05(374.07)	12.85(12.85)	10.2
	60	735.06(578.57)	15.33(15.33)	11.1
	30	373.93(263.49)	—	7.6
	10	573.86(499.21)	—	19.0

续表

组分	含水率/%	TVOC（其中气味组分浓度）/（μg/m³）	TVVOC（其中气味组分浓度）/（μg/m³）	化合物总气味强度
醇类	120	262.55（27.18）	21.95（21.95）	2.0
	90	239.49（22.09）	10.75（10.75）	1.5
	60	158.5（16.4）	10.46（10.46）	1.0
	30	71.42（6.54）	—	0
	10	21.27（0）	—	0
其他类	120	9.98（9.98）	—	0.7
	90	11.47（11.47）	—	0.7
	60	18.83（18.83）	—	1.0
	30	7.11（7.11）	—	0.5
	10	—	—	0

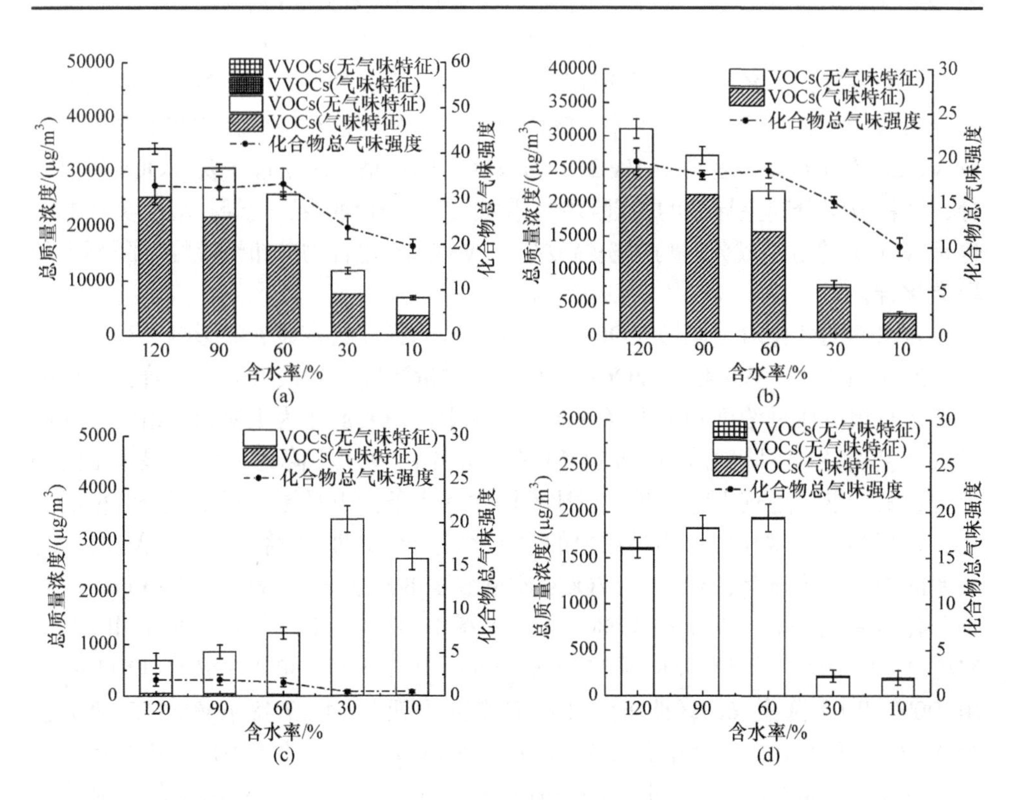

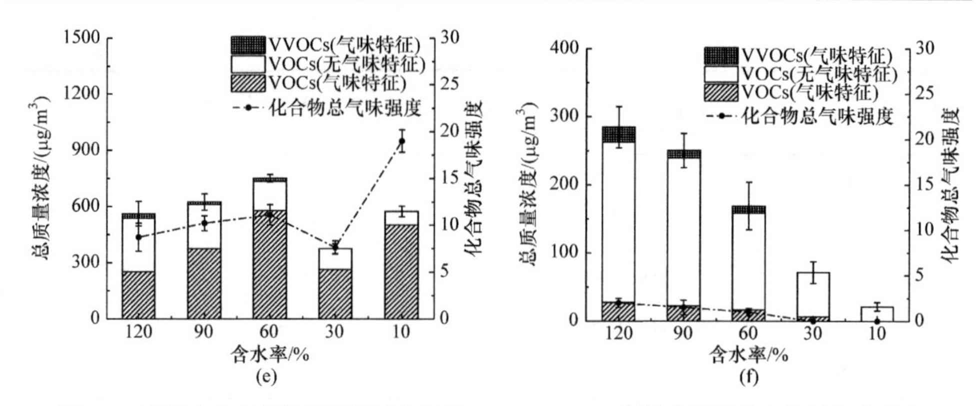

图 3-2　不同含水率条件下马尾松各组分 VVOCs/VOCs 释放水平及化合物总气味强度

(a) 总组分；(b) 烯烃；(c) 芳香族；(d) 烷烃；(e) 醛酮类；(f) 醇类

马尾松释放组分主要成分为烯烃，与此同时还发现少量芳香族、烷烃和醛酮类、醇类和其他类化合物。图 3-2 为在不同含水率条件下，马尾松各组分 VVOCs/VOCs 质量浓度和总气味强度的变化情况。其中，图 3-2(a)为马尾松释放 VOCs 和 VVOCs 总组分浓度，图 3-2(b)、(c)、(d)、(e)和(f)分别为烯烃、芳香族、烷烃、醛酮类和醇类化合物随含水率变化的释放特性。

试验发现，VOCs 是马尾松释放化合物的主要成分，整个释放过程中只发现极少数 VVOCs 组分。在含水率下降的过程中，马尾松总组分释放和不同组分释放 VOCs 浓度始终显著高于 VVOCs 的浓度。烯烃是马尾松最主要 VOCs 释放成分，对释放组分起主导性的关键影响。除此之外，芳香族、烷烃、醛酮类和醇类也是 VOCs 的组成成分。马尾松释放少量 VVOCs 化合物分布于烷烃、醛酮类和醇类化合物。

含水率的变化对马尾松 VOCs 和 VVOCs 的释放具有显著的影响。当含水率为 120%(Ⅰ)时，马尾松 VVOCs/VOCs 总质量浓度达到最大值。随着含水率的下降，总组分质量浓度随之下降。在此过程中，VOCs 作为主要释放组分，其质量浓度呈现稳定下降的趋势。VVOCs 在含水率由 90%下降为 60%时呈小幅波动上升，随后继续呈现下降趋势。对比不同含水率条件下马尾松释放组分浓度的变化，发现与酸枣木相同，当马尾松的含水率由 60%(Ⅲ)下降至 30%(Ⅳ)时，含水率的影响最为显著，VVOCs/VOCs 质量浓度迅速下降，TVOC、TVVOC 下降百分比分别为 54.12%和 61.17%。当含水率由 120%(Ⅰ)下降至 90%(Ⅱ)时，TVOC、TVVOC 下降量分别为 3520.96 μg/m³(10.32%)和 30.81 μg/m³(42.11%)，由 90%(Ⅱ)下降至 60%(Ⅲ)时，TVOC 继续降低了 4797.48 μg/m³(15.67%)，TVVOC 浓度小幅波动上升了 12.17 μg/m³(28.74%)。与酸枣木不同，当马尾松含水率降至 30%以下时，含水率的下降仍对马尾松释放 VOCs 浓度起到显著影响。当含水率由 30%降至 10%时，VOCs 质量浓度下降了 5006.94 μg/m³

(42.27%)，此时含水率的下降对 VVOCs 质量浓度影响程度不大。木材 VVOCs/VOCs 成分和气味的释放与水在木材中的运动直接相关。随着含水率的降低，木材中 VOCs 和 VVOCs 随水分的蒸发和迁移而释放，导致木材中 VOCs 和 VVOCs 浓度的降低。不同于酸枣木，30%作为纤维饱和点的平均值，并未成为含水率对马尾松组分释放的影响的转折点。这说明此阶段通过蒸气压梯度引起的扩散传递和介质变化引起的压力波动造成的结合水的移动仍对马尾松释放组分有影响。

对马尾松释放主要气味组分进行探究，发现其释放量最高的气味组分为烯烃，其次为醛酮类，此外少量芳香族和醇类物质也表现出气味特性。综合考虑组分浓度、气味组分占比以及总气味强度多方面，发现烯烃类化合物是马尾松气味释放的主导性气味组分。烯烃类化合物气味组分的占比在不同含水率梯度下均高于 70%。相比前梯度，当含水率由 60%下降到 30%和由 30%下降到 10%的过程中，含水率对马尾松释放烯烃类 VOCs 气味组分影响较大，分别下降了 8404.13 $\mu g/m^3$(53.55%)和 4205.11 $\mu g/m^3$(57.69%)。随着含水率的降低，芳香族化合物和醇类化合物气味组分浓度也随之下降。含水率对醛酮类气味组分浓度未呈现规律性影响，在含水率下降的过程中醛酮类气味组分浓度呈波动趋势。分析含水率对马尾松释放化合物总气味强度的影响，发现当含水率梯度由 120%下降至 60%时，马尾松释放化合物总气味强度变化甚微。在 60%下降至 30%，继而下降至 10%的过程中，含水率对总气味强度的影响最为明显，总气味强度分别下降了 11.9 和 4.1。含水率对烯烃类化合物总气味强度的影响也呈现同样的趋势。在 60%下降至 30%，再下降至 10%时，烯烃类化合物总气味强度分别降低了 5.8 和 5.0。与气味组分相同，含水率对醛酮类化合物总气味强度未呈现规律性影响，在含水率下降的过程呈波动趋势。研究表明，含水率通过影响抽提物从而对气味的释放产生影响。随着含水率的降低，木材中抽提物的含量也随之减少，从而导致化合物总气味强度的降低。

3. 含水率对香樟木释放 VVOCs/VOCs 组分浓度及气味强度的影响

为探索在不同含水率条件下香樟木释放 VVOCs、VOCs 和各气味组分的特性，在常温常湿条件(温度 23℃±1℃、相对湿度 40%±5%)下对香樟木释放物质进行采集，使用 GC-MS-O 技术对样品进行分析。试验中五个含水率变化梯度依次为 60%(Ⅰ)、30%(Ⅱ)、20%(Ⅲ)、10%(Ⅳ)、5%(Ⅴ)。香樟木各组分在不同含水率下 VVOCs/VOCs 释放浓度及化合物总气味强度情况如表 3-4 所示。由表可得到香樟木不同组分 VVOCs/VOCs 释放水平和化合物总气味强度随含水率的变化，如图 3-3 所示。

表 3-4 不同含水率条件下香樟木各组分 VVOCs/VOCs 释放浓度及化合物总气味强度

组分	含水率/%	TVOC(其中气味组分浓度)/(μg/m³)	TVVOC(其中气味组分浓度)/(μg/m³)	化合物总气味强度
总组分	60	69858.6(58671.69)	5959.26(5938.4)	59.8
	30	26432.97(22679.85)	295.36(295.36)	44.8
	20	15342.62(12292.13)	110.12(110.12)	41.3
	10	15373.71(11789.17)	25.48(25.48)	43.5
	5	12234.84(10176.55)	19.02(19.02)	38.7
芳香族	60	29494(28404.02)	—	8.1
	30	8077.77(7523.48)	—	5.7
	20	2780.23(2264.74)	—	5.0
	10	3758.14(3281.54)	—	7.9
	5	3909.56(3534.17)	—	7.7
烷烃	60	194.45(0)	—	0
	30	197.18(0)	—	0
	20	251.79(0)	—	0
	10	86.92(0)	—	0
	5	173.42(0)	—	0
烯烃	60	13494.8(6463.18)	—	22.8
	30	7689.18(4955.79)	—	21.5
	20	5841.59(3712.31)	—	21.3
	10	5808.89(2912.37)	—	19.0
	5	3338.11(1963.6)	—	17.3
醛酮类	60	12430.37(12370.12)	140.54(140.54)	11.4
	30	6530.36(6518.04)	—	6.7
	20	4714.04(4714.04)	—	6.6
	10	3943.38(3943.38)	—	7.3
	5	3351.44(3351.44)	—	7.3
酯类	60	1484.89(11.55)	46.04(46.04)	1.0
	30	15.54(15.54)	7.48(7.48)	0.0
	20	8.3(8.3)	—	0.0
	10	18.6(18.6)	—	0.0
	5	15.2(15.2)	—	0.0
醇类	60	12641.19(11344.32)	5678.18(5657.32)	13.0
	30	3896.28(3667)	279.98(279.98)	10.5
	20	1712.4(1586.4)	101(101)	7.7
	10	1731.92(1615.64)	25.48(25.48)	9.3
	5	1426.61(1293.98)	19.02(19.02)	6.4
其他类	60	118.9(78.5)	94.5(94.5)	3.5
	30	26.66(0)	7.9(7.9)	0.4
	20	34.28(0)	9.12(9.12)	0.7

续表

组分	含水率/%	TVOC（其中气味组分浓度）/（μg/m³）	TVVOC（其中气味组分浓度）/（μg/m³）	化合物总气味强度
其他类	10	25.86（0）	—	0
	5	20.5（0）	—	0

香樟木释放组分主要成分为芳香族、烯烃、醛酮类和醇类，同时还发现少量烷烃、酯类和其他类化合物。图 3-3 为在不同含水率条件下，香樟木各组分 VVOCs/VOCs 质量浓度和总气味强度的变化情况。其中，图 3-3（a）为香樟木释放 VOCs 和 VVOCs 总组分浓度，图 3-3（b）、（c）、（d）、（e）和（f）分别为芳香族、烯烃、醛酮类、醇类、烷烃和酯类化合物随含水率变化的释放特性。

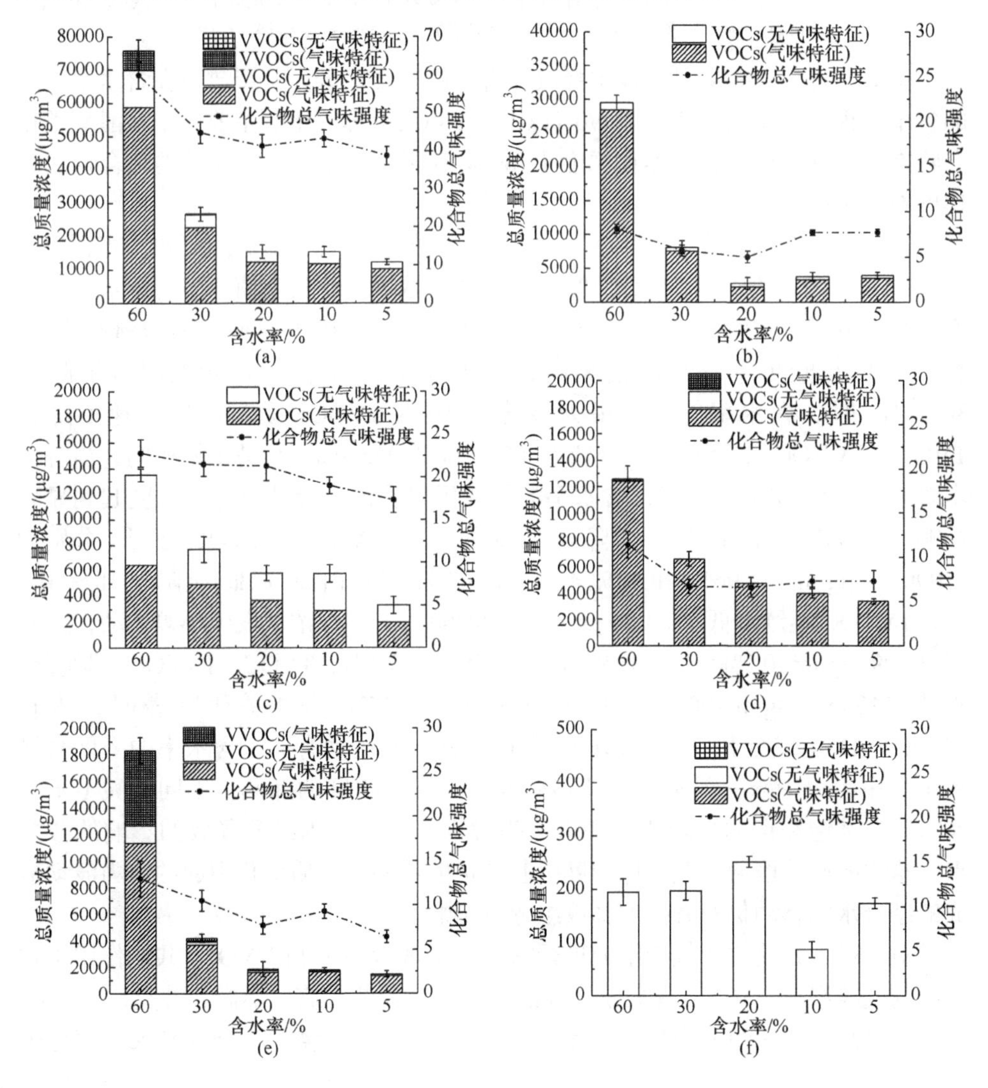

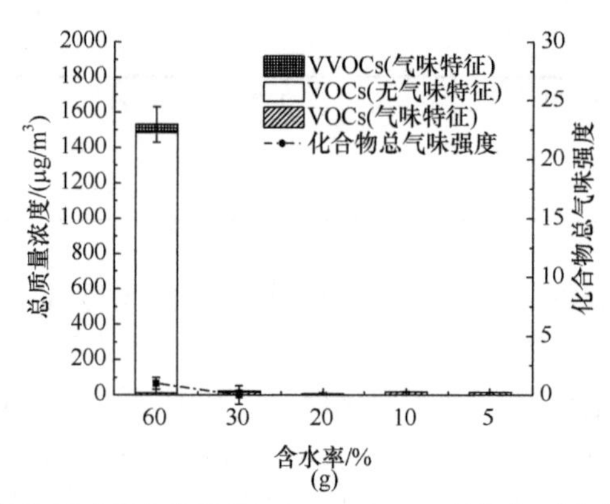

图 3-3　不同含水率条件下香樟木各组分 VVOCs/VOCs 释放水平及化合物总气味强度

(a) 总组分；(b) 芳香族；(c) 烯烃；(d) 醛酮类；(e) 醇类；(f) 烷烃；(g) 酯类

试验发现，VOCs 是香樟木释放化合物的主要成分，其释放量在含水率下降的整个过程中占总组分浓度的 90%以上。VVOCs 释放组分主要集中在醛酮类化合物在梯度Ⅰ(60%)、酯类在梯度Ⅰ(60%)和梯度Ⅱ(30%)以及醇类化合物的全梯度释放过程中。

含水率的变化对香樟木 VOCs 和 VVOCs 的释放具有显著的影响。当含水率为 60%(Ⅰ)时，香樟木 VVOCs/VOCs 总质量浓度达到最大值。随着含水率的下降，总组分质量浓度随之下降。在此过程中，VOCs 和 VVOCs 整体呈现下降趋势。发现与酸枣木和马尾松相同，当香樟木的含水率由 60%(Ⅲ)下降至 30%(Ⅳ)时，含水率的影响最为显著，VVOCs/VOCs 质量浓度迅速下降，TVOC、TVVOC 下降百分比分别为 62.16%和 95.04%。与马尾松相同，当香樟木含水率降至 30%以下时，含水率的下降仍对香樟木释放组分总浓度起到显著影响。当含水率由 30%(Ⅱ)下降至 20%(Ⅲ)时，TVOC、TVVOC 下降量分别为 11090.35 μg/m^3(41.96%)和 185.24 μg/m^3(62.72%)；由 20%(Ⅲ)下降至 10%(Ⅳ)时，TVVOC 继续降低了 84.64 μg/m^3(76.86%)，TVOC 浓度发生小幅波动，上升了 31.09 μg/m^3(0.2%)；由 10%(Ⅳ)下降至 5%(Ⅴ)时，TVOC、TVVOC 下降量分别为 3138.87 μg/m^3(20.42%) 和 6.46 μg/m^3(25.35%)。相关研究表明，木材 VVOCs/VOCs 成分和气味的释放与水在木材中的运动有关。含水率的降低会导致木材中组分随水分的蒸发和迁移而释放，导致浓度的降低。不同于酸枣木，30%是纤维饱和点的平均值，并未成为含水率对香樟木组分释放的影响的转折点。这说明此阶段通过蒸气压梯度引起的扩散传递和介质变化引起的压力波动造成的结合水的移动仍对香樟木释放组分有影响。

对香樟木释放主要气味组分进行探究，发现 VOCs 和 VVOCs 共同作用于香樟木的气味组成。VOCs 释放量最高的气味组分为芳香族、烯烃和醇类，VVOCs 释放量最高的气味组分为醇类。此外，少量醛酮类和酯类 VVOCs/VOCs 组分也表现出气味特性。综合考虑组分浓度、气味组分占比及总气味强度多方面，发现与马尾松相同，烯烃类化合物同样是香樟木气味释放的主导性气味组分。虽然芳香族具有最高的气味组分浓度和高于 80%的气味组分占比，但考虑到烯烃类化合物较高的总气味强度，烯烃相比其他组分对板材整体气味组成的影响更大。烯烃类化合物气味组分的占比在不同含水率梯度下均高于 45%。当含水率依次由 60%下降至 30%、20%、10%和 5%的过程中，烯烃类化合物气味组分浓度分别对应下降 1507.39 μg/m^3(23.32%)、1243.48 μg/m^3(25.09%)、799.94 μg/m^3(21.55%)和 948.77 μg/m^3(32.58%)。除烯烃类外，芳香族、醇类和醛酮类也共同对香樟木的气味起到影响作用。在含水率依次由 60%下降至 30%和由 30%下降至 20%的过程中，芳香族化合物气味组分浓度分别下降了 20880.54 μg/m^3(73.51%)和 5258.74 μg/m^3(69.90%)，属于 VOCs 的醛酮类化合物气味组分浓度分别下降了 5852.08 μg/m^3(47.31%)和 1804.00 μg/m^3(27.68%)，属于 VVOCs 的醛酮类化合物气味组分浓度下降 140.54 μg/m^3(100%，含水率由 60%下降至 30%情况下)，属于 VOCs 的醇类化合物气味组分浓度分别下降了 7677.32 μg/m^3(67.68%)和 2080.60 μg/m^3(56.74%)，属于 VVOCs 的醇类化合物气味组分浓度分别下降 5377.34 μg/m^3(95.05%)和 178.98 μg/m^3(63.93%)。当含水率继续由 20%下降至 10%和 5%的过程中，芳香族化合物气味组分浓度开始出现波动，而醇类化合物仍呈现继续下降趋势。醛酮类对香樟木气味组成的影响同样不可忽视，虽然其气味组分浓度相比芳香族、烯烃和醇类低很多，但其呈现出几乎与芳香族和醇类持平的总气味强度。这可能是由于香樟木中鉴定得到的醛酮类气味活性化合物相比其他组分具有较低气味阈值。香味成分的香味强度是由气味物质浓度和气味阈值共同作用的结果。由此可以推断醛酮类气味活性化合物在较低气味组分浓度下因其较低的阈值仍呈现一定的总气味强度。当含水率由 60%降低至 30%时，属于 VOCs 的醛酮类化合物气味组分浓度下降了 95.76 μg/m^3(82.24%)，属于 VVOCs 的醛酮类化合物气味组分浓度下降 140.54 μg/m^3(100%)。

分析含水率对香樟木释放化合物总气味强度的影响，发现香樟木释放化合物总气味强度随着含水率的下降呈现整体降低趋势。研究表明，含水率通过影响抽提物从而对气味的释放产生影响。随着含水率的降低，木材中抽提物的含量也随之减少，从而导致化合物总气味强度的降低。当含水率由 60%下降至 30%时和由 30%下降至 20%的过程中呈显著降低趋势，分别下降了 15.0 和 3.5。当含水率为 60%、30%、20%、10%和 5%时，化合物总气味强度分别为 59.8、44.8、41.3、43.5 和 38.7。在下降后期，含水率对香樟木总气味强度的影响不大。含水率对芳香族、醛酮类和醇类化合物总气味强度的影响也呈现同样的趋势，即含水率下降前期，总气味强度随着含水率的下降而降低，含水率下降后期，组分总气味强度呈现波动趋势。烯烃在含水率整个下降周期均呈下降趋势。

3.3 不同含水率条件下木材关键气味活性化合物表征

1. 不同含水率条件下酸枣木关键气味活性化合物表征

对不同含水率条件下酸枣木气味活性化合物进行分析研究。通过 GC-MS-O 技术鉴定得到酸枣木在不同含水率条件下释放的 42 种气味活性化合物，其中包括气味组分芳香族化合物 13 种，烯烃化合物 4 种，醛酮类化合物 8 种，酯类化合物 5 种，醇类化合物 8 种，烷烃化合物 2 种，其他类化合物 2 种(表 3-5)。根据气味强度和出现次数，对检测得到的气味活性化合物进行综合分析，筛选气味强度大于 1 且在含水率下降过程中持续作用于酸枣气味的气味物质。在整个含水率下降过程中，鉴定得到 11 种关键气味活性化合物，分别为 1,3-二甲基苯、乙苯、苯甲醛、二苯并呋喃、2,6,6-三甲基双环[3.1.1]庚-2-烯、柠檬烯、辛醛、壬醛、癸醛、乙醇和 2-乙基-1-己醇。虽然这些气味活性化合物在每个含水率下所呈现的气味强度并非全部是最强的，但它们在不同含水率条件下对酸枣的整体气味形成均起着重要的修饰作用。11 种关键气味活性化合物在不同含水率条件下的气味强度-保留时间图见图 3-4。由图发现，酸枣木释放关键气味活性化合物主要集中出现在 15～30 min。在 24.11 min 达到最大气味强度值，气味强度为 3.8。

试验发现，在整个含水率下降的过程中，11 种关键气味活性化合物中，有 8 种气味活性化合物的气味强度呈现随着含水率的降低而下降的趋势。其中，苯甲醛、二苯并呋喃、辛醛、乙醇、2-乙基-1-己醇的气味强度随着含水率的降低稳定下降，在此过程中其气味强度分别降低了 0.7、1.6、1、2.5 和 1。虽然 2,6,6-三甲基双环[3.1.1]庚-2-烯、柠檬烯和癸醛三种气味活性化合物的气味强度在含水率降低的过程中整体呈下降趋势，但其气味强度在含水率由 30%降低至 10%时出现波动。柠檬烯和癸醛的气味强度在含水率由 30%降低至 10%时分别由 2.2 和 1.6 升高至 2.8 和 2.0，随后在含水率由 10%降低至 5%时其强度又分别降低至 2.2 和 1.6。2,6,6-三甲基双环[3.1.1]庚-2-烯的气味强度虽然在含水率由 30%降低至 10%时反而由 2.4 升高至 2.8，然而当含水率继续下降至 5%时，其气味强度继续降低为 0。综合考虑这三种关键气味活性化合物的质量浓度变化，分析出现该现象的原因是在含水率由 30%降低至 10%时其质量浓度出现短暂升高的趋势，而后又继续降低。相关研究表明，不同气味物质的浓度与气味强度没有直接关系。但是，浓度会影响某些类型化合物的气味强度。韦伯-费希纳定律也表明这样一种关系，即一种物质的气味强度与其化学浓度的对数呈现正比关系，见式(3-1)：

$$\mathrm{OI} = k \cdot \lg C \tag{3-1}$$

式中，OI 为气味强度；k 为常数；C 为气味物质的化学浓度。

表 3-5　酸枣木在不同含水率条件下的气味活性化合物

分类	序号	化合物	保留时间/min	化学式	气味特征	(气味强度)/质量浓度(μg/m³)				
						60%	45%	30%	10%	5%
芳香族	1	邻二甲苯	15.66	C_8H_{10}	甜香/芳香	(0)/4.04	(1.2)/367.07	(1.3)/244.89	(0.8)/52.7	(1.0)/24.49
	2	1,3-二甲基苯	16.36	C_8H_{10}	金属气味	(1.8)/53.55	(2.3)/268.49	(2.5)/183.86	(2.3)/188.61	(2.5)/181.81
	3	乙苯	16.09	C_8H_{10}	芳香	(2.7)/28.29	(3.3)/122.29	(3.0)/56.61	(3.0)/60.74	(3.0)/55.56
	4	苯甲醛	21.19	C_7H_6O	杏仁香	(1.9)/121.46	(1.5)/55.29	(1.2)/28.83	(1.2)/29.97	(1.2)/27.7
	5	1-亚甲基-1*H*-茚	30.02	$C_{10}H_8$	木材香	(2.2)/59.99	—	(1.8)/5.34	(2.0)/16.08	(2.0)/14.21
	6	联苯	36.82	$C_{12}H_{10}$	宜人香	(0.6)/21.42	—	—	—	—
	7	邻苯二甲酸二甲酯	38.8	$C_{10}H_{10}O_4$	芳香	(1.0)/126.24	(0.8)/60.93	—	(0.3)/24.04	(0.2)/22.45
	8	丁基羟基甲苯	40.2	$C_{15}H_{24}O$	清凉感/薄荷香	(1.5)/129.38	(1.1)/49.95	—	(1.0)/36.19	(1.0)/27.78
	9	二苯并呋喃	40.88	$C_{12}H_8O$	混合香	(2.8)/81.99	(1.2)/22.63	(1.2)/26.79	(1.2)/23.24	(1.2)/25.8
	10	芴	42.31	$C_{13}H_{10}$	芳香	(1.1)/93.63	(0)/8.74	—	(0.9)/38.56	(0.8)/26.99
	11	甲苯	10.85	C_7H_8	芳香	—	—	(1.3)/36.5	(1.6)/148.60	—
	12	菲	45.62	$C_{14}H_{10}$	芳香	(1.0)/88.79	—	—	—	—
	13	苯乙酮	25.54	C_8H_8O	甜香	—	—	(0.8)/18.65	(0.8)/18.96	(0.8)/16.17
烯烃	14	5-(1-丙烯基)-1,3-苯并二氧杂环戊烯	32.64	$C_{10}H_{10}O_2$	芳香/小茴香味	(1.6)/105.65	(1.6)/34.44	(1.2)/14.36	(0)/5.21	(1.2)/13.34
	15	2,6,6-三甲基双环[3.1.1]庚-2-烯	19.81	$C_{10}H_{16}$	松香/刺鼻气味/鱼腥味	(3.0)/40.82	(3.0)/76.57	(2.4)/18.18	(2.8)/31.40	—
	16	柠檬烯	24.11	$C_{10}H_{16}$	柠檬皮香	(3.8)/6830.88	(2.6)/2562.24	(2.2)/345.72	(2.8)/592.64	(2.2)/240.88
	17	*α*-水芹烯	22.97	$C_{10}H_{16}$	小茴香味	(0.6)/10.18	—	—	—	—

续表

分类	序号	化合物	保留时间/min	化学式	气味特征	(气味强度)/质量浓度(μg/m³)				
						60%	45%	30%	10%	5%
醛酮类	18	乙醛	3.77	C_2H_4O	果香	(1.5)/330.38	—	—	—	—
	19	己醛	12.71	$C_6H_{12}O$	青草香	(0.9)/27.76	(1.5)/13.22	(1.5)/19.53	(1.6)/23.88	(1.5)/15.46
	20	庚醛	18.25	$C_7H_{14}O$	油脂香	(0.9)/19.53	(1.8)/67.63	(0.7)/9.48	(0.7)/7.23	—
	21	辛醛	22.95	$C_8H_{16}O$	柑橘香	(3.0)/39.01	(2.5)/25.25	(2.1)/7.15	(2.2)/19.92	(2.0)/18.27
	22	壬醛	26.77	$C_9H_{18}O$	柑橘香	(1.4)/79.02	(1.4)/49.04	(1.2)/27.31	(1.4)/42.32	(1.2)/23.75
	23	(Z)-2-壬烯醛	28.9	$C_9H_{16}O$	油脂香/黄瓜香	(1.2)/34.46	(1.0)/24.43	—	—	—
	24	癸醛	30.43	$C_{10}H_{20}O$	肥皂香/柑橘香	(2.5)/224.18	(2.3)/108.86	(1.6)/39.79	(2.0)/60.34	(1.6)/24.49
	25	2,3-丁二酮	5.03	$C_4H_6O_2$	黄油香/奶香	(1.2)/45.37	(1.5)/75.54	—	—	—
酯类	26	2-甲基丙酸-1-(1,1-二甲基乙基)-2-甲基-1,3-丙二醇酯	41.39	$C_{16}H_{30}O_4$	消毒液味	—	—	(2.1)/3.5	(1.9)/3.23	—
	27	乙酸乙烯酯	5.17	$C_4H_6O_2$	甜香	(1.3)/43.35	—	—	—	—
	28	乙酸乙酯	5.35	$C_4H_8O_2$	果香	(2.5)/177.02	(1.0)/18.42	—	—	—
	29	庚酸乙酯	26.58	$C_9H_{18}O_2$	果香	(1.8)/140.1	(1.5)/30.36	—	—	—
	30	乙酸庚酯	26.93	$C_9H_{18}O_2$	玫瑰香	(1.0)/81.09	—	—	—	—
醇类	31	乙醇	3.97	C_2H_6O	酒香	(3.5)/11564.09	(2.2)/548.55	(1.7)/233.56	(1.2)/48.76	(1.0)/28.03
	32	2-乙基-1-己醇	23.97	$C_8H_{18}O$	花香	(2.5)/87.38	(2.0)/39.73	(1.8)/34.77	(1.5)/27.15	(1.5)/23.15
	33	1-庚醇	21.56	$C_7H_{16}O$	芳香	(3.0)/21936.19	(2.5)/11280.3	(2.1)/344.98	—	—
	34	2-甲基-1-丙醇	5.65	$C_4H_{10}O$	霉味/酒香	(1.0)/45.1	(0.7)/26.21	—	—	—
	35	1-甲基-4-(1-甲基乙基)-顺式-2-环己烯-1-醇	28.37	$C_{10}H_{18}O$	薄荷香	(3.2)/12.02	(2.2)/6.59	—	—	—

续表

分类	序号	化合物	保留时间/min	化学式	气味特征	（气味强度）/质量浓度（μg/m³）				
						60%	45%	30%	10%	5%
醇类	36	桉树醇	23.47	$C_{10}H_{18}O$	樟脑香	—	—	(0.6)/14.85	(0.7)/14.96	—
	37	异丙醇	4.65	C_3H_8O	温和香味	(0.7)/9.88	—	—	—	—
	38	3-甲基-1-丁醇	8.66	$C_5H_{12}O$	不宜人臭味	(0.8)/21.26	—	—	—	—
烷烃	39	己烷	5.12	C_6H_{14}	汽油味	—	—	(0.8)/12.85	(0.8)/20.8	(0.8)/13.98
	40	2-(1,1-二甲基乙基)-3-甲基环氧乙烷	9.1	$C_7H_{14}O$	树叶香	(2.3)/44.25	—	—	—	—
其他	41	乙酸	8.46	$C_2H_4O_2$	醋香	(2.7)/60.42	(1.0)/17.12	(1.0)/18.64	(1.0)/16.98	—
	42	正十六烷酸	47.54	$C_{16}H_{32}O_2$	特殊香味	(0.5)/88.7	—	—	—	—

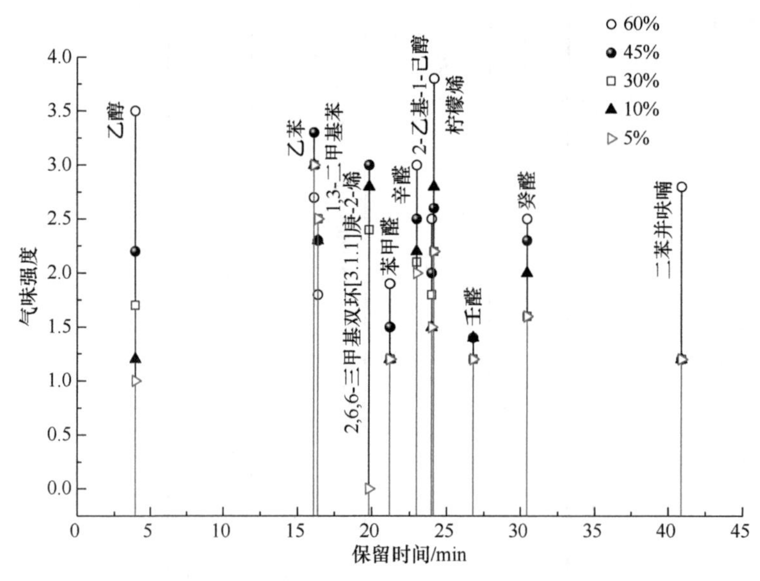

图 3-4　酸枣木 11 种关键气味活性化合物在不同含水率条件下的气味强度-保留时间图

1,3-二甲基苯和乙苯的气味强度随着含水率的降低出现先升高再降低的趋势。在含水率由 60%降低至 45%时，其气味强度分别升高了 0.5 和 0.6。与此同时，在此过程中这两种气味化合物的气味浓度也分别升高了 214.94 μg/m^3 和 94.00 μg/m^3。另外，发现酸枣木释放壬醛的气味强度受含水率影响不明显。感官评价员在试验前已经过筛选和集中训练，试验中也尽可能多地使用重复样品法，但是气味的主观性质导致感官评价员之间的差异应同时加以考虑。

2. 不同含水率条件下马尾松关键气味活性化合物表征

对不同含水率条件下马尾松气味活性化合物进行分析研究。通过 GC-MS-O 技术鉴定得到马尾松在不同含水率条件下释放的 21 种气味活性化合物，其中包括气味组分芳香族化合物 2 种，烯烃化合物 8 种，醛酮类化合物 8 种，醇类化合物 2 种，其他类化合物 1 种(表 3-6)。根据气味强度和出现次数，对检测得到的气味活性化合物进行综合分析，筛选气味强度大于 1 且在含水率下降过程中持续作用于马尾松气味的气味物质。在整个含水率下降过程中，鉴定得到 14 种关键气味活性化合物，分别为苯甲醛、*α*-蒎烯、*β*-蒎烯、莰烯、*α*-水芹烯、柠檬烯、1-甲基-4-(1-甲基乙基)-1,5-环己二烯(*γ*-松油烯)、1-甲基-4-(1-甲基亚乙基)环己烯、*β*-石竹烯、己醛、辛醛、壬醛、(Z)-2-壬烯醛和 2-莰醇。这些气味活性化合物在每个含水率下所呈现的气味强度并非全部是最强的，但它们在不同含水率条件下对马尾松的整体气味形成均起着重要的修饰作用。14 种关键气味活性化合物在不同含水率条件下的气味强度-保留时间图见图 3-5。由图发现马尾松释放关

表 3-6　马尾松在不同含水率条件下的气味活性化合物

分类	序号	化合物	保留时间/min	化学式	气味特征	(气味强度)/质量浓度(μg/m^3)				
						120%	90%	60%	30%	10%
芳香族	1	乙苯	16.01	C_8H_{10}	芳香	(0.5)/5.05	(0.7)/7.56	(0.4)/3.86	(0.5)/5.55	(0.5)/6.5
	2	苯甲醛	21.11	C_7H_6O	杏仁香	(1.4)/42.42	(1.2)/33.9	(1.2)/24.85	(0)/4.72	(0)/3.45
烯烃	3	α-蒎烯	19.32	$C_{10}H_{16}$	松香	(4.3)/20669.62	(4)/17084.42	(3.8)/11795.15	(3.5)/5906.06	(3.2)/2547.48
	4	β-蒎烯	21.17	$C_{10}H_{16}$	松香	(2.6)/1242.8	(2.6)/1346.77	(2.3)/1076.68	(0)/75.12	(0)/71.96
	5	莰烯	19.91	$C_{10}H_{16}$	木材香/清凉感/潮湿感	(3.3)/1074.48	(2.7)/946.85	(2.5)/892.18	(1.9)/53.76	(1.7)/42.77
	6	α-水芹烯	22.38	$C_{10}H_{16}$	小茴香	(3.5)/771.91	(3.5)/658.5	(3.3)/612.06	(3.1)/444.12	(1.1)/76.19
	7	柠檬烯	23.36	$C_{10}H_{16}$	柠檬皮香	(3.2)/994.9	(3.1)/900.56	(3.0)/847.67	(2.1)/322.56	(1.5)/65.5
	8	1-甲基-4-(1-甲基乙基)-1,5-环己二烯(γ-松油烯)	24.48	$C_{10}H_{16}$	柑橘香	(1.2)/38.16	(0.9)/29.01	(1.2)/39.34	—	—
	9	1-甲基-4-(1-甲基亚乙基)环己烯	25.57	$C_{10}H_{16}$	松香	(2.1)/90.58	(1.5)/68.7	(1.5)/69.93	(1.0)/21.65	(0)/9.63
	10	β-石竹烯	38.27	$C_{15}H_{24}$	胡萝卜香	(2.0)/97.02	(2.4)/148.81	(3.3)/360.34	(3.5)/465.95	(2.6)/270.58
醛酮类	11	戊醛	7.24	$C_5H_{10}O$	辛辣感	(1.0)/21.22	(0.7)/9.08	(0.7)/11.55	—	—
	12	己醛	12.65	$C_6H_{12}O$	青草香	(2.5)/134.13	(2.5)/146.35	(2.7)/169.29	(2.9)/178.75	(3.5)/364
	13	庚醛	18.21	$C_7H_{14}O$	油脂香	(0.8)/10.81	(0.7)/4.01	(0.7)/4.27	(0.7)/5.66	(0.9)/8.9
	14	辛醛	22.89	$C_8H_{16}O$	柑橘香	(1.3)/4.63	(1.2)/5.67	(1.5)/7.61	(1.3)/7	(1.8)/14.55
	15	(E)-2-辛烯醛	25.13	$C_8H_{14}O$	油脂香	(0.8)/24.23	(0.9)/37.23	(1.0)/58.96	(0.5)/15.72	(0.9)/33.87

续表

分类	序号	化合物	保留时间/min	化学式	气味特征	（气味强度）/质量浓度（μg/m³）				
						120%	90%	60%	30%	10%
醛酮类	16	壬醛	26.87	$C_9H_{18}O$	柑橘香	(1.0)/9.09	(1.0)/14.07	(1.1)/20.2	(1.2)/18.48	(1.2)/27.82
	17	(*E*)-2-壬烯醛	28.15	$C_9H_{16}O$	油脂香	(0)/11.09	(0.8)/22.75	(0.8)/34.24	(0)/4.8	(0)/6.74
	18	(*Z*)-2-壬烯醛	28.84	$C_9H_{16}O$	油脂香/黄瓜香	(1.3)/51.62	(2.4)/139.23	(2.6)/272.35	(1.0)/27.59	(0.7)/14.53
醇类	19	1-戊醇	10.12	$C_5H_{12}O$	果香	(0.8)/21.95	(0.5)/10.75	(0.5)/10.46	—	—
	20	2-莰醇	28.77	$C_{10}H_{18}O$	樟脑香/泥土香	(1.2)/21.5	(1.0)/17.02	(0.5)/11.03	(0)/6.54	—
其他	21	乙酸	11.76	$C_2H_4O_2$	醋香	(0.7)/9.98	(0.7)/11.47	(1.0)/18.83	(0.5)/7.11	—

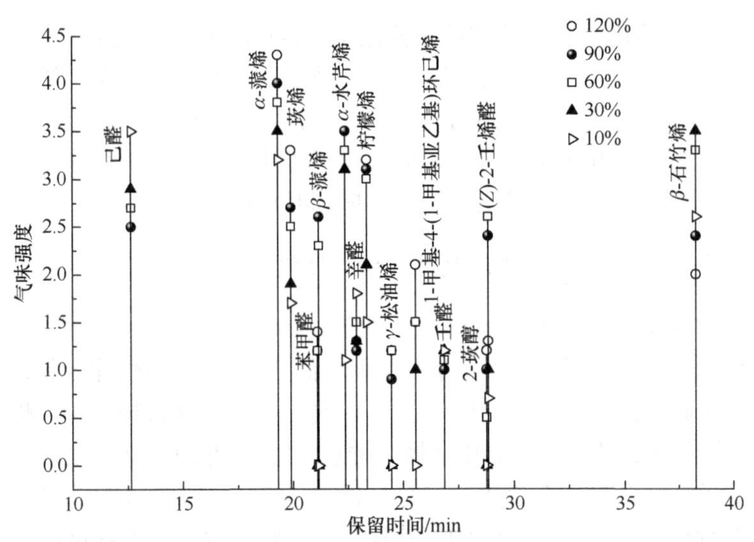

图 3-5　马尾松 14 种关键气味活性化合物在不同含水率条件下的气味强度-保留时间图

键气味活性化合物主要集中出现在 20～30 min，40 min 以后不再有气味出现。在 19.32 min 达到最大气味强度值 4.3，呈现出该气味强度的气味活性化合物为 *α*-蒎烯，表现出松香的气味特征。

试验发现，在整个含水率下降的过程中，14 种关键气味活性化合物中有 9 种的气味强度呈现随着含水率的降低而下降的趋势。其中，8 种气味化合物，分别为*α*-蒎烯、莰烯、苯甲醛、*β*-蒎烯、*α*-水芹烯、柠檬烯、1-甲基-4-(1-甲基亚乙基)环己烯和 2-莰醇的气味强度随着含水率的降低稳定下降，在此过程中其气味强度分别降低了 1.1、1.6、1.4、2.6、2.4、1.7、2.1 和 1.2。1-甲基-4-(1-甲基乙基)-1,5-环己二烯(*γ*-松油烯)的气味强度虽然在含水率降低的过程中整体呈下降趋势，但含水率下降前期呈现波动趋势，在含水率下降至 30%时，其气味强度降低为 0。(*Z*)-2-壬烯醛和*β*-石竹烯的气味强度随着含水率的降低出现先升高再降低的趋势，在含水率由 120%降低至 60%时，其气味强度均升高了 1.3。当含水率继续降低至 30%时，*β*-石竹烯的气味强度继续升高了 0.2，此时(*Z*)-2-壬烯醛的气味强度开始出现下降趋势，气味强度降低了 1.6。随后两种气味活性化合物的气味强度均开始呈现下降趋势。三种醛类化合物，分别为己醛、辛醛和壬醛，其气味强度整体呈现随着含水率下降而上升的趋势。其中己醛的气味强度稳定升高，在含水率由 120%下降至 10%的过程中气味强度升高了 1.0。在含水率由 120%逐渐降低至 30%的过程中，辛醛气味强度的变化呈现波动趋势，但整体变化不大，当含水率继续由 30%逐渐降低至 10%，气味强度由 1.3 升高至 1.8。虽然马尾松释放壬醛在含水率降低的过程中气味强度呈升高趋势，但强度值变化不大，与前面研究中酸枣木释放壬醛的气味强度受含水率影响不明显保持一致。

四种关键气味活性化合物：苯甲醛、β-蒎烯、2-莰醇和 1-甲基-4-(1-甲基乙基)-1,5-环已二烯(γ-松油烯)的气味强度在含水率降低至 30%时强度下降为 0，说明此阶段这四种气味活性化合物不再对马尾松整体气味特征产生影响。感官评价员在试验前已经过筛选和集中训练，试验中也尽可能多地使用重复样品法，但是气味的主观性质导致感官评价员之间的差异应同时加以考虑。

3. 不同含水率条件下香樟木关键气味活性化合物表征

对不同含水率条件下香樟木气味活性化合物进行分析研究。通过 GC-MS-O 技术鉴定得到香樟木在不同含水率条件下释放的 30 种气味活性化合物，其中包括气味组分芳香族化合物 4 种，烯烃化合物 11 种，醛酮类化合物 8 种，酯类化合物 1 种，醇类化合物 5 种，其他类化合物 1 种(表 3-7)。根据气味强度和出现次数，对检测得到的气味活性化合物进行综合分析，筛选气味强度大于 2 且在含水率下降过程中持续作用于香樟木气味的气味物质。在整个含水率下降过程中，鉴定得到 16 种关键气味活性化合物，分别为乙醇、乙酸、乙苯、α-蒎烯、莰烯、月桂烯、辛醛、α-水芹烯、柠檬烯、桉树醇、1-甲基-4-(1-甲基亚乙基)环已烯、1,7,7-三甲基二环[2.2.1]庚烷-2-酮(樟脑)、5-(2-丙烯基)-1,3-苯并二氧杂环戊烯、古巴烯、β-石竹烯和(*E*)-3,7,11-三甲基-1,6,10 十二碳三烯-3-醇(橙花叔醇)。这些气味活性化合物在每个含水率下所呈现的气味强度并非全部是最强的，但它们在不同含水率条件下对香樟木的整体气味形成均起着重要的修饰作用。16 种关键气味活性化合物在不同含水率条件下的气味强度-保留时间图见图 3-6。由图发现香樟木释放关键气味活性化合物主要集中出现在 15～25 min，41 min 以后不再有气味出现。在 27.93 min 达到最大气味强度值 4.3，呈现出该气味强度的气味活性化合物为 1,7,7-三甲基二环[2.2.1]庚烷-2-酮(樟脑)，呈现出樟脑香的气味特征，在 23.5 min 出现的桉树醇也呈现樟脑的气味特征(4.3)。

试验发现，在整个含水率下降的过程中，16 种关键气味活性化合物中有 13 种的气味强度呈现随着含水率的降低而下降的趋势。其中，6 种气味化合物分别为乙醇、α-蒎烯、莰烯、桉树醇、1-甲基-4-(1-甲基亚乙基)环已烯和 1,7,7-三甲基二环[2.2.1]庚烷-2-酮(樟脑)，其气味强度随着含水率的降低稳定下降，在此过程中其气味强度分别降低了 2.6、0.2、0.6、1.3 和 1.2。在含水率由 60%降低至 10%的过程中，柠檬烯和β-石竹烯气味强度呈现先升高后降低的趋势，当含水率继续由 10%降低至 5%，两种气味活性化合物的气味强度继续下降。虽然α-水芹烯、乙酸、月桂烯、辛醛和(*E*)-3,7,11-三甲基-1,6,10 十二碳三烯-3-醇(橙花叔醇)的气味强度整体呈现下降趋势，但在整个过程中出现波动。当含水率继续由 60%降低至 20%时，乙苯和 5-(2-丙烯基)-1,3-苯并二氧杂环戊烯的气味强度呈现稳定下降，在此过程中分别降低了 0.4 和 1.4。当含水率继续由 20%降低至 5%时，

表 3-7　香樟木在不同含水率条件下的气味活性化合物

分类	序号	化合物	保留时间/min	化学式	气味特征	(气味强度)/质量浓度(μg/m³)				
						60%	30%	20%	10%	5%
芳香族	1	对二甲苯	15.67	C_8H_{10}	芳香、甜香	(1)/29.58	(1)/26.59	(0)/19.18	(1.5)/8.6	(1)/39.00
	2	乙苯	16.87	C_8H_{10}	芳香	(1.6)/19.16	(1.6)/15.56	(1.2)/13.04	(2.1)/22.56	(2.7)/50.26
	3	丁香酚	34.83	$C_{10}H_{12}O_2$	丁香花香	(0.9)/78.5	—	—	—	—
	4	1,2-二甲氧基-4-(2-丙烯基)苯(甲基丁香酚)	36.44	$C_{11}H_{14}O_2$	花香	(1.6)/267.4	(0)/10.88	(1.3)/53.68	(1.3)/58.48	(1)/45.64
烯烃	5	5-(2-丙烯基)-1,3-苯并二氧杂环戊烯	32.77	$C_{10}H_{10}O_2$	木材香	(3.9)/28032.94	(3.1)/7432.04	(2.5)/2137.32	(3.0)/3070.24	(3.0)/3340.4
	6	1-甲基-4-(1-甲基乙基)-1,4-环己二烯	24.5	$C_{10}H_{16}$	柑橘香	(1.5)/169.44	(1.3)/62.66	(1.5)/61.58	(1.0)/54.54	(1.0)/37.26
	7	1-甲基-4-(1-甲基亚乙基)环己烯	25.57	$C_{10}H_{16}$	松香	(2.3)/155.78	(1.8)/87.68	(1.4)/48.46	(1.1)/38.62	(1.1)/32.1
	8	莰烯	19.9	$C_{10}H_{16}$	木质香/清凉感/潮湿感	(2.5)/652	(2.2)/457.3	(2.2)/382.92	(2.0)/264.5	(1.9)/197.18
	9	古巴烯	36.01	$C_{15}H_{24}$	坚果香	(2.4)/129.86	(2.7)/318.64	(2.9)/575.5	(3.1)/683.8	(2.5)/269.08
	10	柠檬烯	23.33	$C_{10}H_{16}$	柠檬皮香	(3.1)/1787.13	(3.2)/1567.02	(3.2)/1045.54	(3.0)/806.71	(2.8)/603.74
	11	月桂烯	21.55	$C_{10}H_{16}$	金属味	(2.5)/884.04	(2.4)/654.89	(2.4)/335.51	(2.0)/121.28	(2.1)/198.28
	12	*β*-石竹烯	37.5	$C_{15}H_{24}$	胡萝卜香	(2.1)/177	(2.2)/113.18	(2.0)/117.52	(2.0)/117.94	(1.8)/86.6
	13	*α*-水芹烯	22.38	$C_{10}H_{16}$	小茴香味	(2.5)/338.99	(2.0)/258.42	(2.1)/215.38	(2.3)/199.1	(1.6)/130.96
	14	*α*-蒎烯	19.01	$C_{10}H_{16}$	松香	(2.7)/1807.32	(2.7)/1235.26	(2.6)/604.92	(2.5)/413.66	(2.5)/295.5
	15	*β*-蒎烯	21.58	$C_{10}H_{16}$	松香	(1.2)/361.62	(1.0)/200.74	(1.0)/324.98	(0)/212.22	(0)/112.9

续表

分类	序号	化合物	保留时间/min	化学式	气味特征	(气味强度)/质量浓度(μg/m³)				
						60%	30%	20%	10%	5%
醛酮类	16	1,7,7-三甲基二环[2.2.1]庚烷-2-酮(樟脑)	27.93	$C_{10}H_{16}O$	樟脑香/芳香	(4.5)/12253.68	(4.3)/6497.36	(4.1)/4691.2	(4.1)/3910.52	(3.5)/3282
	17	6-甲基-5-庚烯-2-酮	21.32	$C_8H_{14}O$	油脂香	(1.3)/37.85	—	—	—	—
	18	乙醛	3.76	C_2H_4O	果香	(0.8)/140.54	—	—	—	—
	19	癸醛	29.67	$C_{10}H_{20}O$	肥皂香/柑橘香	(0)/6.24	(0.9)/12.42	(1.2)/30.74	(1.2)/13.4	/
	20	庚醛	17.4	$C_7H_{14}O$	油脂香	(0.7)/6.99	—	—	—	—
	21	己醛	11.73	$C_6H_{12}O$	青草香	(1.6)/35.08	—	—	—	—
	22	壬醛	26.18	$C_9H_{18}O$	柑橘香	—	—	(0)/6.00	(1.0)/14.06	(1.0)/24.84
	23	辛醛	22.16	$C_8H_{16}O$	柑橘香	(2.5)/36.52	(1.5)/14.44	(1.3)/4.42	(1.0)/5.4	(1.3)/13.86
酯类	24	乙酸乙酯	5.34	$C_4H_8O_2$	果香	(1.0)/27.72	(0)/7.48	—	—	—
醇类	25	(*E*)-3,7,11-三甲基-1,6,10-十二碳三烯-3-醇(橙花叔醇)	40.81	$C_{15}H_{26}O$	花香/甜香	(3.3)/2504.52	(3)/1835.74	(2.5)/655.14	(2.8)/687.24	(2.5)/660.26
	26	3,7-二甲基-1,6-辛基-3-醇(芳樟醇)	25.99	$C_{10}H_{18}O$	花香	(1.3)/940.7	(1.1)/208.74	(0.8)/41.82	(1.1)/48.02	(0.9)/32.64
	27	2-莰醇	28.75	$C_{10}H_{18}O$	樟脑香/泥土香	(1.5)/99.44	(1.0)/16.5	(0)/12.36	(1.1)/17.36	—
	28	乙醇	3.97	C_2H_6O	酒香	(2.6)/5657.32	(1.9)/279.98	(1.2)/101.00	(1.0)/25.48	(0)/19.02
	29	桉树醇	23.5	$C_{10}H_{18}O$	樟脑香	(4.3)/7799.66	(3.5)/1606.02	(3.2)/877.08	(3.3)/863.02	(3.0)/601.08
其他	30	乙酸	9.19	$C_2H_4O_2$	醋香	(2.6)/94.5	(0.4)/7.9	(0.7)/9.12	—	—

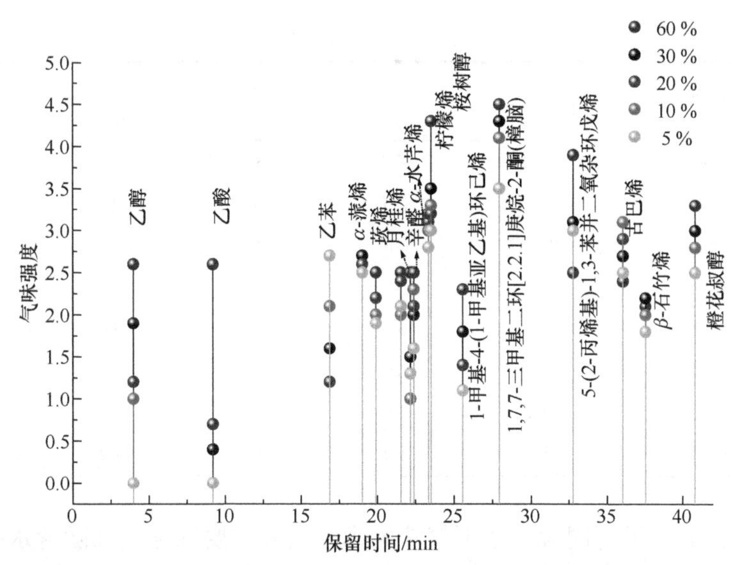

图 3-6　香樟木 16 种关键气味活性化合物在不同含水率条件下的气味强度-保留时间图

两种气味物质的强度分别升高了 1.5 和 0.5。古巴烯的气味强度在含水率由 60%降低至 10%的过程中持续升高，在此过程中共升高了 0.7，当含水率降低至 5%时气味强度降低了 0.6。乙醇和乙酸的气味强度在含水率分别下降至 5%和 10%时下降为 0，说明此阶段这两种气味活性化合物不再对香樟木整体气味特征产生影响。感官评价员在试验前已经过筛选和集中训练，试验中也尽可能多地使用重复样品法，但是气味的主观性质导致感官评价员之间的差异应同时加以考虑。

3.4　含水率对木材整体气味轮廓组成的影响

1. 含水率对酸枣木整体气味轮廓组成的影响

基于 GC-MS-O 气味鉴定分析得到的气味特征，以及对不同气味特征进行的整理分类，得到不同含水率下酸枣木的气味轮廓强度分布，如表 3-8 所示。发现酸枣木在不同含水率下的气味轮廓为：花香调、美食调、柑橘调、果香调、绿叶调、木质调、刺鼻调、苷苔调、化学物调和其他调。其中美食调、花香调、柑橘调、绿叶调为酸枣木的主要气味轮廓特征。

表 3-8　酸枣木在不同含水率下气味轮廓强度

气味轮廓	强度				
	60%	45%	30%	10%	5%
刺鼻调	3.0	3.0	3.2	3.6	0.8
苷苔调	2.8	3.0	2.5	2.3	2.5

续表

气味轮廓	强度				
	60%	45%	30%	10%	5%
柑橘调	13.2	11.1	8.7	10.4	8.6
果香调	5.8	2.5	0	0	0
花香调	13.9	11.4	10.7	8.1	7.7
化学物调	0	0	2.7	2.6	0
绿叶调	9.4	5.9	1.5	3.6	3.5
美食调	15.9	12.5	7.9	5.7	5.2
木质调	5.2	3.0	4.2	4.8	2.0
其他调	5.4	1.2	1.2	1.2	1.2

图 3-7 显示了不同含水率下气味轮廓图谱和主要气味轮廓随含水率变化趋势。由图 3-7(a)可以发现，在所有气味轮廓中，刺鼻调、苷苔调、柑橘调、果香调、花香调、化学物调、绿叶调、美食调、木质调和其他调的轮廓强度随着含水率的降低整体呈现降低的趋势。化学物调气味轮廓仅出现在含水率为 30%和 10%时，轮廓强度分别为 2.7 和 2.6。含水率对苷苔调轮廓特征的影响不大，其在 60%至 5%的气味轮廓强度分别为 2.8、3.0、2.5、2.3 和 2.5。图 3-7(b)为主要气味轮廓随含水率变化趋势，可以更加直观地显示不同气味轮廓强度随含水率的变化。发现果香调、花香调、美食调和其他调这四种气味轮廓强度在考虑气味主观差异性的基础上随着含水率的降低稳定下降。其中美食调的下降量最大，在含

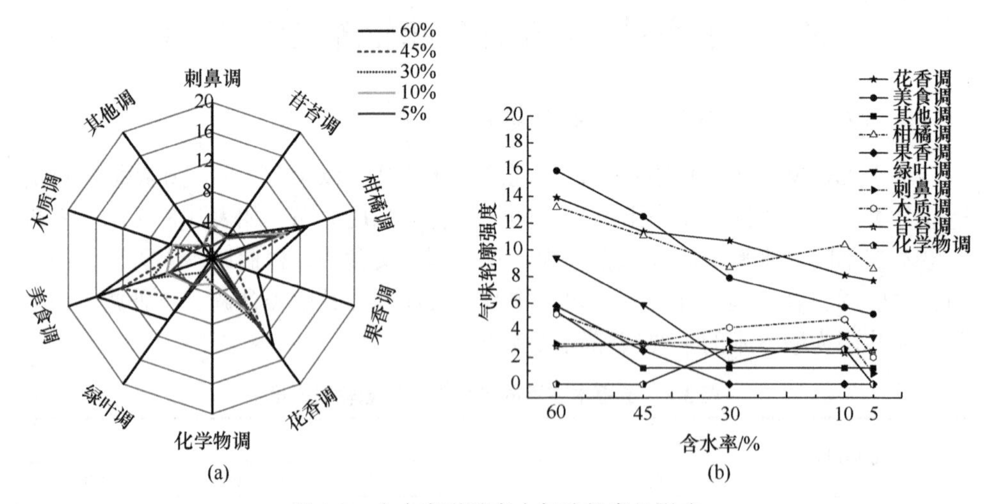

(a) (b)

图 3-7 含水率对酸枣木气味轮廓的影响

(a)不同含水率下气味轮廓图谱表达；(b)主要气味轮廓随含水率变化趋势

水率由 60%逐渐降低至 5%的过程中降低了 67.30%。花香调在此过程下降了 44.60%。其他调气味轮廓在含水率由 60%降低至 45%时，强度由 5.4 降低为 1.2，在随后含水率的下降过程中保持该值不变。柑橘调的轮廓强度虽然随着含水率的降低整体呈现降低的趋势，但在过程中出现波动。在含水率由 60%降低为 45%，再降低为 30%的过程中，柑橘调的轮廓强度呈现稳定下降趋势，其轮廓强度降低了 4.5(34.09%)。当含水率继续由 10%降低为 5%时，柑橘调轮廓强度继续下降了 17.31%，下降强度为 1.8。刺鼻调气味轮廓在含水率由 60%逐渐变化为 10%的过程中，其轮廓强度受含水率的影响不大，但在含水率由 10%下降至 5%时其强度迅速由 3.6 下降至 0.8，下降率为 77.78%。

研究发现，比较酸枣木含水率下降的整个阶段，含水率由 60%降低至 30%阶段对酸枣木气味轮廓强度的影响较大，此阶段大多数气味轮廓强度呈现较大的变化。含水率由 30%降低至 10%阶段仍对酸枣木的一些气味轮廓有着一定程度的影响。该阶段气味轮廓强度并非随着含水率的下降呈现一直下降的状态。刺鼻调、柑橘调、绿叶调和木质调在此过程中轮廓强度分别升高了 0.4(12.5%)、1.7(19.54%)、2.1(140%)和 0.6(14.29%)。这可能是由于 30%作为纤维饱和点的平均值，处于该状态时，木材细胞壁中的结合水呈饱和状态，而细胞腔和细胞间隙中无自由水存在。在含水率由 30%降低为 10%的过程中，木材内水分的主要变化为蒸发的水分由自由水变为结合水，从而导致其一些气味轮廓强度随含水率的变化发生改变。

2. 含水率对马尾松整体气味轮廓组成的影响

基于 GC-MS-O 气味鉴定分析得到的气味特征，以及对不同气味特征进行的整理分类，得到不同含水率条件下马尾松的气味轮廓强度分布，如表 3-9 所示。发现马尾松在不同含水率条件下的气味轮廓主要为刺鼻调、苷苔调、柑橘调、果香调、花香调、化学物调、绿叶调、美食调和木质调。其中美食调、木质调、绿叶调和柑橘调为马尾松的主要气味轮廓特征。

表 3-9　马尾松在不同含水率条件下的气味轮廓强度

气味轮廓	强度				
	120%	90%	60%	30%	10%
刺鼻调	1.0	0.7	0.7	0.0	0.0
苷苔调	4.5	3.7	3.0	1.9	1.7
柑橘调	6.7	6.2	6.8	4.6	4.5
果香调	0.8	0.5	0.5	0.0	0.0
花香调	0.5	0.7	0.4	0.5	0.5
化学物调	1.2	1.0	0.5	0.0	0.0

续表

气味轮廓	强度				
	120%	90%	60%	30%	10%
绿叶调	7.1	7.6	7.8	5.8	5.9
美食调	10.5	12.6	13.9	9.3	6.2
木质调	12.3	10.8	10.1	6.4	4.9

图 3-8 显示了不同含水率条件下马尾松气味轮廓图谱和主要气味轮廓随含水率变化趋势。结合图 3-8(a)和(b)可以更加直观地显示不同气味轮廓强度随含水率的变化。可以发现，在所有气味轮廓中，刺鼻调、果香调、化学物调、苷苔调、柑橘调和木质调 6 种气味轮廓的强度随着含水率的降低整体呈现降低的趋势。其中，除柑橘调外，刺鼻调、果香调、化学物调、苷苔调和木质调 5 种气味轮廓的强度呈现随含水率下降稳定降低的趋势。刺鼻调、果香调和化学物调气味轮廓仅出现在含水率为 120%、90%和 60%时，在此过程中其轮廓强度分别降低了 0.3、0.3 和 0.7。当含水率下降至 30%时其气味轮廓强度值降低为 0，其后不再呈现出气味轮廓特征。在含水率由 120%逐渐降低至 10%的过程中，苷苔调和木质调总轮廓强度分别降低了 62.22%和 60.16%，柑橘调在此过程下降了 32.84%，但柑橘调的轮廓强度在含水率由 120%下降至 60%时呈现先降低后升高的波动，在含水率降低至 60%后继续下降至 10%时其轮廓强度呈现稳定下降趋势，其轮廓强度降低了 2.3(33.82%)。绿叶调和美食调的轮廓强度整体呈现先升高后降低的趋势。当含水率由 120%下降至 60%时，两种气味轮廓强度分别升高了 9.86%和 32.38%。当含水率继续下降至 10%，其气味轮廓强度呈现降低趋势，相比含水率 60%时分

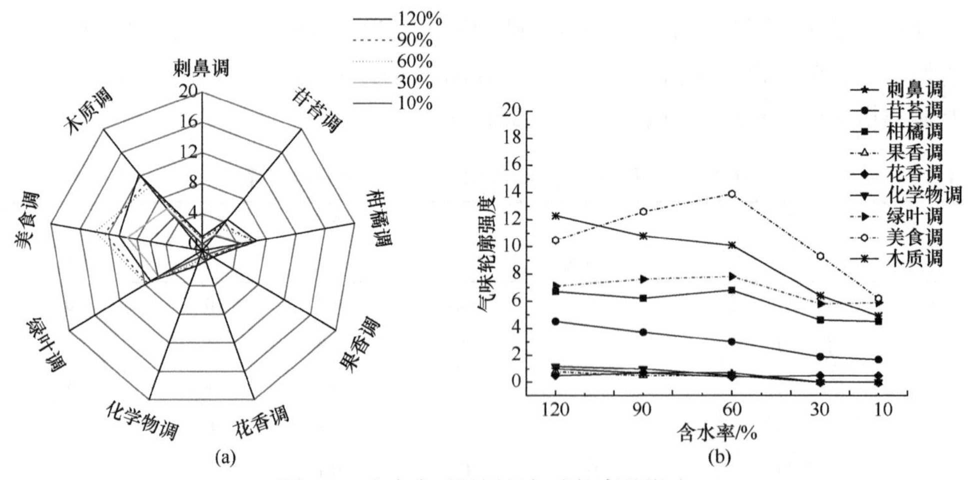

图 3-8 含水率对马尾松气味轮廓的影响

(a)不同含水率条件下气味轮廓图谱表达；(b)主要气味轮廓随含水率变化趋势

别降低了 24.36%和 55.40%，此时的轮廓强度值相比含水率 120%时仍降低 16.90%和 40.95%。花香调的轮廓强度在含水率下降的整个过程中变化不大。

研究发现，比较马尾松含水率下降的整个阶段，含水率对马尾松气味轮廓强度具有一定程度的影响，除美食调和木质调的轮廓强度受含水率影响较大外，其他轮廓特征受含水率的影响较小。在含水率由纤维饱和点平均值 30%下降至10%的过程中(平衡含水率附近，受所在地区相对湿度影响，各地平衡含水率存在一定差异)，除美食调和木质调外，其他气味轮廓强度变化不大。含水率由30%降低为 10%的过程中，木材内水分的主要变化为蒸发的水分由自由水变为结合水，说明在此变化过程中马尾松大多数气味轮廓强度未受很大影响。

3. 含水率对香樟木整体气味轮廓组成的影响

基于 GC-MS-O 气味鉴定分析得到的气味特征，以及对不同气味特征进行的整理分类，得到不同含水率下香樟木的气味轮廓强度分布，如表 3-10 所示。发现香樟木在不同含水率下的气味轮廓为：苷苔调、柑橘调、果香调、花香调、化学物调、绿叶调、美食调和木质调。其中美食调、木质调、花香调和化学物调为香樟木的主要气味轮廓特征。

表 3-10　香樟木在不同含水率下气味轮廓强度

气味轮廓	强度				
	60%	30%	20%	10%	5%
苷苔调	6.5	5.6	4.6	5.1	4
柑橘调	7.1	7.8	8.4	8.4	9.1
果香调	1.8	0	0	0	0
花香调	14.2	11	9.9	12.9	11.6
化学物调	10.3	8.8	7.3	8.5	6.5
绿叶调	4.1	2.2	2.2	2	1.9
美食调	18.5	13.2	11.4	12.7	9.4
木质调	12.6	10.8	9.7	8.6	8.5

图 3-9 显示了不同含水率下香樟木气味轮廓图谱和主要气味轮廓随含水率变化趋势。结合图 3-9(a)和(b)可以更加直观地显示不同气味轮廓强度随含水率的变化。可以发现，在所有气味轮廓中，绿叶调、木质调和果香调 3 种气味轮廓的强度随着含水率的降低呈现稳定降低的趋势。其中果香调的轮廓强度在含水率由60%下降至 30%时由 1.8 下降为 0，在含水率继续下降的过程中不呈现气味特征。当含水率由 60%逐渐降低至 5%时，绿叶调、木质调的轮廓强度分别降低了2.2(53.66%)和 4.1(32.54%)。在含水率由 60%下降至 20%的过程中，花香调、

苷苔调和化学物调的轮廓强度分别逐渐降低了 4.3(30.28%)、1.9(29.23%)和 3.0(29.13%)。当含水率继续由 20%下降至 10%时，三种轮廓强度分别升高了 3.0(30.30%)、0.5(10.87%)和 1.2(16.44%)。含水率继续下降至 5%，苷苔调、花香调和化学物调分别下降了 1.1(21.57%)、1.3(10.08%)和 2.0(23.53%)。柑橘调的轮廓强度在含水率降低的过程中整体呈现升高趋势，总体升高 2.0(28.17%)。

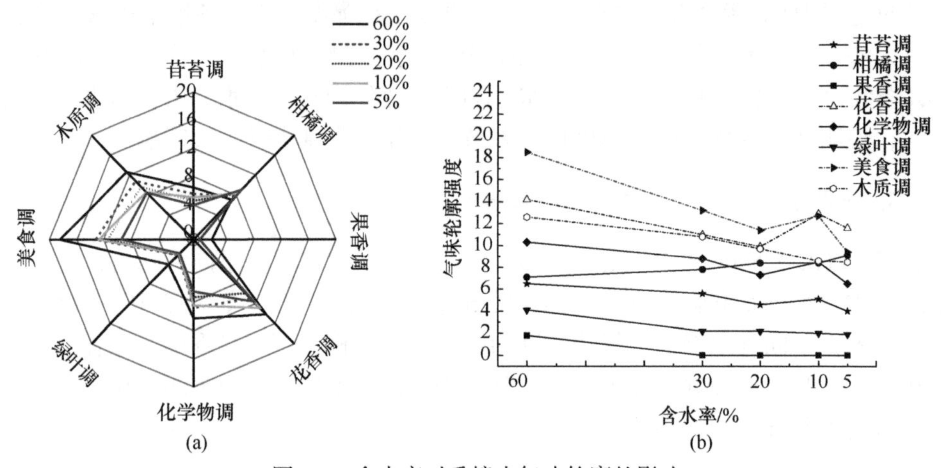

图 3-9 含水率对香樟木气味轮廓的影响

(a)不同含水率下气味轮廓图谱表达；(b)主要气味轮廓随含水率变化趋势

研究发现，在含水率由 60%下降至 20%的过程中，绝大多数气味轮廓的强度呈现降低趋势。在含水率降至 20%后继续降低时，不同气味轮廓的强度的变化趋势趋于不一致。比较香樟木含水率下降的整个阶段，含水率对香樟木气味轮廓强度有一定程度的影响，对不同气味轮廓强度的影响程度不同。表现为主导气味轮廓的美食调、木质调、花香调和化学物调的强度值在含水率下降的过程中表现出较大的变化。

3.5 本 章 小 结

(1)综合考虑 VVOCs/VOCs 释放的组分浓度、气味组分占比及总气味强度多个方面，发现醇类化合物是酸枣木气味释放的主导性气味组分，芳香族和醛酮类化合物对酸枣木气味组成同时起辅助作用。烯烃类化合物是马尾松和香樟木气味释放的主导性气味组分，此外醛酮类化合物也对马尾松和香樟木的气味组成起到重要作用。酸枣木主要气味轮廓特征为美食调、花香调、柑橘调和绿叶调。马尾松主要气味轮廓特征为美食调、木质调、绿叶调和柑橘调。香樟木主要气味轮廓特征为美食调、木质调、花香调和化学物调。比较含水率下降的整个阶段，含水率对三种木材的气味轮廓强度具有一定程度的影响，对不同气味轮廓强度的影响程度不同。含水率下降对酸枣木主导气味轮廓的花香调、绿叶调、柑橘调和美食调的强度值影响较大。马尾松中美食调和木质调的轮廓强度受含水率影响较大，其他轮廓特征受含水率的影响较小。含水率对香樟木主导气味轮廓的美食调、木质调、花香调和化学物调的强度影响较大。

(2) VOCs 和 VVOCs 共同组成了酸枣木主要挥发性成分，醇类和烯烃是酸枣木最主要的释放成分，其次分别为芳香族、醛酮类和酯类。酸枣木 VOCs 主要释放组分为芳香族、烯烃、醛酮类、酯类、醇类，VVOCs 主要释放组分为醛酮类、酯类和醇类。VOCs 是马尾松释放化合物的主要成分，整个释放过程中发现少量 VVOCs 组分。马尾松释放组分主要成分为烯烃，与此同时还发现少量芳香族、烷烃、醛酮类、醇类和其他类化合物。烯烃是马尾松最主要 VOCs 释放成分，对释放组分起主导性的关键影响。除此之外，芳香族、烷烃、醛酮类和醇类也是 VOCs 的组成成分。马尾松释放少量 VVOCs 化合物分布于烷烃、醛酮类和醇类化合物。VOCs 是香樟木释放化合物的主要成分，其释放量在含水率下降的整个过程中占总组分浓度的 90%以上。香樟木释放组分主要成分为芳香族、烯烃、醛酮类和醇类，与此同时还发现少量烷烃、酯类和其他类化合物。香樟木释放 VVOCs 释放组分主要集中在醛酮类、酯类及醇类化合物的全梯度释放过程中。

(3) 木材 VVOCs/VOCs 成分和气味的释放与水在木材中的运动直接相关，含水率的变化对酸枣木、马尾松和香樟木 VOCs 和 VVOCs 的释放具有显著影响。随着含水率的下降，木材中 VOCs 和 VVOCs 随水分的蒸发和迁移而释放，导致三种木材 VVOCs/VOCs 总组分浓度随之下降。在含水率下降的过程中，三种木材总组分和不同组分释放 VOCs 浓度始终显著高于 VVOCs 的浓度。含水率在 60%至 30%的变化对酸枣木、马尾松和香樟木 VVOCs/VOCs 释放的影响最为显著，此阶段三种木材 VVOCs/VOCs 质量浓度迅速下降。木材自由水含量的变化对酸枣木组分释放有较大的影响，30%作为纤维饱和点的平均值，是含水率对酸枣木组分释放的影响程度的转折点，在此阶段含水率对酸枣木组分释放的影响程度明显放缓，随着含水率的降低，质量浓度变化不大。不同于酸枣木，纤维饱和点并未成为含水率对马尾松和香樟木组分释放的影响的转折点，此阶段含水率的下降仍对马尾松和香樟木释放组分浓度有影响，但相比纤维饱和点前含水率对浓度的影响明显减弱。当含水率下降至 30%时，通过蒸气压梯度引起的扩散传递和介质变化引起的压力波动造成的结合水的移动仍对马尾松和香樟木释放组分具有显著影响。

(4) 对酸枣木、马尾松和香樟木不同含水率条件下气味活性化合物进行分析研究。在整个含水率下降过程中，鉴定得到酸枣木 11 种关键气味活性化合物，分别为 1,3-二甲基苯、乙苯、苯甲醛、二苯并呋喃、2,6,6-三甲基双环[3.1.1]庚-2-烯、柠檬烯、辛醛、壬醛、癸醛、乙醇和 2-乙基-1-已醇。鉴定得到马尾松 14 种关键气味活性化合物，分别为苯甲醛、α-蒎烯、β-蒎烯、莰烯、α-水芹烯、柠檬烯、1-甲基-4-(1-甲基乙基)-1,5-环己二烯(γ-松油烯)、1-甲基-4-(1-甲基亚乙基)环己烯、β-石竹烯、己醛、辛醛、壬醛、(Z)-2-壬烯醛和 2-莰醇。鉴定得到香樟木 16 种关键气味活性化合物，分别为乙醇、乙酸、乙苯、α-蒎烯、莰烯、月桂烯、辛醛、α-水芹烯、柠檬烯、桉树醇、1-甲基-4-(1-甲基亚乙基)环己烯、1,7,7-三甲基二环[2.2.1]庚烷-2-酮(樟脑)、5-(2-丙烯基)-1,3-苯并二氧杂环戊烯、古巴烯、β-石竹烯和(E)-3,7,11-三甲基-1,6,10-十二碳三烯-3-醇(橙花叔醇)。这些气味活性化合物在每个含水率下所呈现的气味强度并非全部是最强的，但它们在不同含水率条件下对木材的整体气味形成均起着重要的修饰作用。

参考文献

European Chemicals Agency. 2008. Guidance on information requirements and chemical safety assessment. Chapter R.6: QSARs and grouping of chemicals.

Fischer K H, Grosch W. 1987. Volatile compounds of importance in the aroma of mushrooms (*Psalliota bispora*) Lebensmittel. Lebensm Wiss Technol, 20: 233-236.

Gasser U, Grosch W. 1988. Identification of volatile flavour compounds with high aroma values from cooked beef. Z Lebensm Unters Forsch, 186: 489-494.

Grosch W, Schieberle P. 1987. Identification of flavour formed during deterioration of lemon oil//Martens M, Dalen G A, Russwurm H, Jr. Flavour Science and Technology. Chichester: John Wiley &Sons.

Jagella T, Grosch W. 1999. Flavour and off-flavour compounds of black and white pepper (*Piper nigrum* L.). Ⅰ. Evaluation of potent odorants of black pepper by dilution and concentration techniques. Eur Food Res Technol, 209: 16-21.

Olsson M J. 1994. An interaction model for order quality and intensity. Percept Psychophys, 55(4): 363-372.

Othmer K. 2005. Kirk-Othmer Encyclopedia of Chemical Technology. 5th ed. New York: John Wiley & Sons.

Peng W X, Zhu T L, Zheng Z Z, et al. 2004. Research status and trend of wood extracts. China Forestry Sci Technol, (5): 6-9.

Tairu A O, Hofmann T, Schieberle P. 1999. Characterization of the key aroma compounds in dried fruits of the west African Peppertree *Xylopia aethiopica* (Dunal) A. Rich (Annonaceae) using aroma extract dilution analysis. J Agric Food Chem, 47: 3285-3287.

Verschueren K. 2001. Handbook of Environmental Data on Organic Chemicals: Volumes 1～2. 4th ed. New York: John Wiley &Sons.

Wang Q F, Shen J, Zeng B, et al. 2020. Identification and analysis of odor-active compounds from *Choerospondias axillaris* (Roxb.) Burtt et Hill with different moisture content levels and lacquer treatments. Sci Rep, 10: 9565.

Yoram W, Thomas L S. 1980. Marketing applications of the analytic hierarchy process. Manage Sci, 26(7): 641-658.

第 4 章　环境条件对木材释放 VVOCs/VOCs 及气味特征的影响

人造板及实木家具板材的气味释放与多种因素有关。除第 2 章研究的因使用木材原料树种不同造成板材气味的差异以及原料含水率变化对气味释放会产生影响，原料在不同温湿度环境条件下储存，气味也会发生变化。在实际使用过程中，环境条件对板材 VVOCs/VOCs 和气味的释放有显著影响。因此，本章选用水曲柳作为研究对象，通过 TD/GC-MS-O 结合微池热萃取仪，对水曲柳气味活性化合物进行研究，探索环境条件对 VVOCs/VOCs 组分释放和气味特征的影响，分析环境温度、相对湿度和空气交换率与负载因子之比对板材异味变化的影响。目前已存在一些环境条件对人造板 VVOCs/VOCs 和气味特征影响的相关研究，但鲜有关于环境因素对木材气味释放特征影响方面的研究。

4.1　环境条件对木材气味组分影响的分析方法

4.1.1　试验材料的选择

试验材料选用水曲柳(*Fraxinus mandshurica* Rupr.)，该树种木材具有材质坚硬、木纹清晰美丽、耐腐、耐水性能好、易加工、涂饰着色性能好等诸多优点，是常见的家具用材和薄木用料。在世界范围看，水曲柳主要分布于朝鲜、日本、俄罗斯以及中国的陕西、甘肃、湖北、东北、华北等地。在中国，其主要分布于大兴安岭东部和小兴安岭、长白山等地。本部分木材样品来自沈阳森宝木业有限公司(沈阳，中国辽宁)。尽量选取同一棵树木相近位置，统一裁剪成厚度 16 mm、直径 60 mm 的圆形试件，样品暴露面积为 5.65×10^{-3} m^2。使用平板砂光机(型号 DS-180)配合 150 目砂纸对木材样品表面进行砂光处理，砂光后用毛刷除去表面浮尘。使用铝制胶带对样品进行封边处理，以防止样品边部的化合物释放，使用聚四氟乙烯袋真空密封处理，贴好标签纸，置于–30℃的冰箱中保存备用。

4.1.2　采样及分析方法

使用微池热萃取仪(M-CTE250，Markes 国际公司，英国)对样品释放的挥发性有机化合物及气味进行采集。单一样品通过微池热萃取仪在不同环境条件(温度、相对湿度和空气交换率与负载因子之比)下同时采集 4 份。以涂饰处理后木材结束 28 天自然释放后的一天为第 1 天，分别在 1 天、3 天、7 天、14 天、21 天和 28 天对样品释放组分进行跟踪采集，间隔时间将样品仍置于具备良好通风的条件下使其自然释放，试验周期为 28 天。样品的试验参数见表 4-1。表 4-2 列出了该试验的试验条件以方便试验结果的讨论。

表 4-1 试验参数

试验参量	数值
暴露面积/m^2	5.65×10^{-3}
舱体体积/m^3	1.35×10^{-4}
装载率/(m^2/m^3)	41.85
空气交换率与负载因子之比/[m^3/($m^2\cdot h$)]	0.2±0.05、0.5±0.05、1.0±0.05
温度/℃	23±1、30±1、40±1
相对湿度/%	40±5、60±5

表 4-2 微池热萃取仪试验条件

条件编号	变量	温度/℃	相对湿度/%	空气交换率与负载因子之比/[m^3/($m^2\cdot h$)]
A_1、A_2、A_3	温度	23、30、40	40	0.5
B_1、B_2	相对湿度	23	40、60	0.5
C_1、C_2、C_3	空气交换率与负载因子之比	23	40	0.2、0.5、1.0

样品采集完毕后，使用热脱附全自动进样器搭配热脱附仪(TD)和气相色谱-质谱(GC-MS)联用仪对吸附管中样品释放的挥发性有机化合物进行分析，化合物定量分析参考国家标准 GB/T 29899—2013。在 GC-MS 的基础上运用 GC-O，组合成为 GC-MS-O 技术。使用型号为 Sniffer 9100 嗅味检测仪(Brechbuhler AG 公司，瑞士)对样品释放气味组分进行分析。气相色谱毛细管柱流出物被分为两组，一组进入质谱进行分析，另一组进入嗅味检测仪进行感官评价。

4.2 环境条件对水曲柳关键气味活性化合物影响的表征

根据气味强度对气味活性化合物进行筛选，得到水曲柳在不同环境条件下的关键气味活性化合物。要求关键气味活性化合物至少出现在两种不同环境条件下，且其气味强度至少在一种条件下不小于 1。表 4-3 为鉴定得到整个试验周期内水曲柳样品在不同条件下的 15 种关键气味活性化合物。图 4-1 显示了不同环境条件下水曲柳关键气味活性化合物的气味强度分布。

表 4-3　不同环境条件下水曲柳释放的关键气味活性化合物

序号	保留时间/min	RSI（相似度）	化学式	中文名	英文名	气味特征	强度					
							$A_1/B_1/C_2$	A_2	A_3	B_2	C_1	C_3
1	4.18	813	C_4H_{10}	丁烷	butane	不宜人臭味	1.0	0	1.8	0	0.8	0.6
2	4.38	918	C_2H_6O	乙醇	ethanol	酒香	4.2	5.2	6.1	4.9	6.2	3.0
3	4.59	876	C_3H_6O	丙酮	acetone	果香	1.0	1.0	1.0	0	1.4	0
4	5.5	942	$C_2H_4O_2$	乙酸	acetic acid	醋香	6.7	9.0	11.5	10.5	8.9	3.8
5	5.87	842	$C_4H_8O_2$	乙酸乙酯	ethyl acetate	果香	2.8	4.2	3.2	3.2	4.7	1.5
6	8.26	821	$C_5H_8O_2$	2-甲基-2-丙烯酸甲酯	2-methyl-2-propenoic acid,methyl ester	刺鼻气味/果香	1.7	1.7	0.6	2.0	1.8	0
7	12.68	945	$C_6H_{12}O$	己醛	hexanal	青草香	1.6	2.0	3.5	2.0	1.6	0.8
8	15.18	939	C_8H_{10}	乙苯	ethylbenzene	芳香	0.8	3.2	2.4	4.0	3.2	0
9	16.52	936	C_8H_{10}	1,3-二甲基苯	1,3-dimethyl-benzene	金属气味	0	1.3	1.1	3.1	0	0
10	17.7	937	C_8H_{10}	对二甲苯	*p*-xylene	芳香、甜香	3.4	3.4	4.1	3.6	4.5	3.1
11	18.23	853	$C_7H_{14}O$	庚醛	heptanal	油脂香	0.7	0.7	3.5	0	1.8	0
12	23.93	934	$C_8H_{18}O$	2-乙基-1-己醇	2-ethyl-1-hexanol	花香	4.7	7.1	6.9	6.2	5.8	5.2
13	26.85	921	$C_9H_{18}O$	壬醛	nonanal	柑橘香	0	0	4.4	0.7	3.1	0
14	30.34	913	$C_{10}H_{20}O$	癸醛	decanal	肥皂香/柑橘香	0	0	0.4	0.4	1.0	0
15	41.95	924	$C_{16}H_{30}O_4$	2-甲基丙酸-1-(1,1-二甲基乙基)-2-甲基-1,3-丙二酯	2-methyl-propanoic acid-1-(1,1-dimethylethyl)-2-methyl-1,3-propanediyl ester	消毒液味	4.4	8.8	10.9	2.2	8.8	0

由图 4-1(a)可以发现，在温度由 23℃升高至 40℃时，13 种关键气味活性化合物的总强度整体呈升高趋势。其中，8 种关键气味活性化合物的强度随着温度的升高稳定升高。分别为：乙醇(2 号)、乙酸(4 号)、己醛(7 号)、对二甲苯(10 号)、庚醛(11 号)、壬醛(13 号)、癸醛(14 号)、2-甲基丙酸-1-(1,1-二甲基乙基)-2-甲基-1,3-丙二酯(15 号)。在温度由 23℃逐渐升高至 30℃再升高至 40℃的过程中，这 8 种关键气味活性化合物的总强度最终分别升高了 1.9、4.8、1.9、0.7、

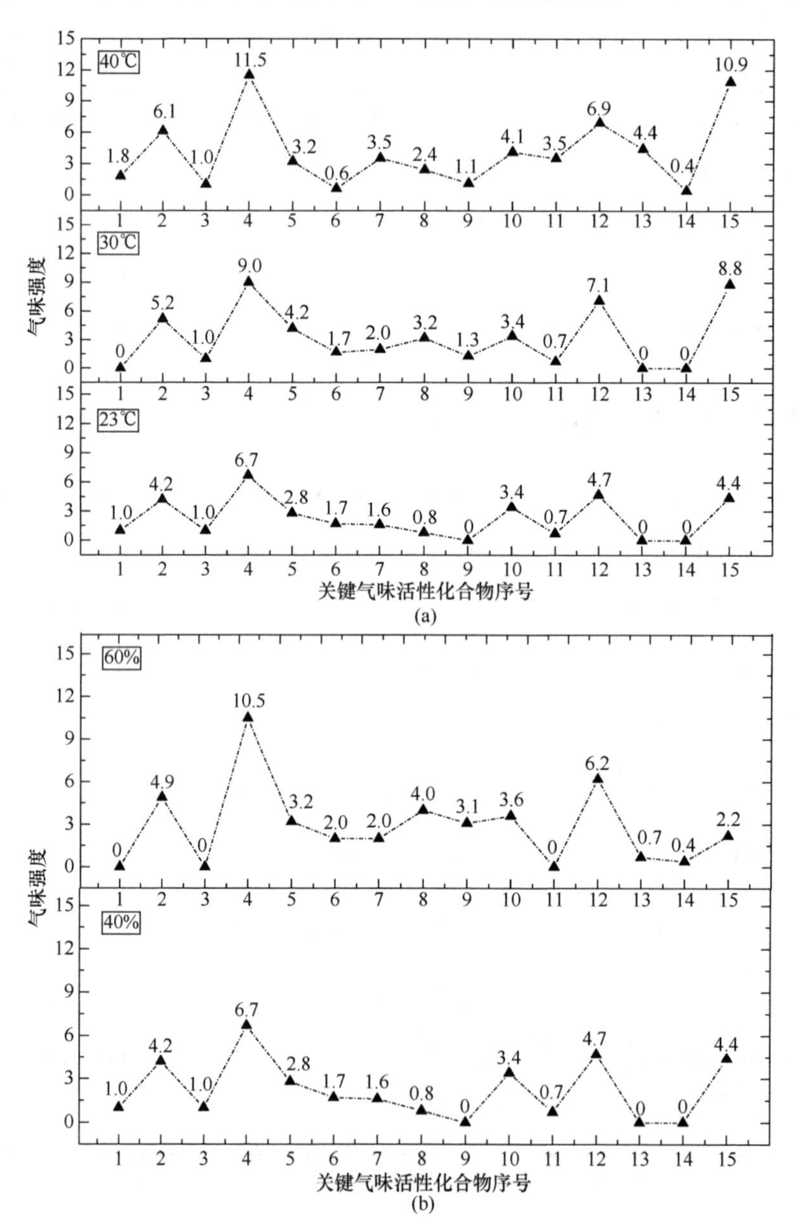

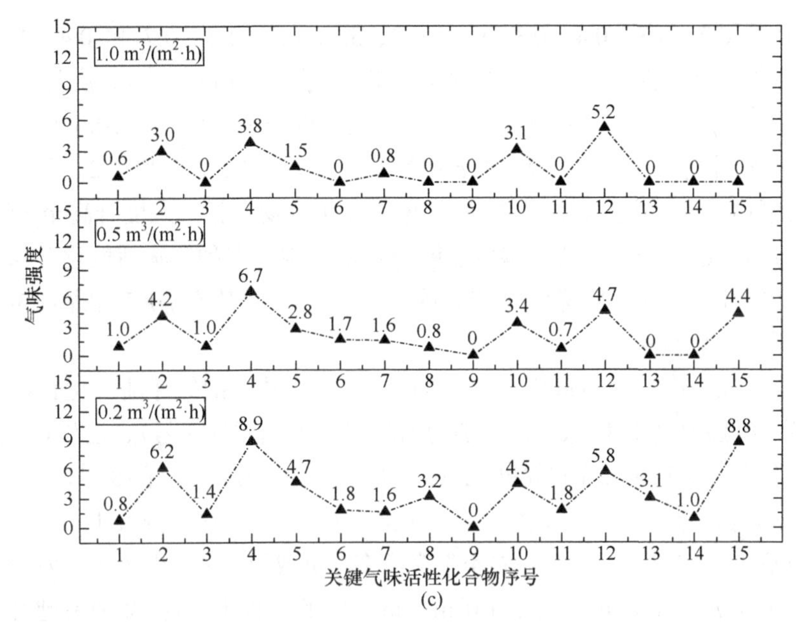

图 4-1　不同环境条件下水曲柳关键气味活性化合物的气味强度分布

(a) 不同温度；(b) 不同相对湿度；(c) 不同空气交换率与负载因子之比，序号与表 4-3 中序号对应

2.8、4.4、0.4 和 6.5。发现温度的升高促进了三种关键气味活性化合物 1,3-二甲基苯(9 号)、壬醛(13 号)和癸醛(14 号)的释放。这三种气味活性化合物在温度为 23℃时并未检测到。当温度升高至 30℃时，1,3-二甲基苯(9 号)被检测到，强度值为 1.3。当温度继续升高至 40℃时，壬醛(13 号)和癸醛(14 号)被发现，强度值分别为 4.4 和 0.4。三种关键气味活性化合物[乙苯(8 号)、2-乙基-1-己醇(12 号)和乙酸乙酯(5 号)]的强度在温度由 23℃升高至 30℃时升高，当温度继续升至 40℃时有下降的趋势，但此时的强度值仍高于 23℃时的强度值。丁烷(1 号)的气味强度在温度由 23℃升高至 30℃时由 1.0 降低至 0，当温度继续升高至 40℃时，其强度升至 1.8。2-甲基-2-丙烯酸甲酯(6 号)的气味强度在由 23℃变化为 30℃时未发生改变，均为 1.7，温度继续升高至 40℃时，其气味强度降低为 0.6。丙酮(3 号)的气味强度在温度升高的过程中未发生改变，均为 1.0。

图 4-1(b)显示了相对湿度的变化对关键气味活性化合物在整个试验周期内总气味强度的影响。可以发现，随着相对湿度由 40%升高至 60%，11 种关键气味活性化合物的强度值升高，分别为乙醇(2 号)、乙酸(4 号)、乙酸乙酯(5 号)、2-甲基-2-丙烯酸甲酯(6 号)、己醛(7 号)、乙苯(8 号)、1,3-二甲基苯(9 号)、对二甲苯(10 号)、2-乙基-1-己醇(12 号)、壬醛(13 号)和癸醛(14 号)。在相对湿度由 40%逐渐升高至 60%时，这 11 种关键气味活性化合物的总强度最终

分别升高了 0.7、3.8、0.4、0.3、0.4、3.2、3.1、0.2、1.5、0.7 和 0.4。4 种关键气味活性化合物的强度值降低，分别为丁烷(1 号)、丙酮(3 号)、庚醛(11 号)和2-甲基丙酸-1-(1,1-二甲基乙基)-2-甲基-1,3-丙二酯(15 号)，其气味强度值在相对湿度由 40%升高至 60%的过程中分别降低了 1.0、1.0、0.7 和 2.2。其中丁烷(1号)、丙酮(3 号)、庚醛(11 号)三种气味活性化合物在相对湿度升高至 60%时强度降低为 0。这说明升高相对湿度能够较好地抑制这三种气味活性化合物。同时相对湿度的升高也能有效降低 2-甲基丙酸-1-(1,1-二甲基乙基)-2-甲基-1,3-丙二酯(15 号)的气味强度值。

随着空气交换率与负载因子之比的升高，12 种关键气味活性化合物的总强度呈稳定降低趋势[图 4-1(c)]，分别为乙醇(2 号)、丙酮(3 号)、乙酸(4 号)、乙酸乙酯(5 号)、2-甲基-2-丙烯酸甲酯(6 号)、己醛(7 号)、乙苯(8 号)、对二甲苯(10 号)、庚醛(11 号)、壬醛(13 号)、癸醛(14 号)和 2-甲基丙酸-1-(1,1-二甲基乙基)-2-甲基-1,3-丙二酯(15 号)。在空气交换率与负载因子之比由 0.2 $m^3/(m^2 \cdot h)$升高至 0.5 $m^3/(m^2 \cdot h)$，再升高至 1.0 $m^3/(m^2 \cdot h)$的过程中，这 12 种关键气味活性化合物的总强度最终分别降低了 3.2、1.4、5.1、3.2、1.8、0.8、3.2、1.4、1.8、3.1、1.0 和 8.8。2-乙基-1-己醇(12 号)的气味强度在空气交换率与负载因子之比由 0.2 $m^3/(m^2 \cdot h)$升高至 0.5 $m^3/(m^2 \cdot h)$时由 5.8 降低至 4.7，当空气交换率与负载因子之比继续升高至 1.0 $m^3/(m^2 \cdot h)$时，其强度值升高为 5.2。丁烷(1 号)的气味强度在空气交换率与负载因子之比由 0.2 $m^3/(m^2 \cdot h)$升高至 0.5 $m^3/(m^2 \cdot h)$时略有升高，由 0.8 升至 1.0；当空气交换率与负载因子之比继续升高至 1.0 $m^3/(m^2 \cdot h)$时，其强度值降低为 0.6。这两种物质虽然在空气交换率与负载因子之比升高的过程中强度值变化趋势出现波动，但比较 0.2 $m^3/(m^2 \cdot h)$和 1.0 $m^3/(m^2 \cdot h)$时的气味强度，其数值仍呈现随着空气交换率与负载因子之比的升高而降低的趋势。

4.3　环境条件对水曲柳 VVOCs/VOCs 释放浓度及气味强度的影响

在试验 A、B、C 条件下对水曲柳释放化合物 VVOCs/VOCs 总质量浓度及气味活性化合物释放特征和规律进行探索，对水曲柳在 28 天试验周期中的释放情况进行跟踪检测分析，得到水曲柳在不同环境条件下 VVOCs/VOCs 总质量浓度水平和总气味强度值，分别如表 4-4 和表 4-5 所示。

表 4-4　不同环境条件下水曲柳 VVOCs/VOCs 总质量浓度变化趋势

时间/天	不同环境条件下释放浓度/(μg/m³)					
	$A_1/B_1/C_2$	A_2	A_3	B_2	C_1	C_3
1	233.74	278.41	451.34	424.02	747.67	70.06
3	101.31	144.88	336.01	178.74	245.83	68.30
7	95.99	111.72	231.93	77.08	152.81	43.75
14	87.93	58.80	152.66	151.72	143.29	49.56
21	29.18	55.93	99.69	119.98	138.81	52.80
28	70.25	51.24	95.57	88.38	125.04	8.05

表 4-5　不同环境条件下水曲柳总气味强度变化趋势

时间/天	不同环境条件下化合物总气味强度					
	$A_1/B_1/C_2$	A_2	A_3	B_2	C_1	C_3
1	9.7	11.2	12.2	10.3	14.9	4.3
3	9.2	10.5	8.8	8.6	13.3	4.5
7	8.5	9.8	12.0	5.4	10.7	3.4
14	5.8	4.9	10.7	8.2	8.6	3.9
21	3.4	7.4	9.9	5.0	5.8	4.4
28	5.7	4.4	8.6	5.8	9.9	1.4

水曲柳在不同环境温度、不同相对湿度以及不同空气交换率与负载因子之比条件下的 VVOCs/VOCs 总质量浓度及化合物总气味强度随时间变化趋势，如图 4-2 所示。为方便分析，将 1～3 天、3～7 天、7～21 天及 21～28 天分别定义为释放阶段：Ⅰ、Ⅱ、Ⅲ、Ⅳ。其中，Ⅰ、Ⅱ属于释放前期，Ⅲ属于释放中期，Ⅳ属于释放后期。

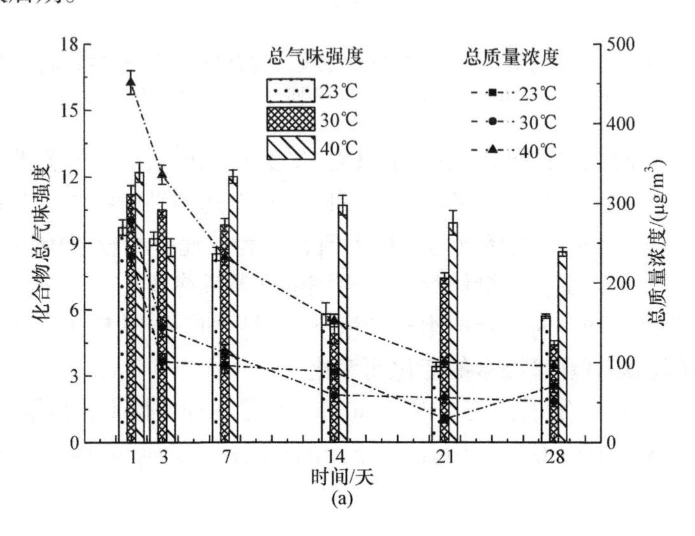

(a)

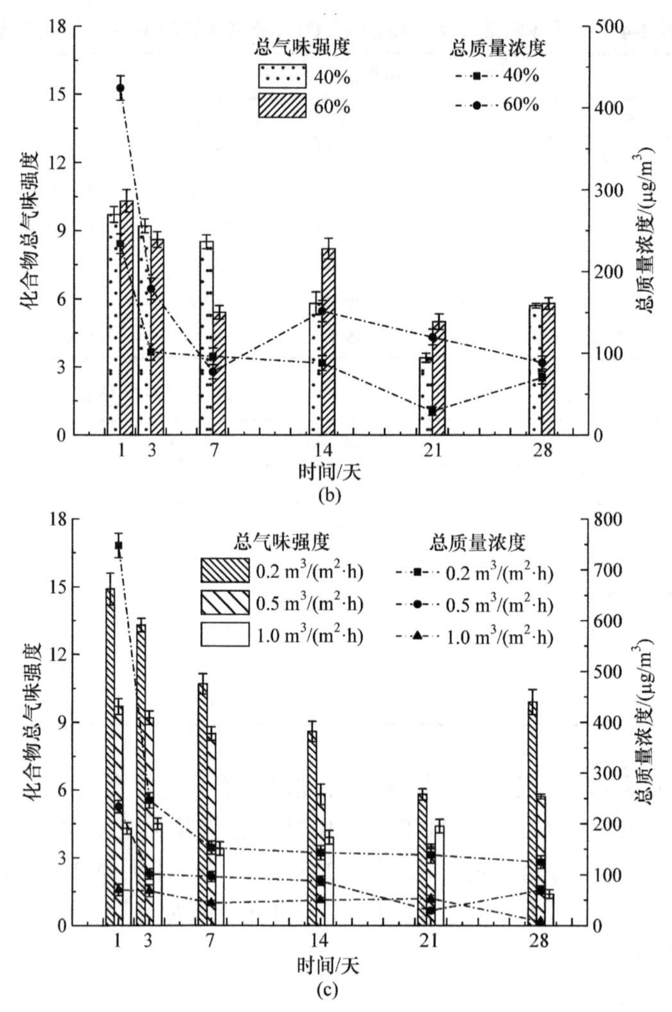

图 4-2　不同环境条件下水曲柳释放浓度及化合物总气味强度释放趋势

(a)不同温度；(b)不同相对湿度；(c)不同空气交换率与负载因子之比

研究发现，时间是降低水曲柳 VVOCs/VOCs 总质量浓度的关键因素。随着时间的推移，水曲柳释放组分的浓度逐渐降低直至达到平衡状态。在释放初期，VVOCs/VOCs 总质量浓度释放达到最大值，且释放速率相较于中后期较快。根据传质理论，板材内部组分继续释放，直到浓度差最终消失。然而，在不同环境条件下，水曲柳在同一时间释放组分的浓度不尽相同，同时其释放速率和达到平衡所需的时间也随着环境因素的变化而变化。

由图 4-2(a)可以发现，在 23℃、30℃、40℃三种条件下，从第 1 天到第 7 天，水曲柳 VVOCs/VOCs 总质量浓度下降的平均速率分别为 19.68 μg/(m³ · d)、

23.81 μg/(m^3 · d)、31.34 μg/(m^3 · d)。由此可见，在释放前期，温度对 VVOCs/VOCs 组分释放速率的影响显著，温度越高，浓度下降越快。在释放后期，温度对释放组分的浓度影响减弱，不同温度下组分释放逐渐达到平衡状态。在平衡状态时，40℃条件下的浓度值高于 23℃、30℃条件下。在同一时间，随着温度的升高，水曲柳释放 VVOCs/VOCs 总质量浓度和化合物总气味强度整体呈现增加的趋势。在释放前期，温度对释放组分浓度的影响相校于中后期更为显著且呈现明显的规律性，对化合物总气味强度具有一定的影响但不明显。在 1 天、3 天、7 天，水曲柳释放组分浓度在较高温度下的浓度值高于较低温度。在 1 天、3 天、7 天，当环境温度由 23℃升高至 30℃，水曲柳的 VVOCs/ VOCs 总质量浓度分别升高了 44.67 μg/m^3(19.11%)、43.57 μg/m^3(43.01%)和 15.73 μg/m^3(16.38%)。当温度继续由 30℃升至 40℃，浓度又分别继续升高了 172.93 μg/m^3(62.11%)、191.13 μg/m^3(131.93%)和 120.21 μg/m^3(107.60%)。当环境温度由 23℃升高至 30℃，水曲柳在 1 天、3 天、7 天的化合物总气味强度分别升高了 1.5、1.3 和 1.3。当温度继续由 30℃升至 40℃，化合物总气味强度分别升高了 1.0、−1.7 和 2.2。发现在第 3 天 40℃条件下的化合物总气味强度反而低于 23℃和 30℃。究其原因，分析可能是由于化合物浓度与气味强度的非正比关系，即浓度随温度升高的速率与气味强度升高的速率不同，从而导致 40℃条件下水曲柳释放组分浓度高于 23℃和 30℃。与此同时，考虑到水曲柳化合物总气味强度较低的基数值，感官评价员的主观差异性的影响也应同时被考虑。气味物质组成复杂，不同化合物之间可以发生相互影响。以两种组分混合气味为例，气味活性化合物间的作用对整体气味强度的影响可分为融合作用、协同作用、拮抗作用及无关效应。考虑到多种化合物之间复杂的相互作用，本节试验仅以融合作用的一般影响分析板材总气味强度。在试验的中后期，40℃条件下的 VVOCs/VOCs 总质量浓度依然高于较低温度条件，而温度为 23℃和 30℃条件下样品 VVOCs/VOCs 总质量浓度不呈随温度升高而增加的明显规律性。其原因是在第 14 天，23℃和 30℃条件下的样品组分已达到平衡状态，浓度基数不大且出现波动的趋势。而此时在 40℃条件下的样品组分浓度依然呈下降趋势。董华君等也通过试验证明温度对 PVC 饰面中密度纤维板释放 VOCs 的影响显著，发现 PVC 饰面中密度纤维板释放 VOCs 随温度的升高而升高，且在试验初期效果更为显著，与本节试验结果一致。升高温度会在一定程度上促进水曲柳 VVOCs/VOCs 组分释放的原因，一方面是伴随着温度升高，板材内部分子的热运动加强，材料内部扩散、解吸附、蒸发、化学反应的速度等增加，板材对其吸附容量和吸附能力降低，从而导致板材中组分快速、大量地释放。另一方面，混合蒸气压随着温度的升高也变大，使得外界和舱内蒸气压产生差异，从而导致组分释放的加剧。

由图 4-2(b)可以发现，随着相对湿度的增加，VVOCs/VOCs 总质量浓度的下降速率变快。在释放前期，相对湿度对组分释放速率的影响显著，在相对湿度为 40%和 60%的条件下，从第 1 天到第 7 天，水曲柳组分浓度下降的平均速率分别为 19.68 μg/(m^3 · d)、49.56 μg/(m^3 · d)。在释放的中后期，相对湿度仍然对组分浓度具有重要的影响，从第 14 天到第 28 天，水曲柳组分浓度下降的平均速率分别为 1.26 μg/(m^3 · d)、4.52 μg/(m^3 · d)。在相对湿度为 60%条件下，水曲柳释放组分在第 7 到第 14 天呈升高趋势，这可能是环境相对湿度的升高导致水曲柳内部含水率的变化，造成在某一阶段木材内部化合物的迅速释放。在第 7 天，相对湿度 60%条件下水曲柳的组分释放已达到平衡状态，而在相对湿度 40%条件下的组分释放在第 28 天仍呈下降趋势。这说明相对湿度的增加能够促进水曲柳内部组分在一定时间范围内的快速释放，造成一定时间范围内舱内浓度的升高。随着相对湿度的升高，水曲柳释放组分达到平衡状态所需要的时间增加。在同一时间，随着相对湿度的升高，水曲柳 VVOCs/VOCs 总质量浓度整体呈现增加的趋势。相对湿度对化合物总气味强度具有一定的影响但不明显。在第 1 天和第 3 天，当相对湿度由 40%升高至 60%时，水曲柳的组分浓度分别升高了 190.28 μg/m^3(81.41%)和 77.43 μg/m^3(76.43%)，化合物总气味强度分别升高了 0.6 和−0.6。在第 7 天，水曲柳在更高的相对湿度条件下迅速释放，导致水曲柳在 40%条件下的组分浓度高于 60%条件下。在试验的中后期，相对湿度 60%条件下的组分浓度依然高于相对湿度 40%条件下。在第 14 天、21 天和 28 天，当相对湿度由 40%升高至 60%时，水曲柳的组分浓度分别升高了 63.79 μg/m^3(72.55%)、90.80 μg/m^3(311.17%)和 18.13 μg/m^3(25.81%)，化合物总气味强度分别升高了 2.4、1.6 和 0.1。王敬贤在研究中也同样发现较高的相对湿度可以促进刨花板中 VOCs 的释放，与本节试验结果一致。与此同时，相关研究在关于竹地板及胶合竹材的研究中也得到相似结论。湿度能够促进组分释放的原因主要是随着相对湿度的增加，木材内部水解加速、孔隙结构由于吸湿膨胀而发生改变，从而促进组分的释放。

由图 4-2(c)可以发现，空气交换率与负载因子之比为 0.2 m^3/(m^2 · h)条件下的平衡浓度高于 0.5 m^3/(m^2 · h)和 1.0 m^3/(m^2 · h)条件下的。在负载率固定不变的情况下，空气交换率的增加能够在短时间内有效降低舱内的组分浓度，使水曲柳释放组分始终处于较低水平的动态平衡状态。在同一时间，随着空气交换率与负载因子之比的升高，水曲柳 VVOCs/VOCs 总质量浓度和化合物总气味强度呈降低趋势。在整个释放过程中，水曲柳 VVOCs/VOCs 总质量浓度和化合物总气味强度在较高水平空气交换率与负载因子之比的条件下始终低于在较低水平空气交换率与负载因子之比的条件下的数值。在试验前的第 1 天、3 天、7 天，当空气交换率与负载因子之比由 0.2 m^3/(m^2 · h)升高至 0.5 m^3/(m^2 · h)时，水曲柳的组分浓度分别降低了 513.93 μg/m³(68.74%)、144.52 μg/m³(58.79%)和 56.82 μg/m³(37.18%)，化合物总气味强度分别降低了 34.90%、30.83%和 20.56%。当空气交换率与负载因子之比继续由 0.5 m³/(m²·h)升至 1.0 m³/(m²·h)时，质量浓度分别继续降低了 163.68 μg/m³(70.03%)、33.01 μg/m³(32.58%)和 52.24 μg/m³(54.42%)，化合物总气味强度分别降低了 55.67%、51.09%和 60.00%。在试验的中后期，空气交换率与负载因子之比对水曲柳 VVOCs/VOCs 总质量浓度和化合物总气味强度仍产生持续的影响。第 14 天、21 天、28 天，当空气交换率与负载因子之比由 0.2 m³/(m²·h)升高至 0.5 m³/(m²·h)，水曲柳释放组分浓度分别降低了 38.64%、78.98%和 43.82%，化合物总气味强度降低了 32.56%、41.38%和 42.42%。当空气交换率与负载因子之比继续由 0.5 m³/(m²·h)升至 1.0 m³/(m²·h)，质量浓度分别继续降低了 43.64%、−80.98%和 88.54%，化合物总气味强度分别降低了 32.76%、−29.41%和 75.44%。发现在第 21 天，空气交换率与负载因子之比为 1.0 m³/(m²·h)条件下的 VVOCs/VOCs 总质量浓度和总气味强度均高于 0.5 m³/(m²·h)条件下的。产生这种现象的原因是在一定的压力和温度条件下，随着空气交换率与负载因子之比的升高，单位时间进入采样舱内的新鲜载气量增大，从而置换出更多的气体组分，导致样品与空气环境中浓度差增大，样品组分释放加快，采样舱内组分的质量浓度被稀释，含量减少。相关研究同样发现，提升换气量对材料中 VOCs 的释放具有促进作用。

综上所述，将舱体看作实际生活中的居住场所，发现将空气交换率与负载因子之比始终保持在较高水平能够在短时间内有效降低室内污染物质量浓度，这与我们常认为的通风(清洁空气)可以保持室内环境质量良好的生活认知一致。从长远看，为加速水曲柳组分释放，建议将其放置于高温、高湿及高空气交换率与负载因子之比的环境条件。

4.4　环境条件对水曲柳释放 VVOCs/VOCs 组分浓度的影响

在不同试验方案(A、B、C)下对水曲柳各组分化合物释放总量进行分析研究。统计 28 天试验周期内水曲柳释放各组分化合物在不同环境条件下的释放量，如表 4-6 所示。发现水曲柳释放主要组分为芳香族、醛酮类、酯类、醇类、酸类化合物，以及少量烷烃、烯烃和其他类物质。其中气味特征物质组分主要为芳香族、醛酮类、酯类、醇类及酸类化合物。

表 4-6 不同环境条件下水曲柳 VVOCs/VOCs 各组分化合物周期总释放量

	环境条件编号	各类化合物释放浓度/(μg/m³)							
		芳香族	烷烃	烯烃	醛酮类	酯类	醇类	酸类	其他类
气味组分	$A_1/B_1/C_2$	63.39	29.72	0	28.79	49.82	153.31	150.58	0
	A_2	115.83	0	0	39.19	69.08	178.19	235.58	0
	A_3	121.84	33.22	0	117.59	67.47	335.32	435.88	0
	B_2	198.52	0	0	30.09	43.29	165.58	482.58	0
	C_1	126.66	35.89	0	93.51	144.50	505.39	346.09	0
	C_3	283.08	6.11	0	6.80	11.34	74.90	19.48	0
无气味组分	$A_1/B_1/C_2$	0	8.04	11.41	4.26	8.24	5.68	0	0
	A_2	10.67	6.07	6.43	77.72	3.72	0	0	0
	A_3	82.66	103.09	0	13.07	6.87	5.39	0	12.47
	B_2	0	29.47	0	11.31	9.85	0	0	57.00
	C_1	33.25	33.05	28.45	42.35	0	30.44	0	18.49
	C_3	36.10	22.40	0	0	3.17	0	0	0

图 4-3 为不同环境条件下水曲柳各组分化合物在 28 天周期的释放量。试验发现，在一定范围内，随着温度升高，水曲柳气味活性化合物组分浓度占总浓度的比例随之降低。在温度 23℃、30℃和 40℃条件下，水曲柳中气味活性化合物组分浓度占总浓度的比例分别为 92.67%、85.91%和 83.25%。水曲柳中气味活性化合物组分浓度占总浓度的比例随相对湿度增加同样呈降低趋势，在相对湿度为 40%和 60%条件下，水曲柳中气味活性化合物组分浓度占总浓度的比例分别为 92.67%和 89.53%。空气交换率与负载因子之比对气味活性化合物组分浓度

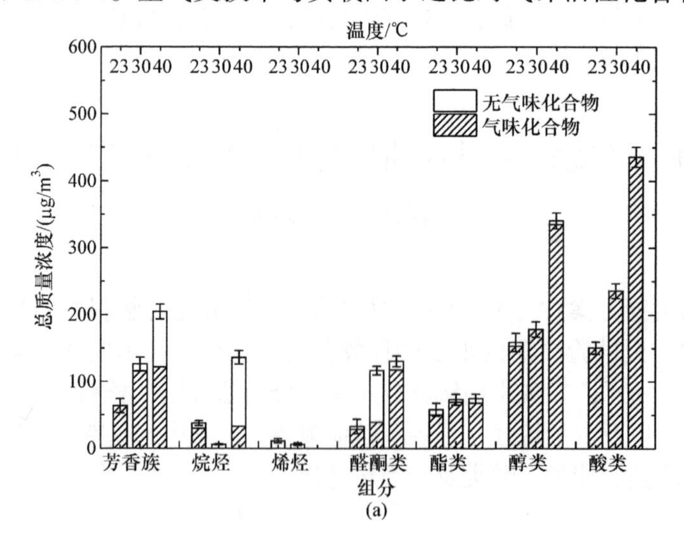

(a)

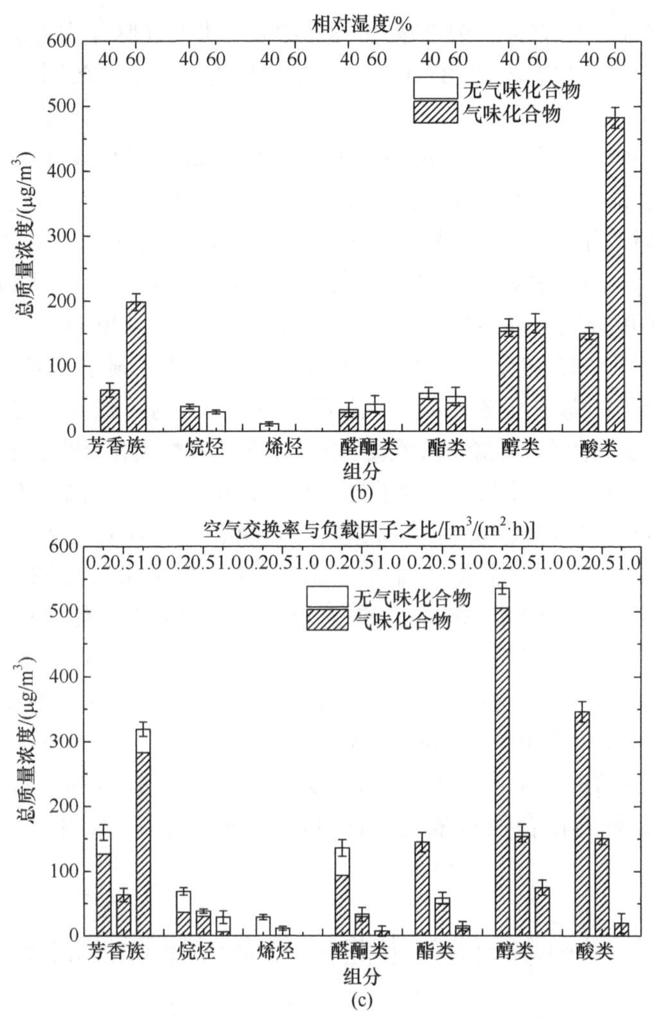

图 4-3　不同环境条件下水曲柳各组分化合物在 28 天周期的释放量

(a) 不同温度；(b) 不同相对湿度；(c) 不同空气交换率与负载因子之比

占总浓度的比例影响未呈现明显规律。三种不同空气交换率与负载因子之比 [0.2 $m^3/(m^2 \cdot h)$、0.5 $m^3/(m^2 \cdot h)$ 和 1.0 $m^3/(m^2 \cdot h)$] 条件下，水曲柳中气味活性化合物组分浓度占总浓度的比例分别为 87.06%、92.67%和 86.69%。

由图 4-3(a) 可以发现，从整体来看，温度对水曲柳不同组分的释放具有促进作用。温度在一定范围内升高可以显著促进水曲柳中芳香族化合物、醛酮类、醇类和酸类组分的释放。当温度由 23℃升高至 30℃时，这些组分的浓度分别升高 99.56%、253.74%、12.08%和 56.45%，其中气味组分浓度分别升高了 82.73%、36.12%、16.23%和 56.45%。当继续升高到 40℃时，这些组分的浓度继续升高 61.67%、11.75%、91.20%和 85.02%，其中气味组分浓度分别升高了 5.19%、200.04%、88.18%和 85.02%。温度对酯类组分的释放同样具有一定的促进作用，但不显著。当温度为 23℃、30℃和 40℃时，水曲柳释放酯类组分的浓度分别为 58.06 μg/m^3、72.80 μg/m^3 和 74.34 μg/m^3，其中气味组分浓度分别为 49.82 μg/m^3、69.08 μg/m^3 和 67.47 μg/m^3。随着相对湿度在一定范围内升高，水曲柳不同释放组分中芳香族、醛酮类、醇类和酸类化合物的浓度也随之增大[图 4-3(b)]。当相对湿度由 40%增加到 60%时，芳香族、醛酮类、醇类和酸类化合物的浓度分别升高 213.17%、25.26%、4.14%和 220.48%，其中气味组分浓度分别升高了 213.17%、4.52%、8.00%和 220.48%。随相对湿度的增加，烷烃、烯烃和酯类的总浓度略微降低。随着空气交换率与负载因子之比升高，水曲柳不同释放组分中烷烃、烯烃、醛酮类、酯类、醇类和酸类化合物的浓度呈下降趋势[图 4-3(c)]。当空气交换率与负载因子之比由 0.2 m^3/(m^2 · h)升高至 0.5 m^3/(m^2 · h)时，这些组分的浓度分别降低 45.23%、59.89%、75.67%、59.82%、70.33%和 56.49%，其中烷烃、醛酮类、酯类、醇类和酸类气味组分浓度分别降低了 17.19%、69.21%、65.52%、69.67%和 56.49%。此时芳香族化合物总浓度降低了 60.36%，气味组分浓度降低了 49.95%。当空气交换率与负载因子之比继续升高至 1.0 m^3/(m^2 · h)时，这些组分的浓度继续降低 24.50%、100%、79.43%、75.01%、52.89%和 87.06%，其中烷烃、醛酮类、酯类、醇类和酸类的气味组分浓度分别降低了 79.44%、76.38%、77.24%、51.15%和 87.06%。烯烃未现气味特性。此时，芳香族化合物总浓度反而升高了 403.55%，气味组分浓度升高了 346.57%。

4.5　环境条件对水曲柳关键气味特征的影响

为了更好地探究气味组成，基于 GC-MS-O 气味鉴定得到的气味特征，对不同环境条件下水曲柳气味进行整理分类，将气味特征相似化合物所呈现的气味强度相加，得到对水曲柳气味起到关键作用的 6 种气味特征(芳香、醋香、果香、花香、消毒液味、甜香)，其在不同环境条件下的强度分布如图 4-4 所示。

试验发现，伴随着温度在一定范围内的升高，芳香、醋香、消毒液味和甜香四种气味特征强度平稳增加，在温度由 23℃逐渐升高至 40℃的过程中，这四种气味特征的强度值分别增长了 4.7、4.8、6.5 和 0.7。果香和花香的气味特征强度在温度由 23℃升高至 30℃的过程中分别增加了 1.4 和 2.4，当温度继续升高至 40℃时，这两种关键气味特征强度反而分别降低了 2.1 和 0.2。这说明温度对不同气味特征的影响不尽相同，温度在一定范围内的升高能够促进部分气味特征的释放，同时也对一些气味特征具有消极的影响。发现当相对湿度由 40%升高至

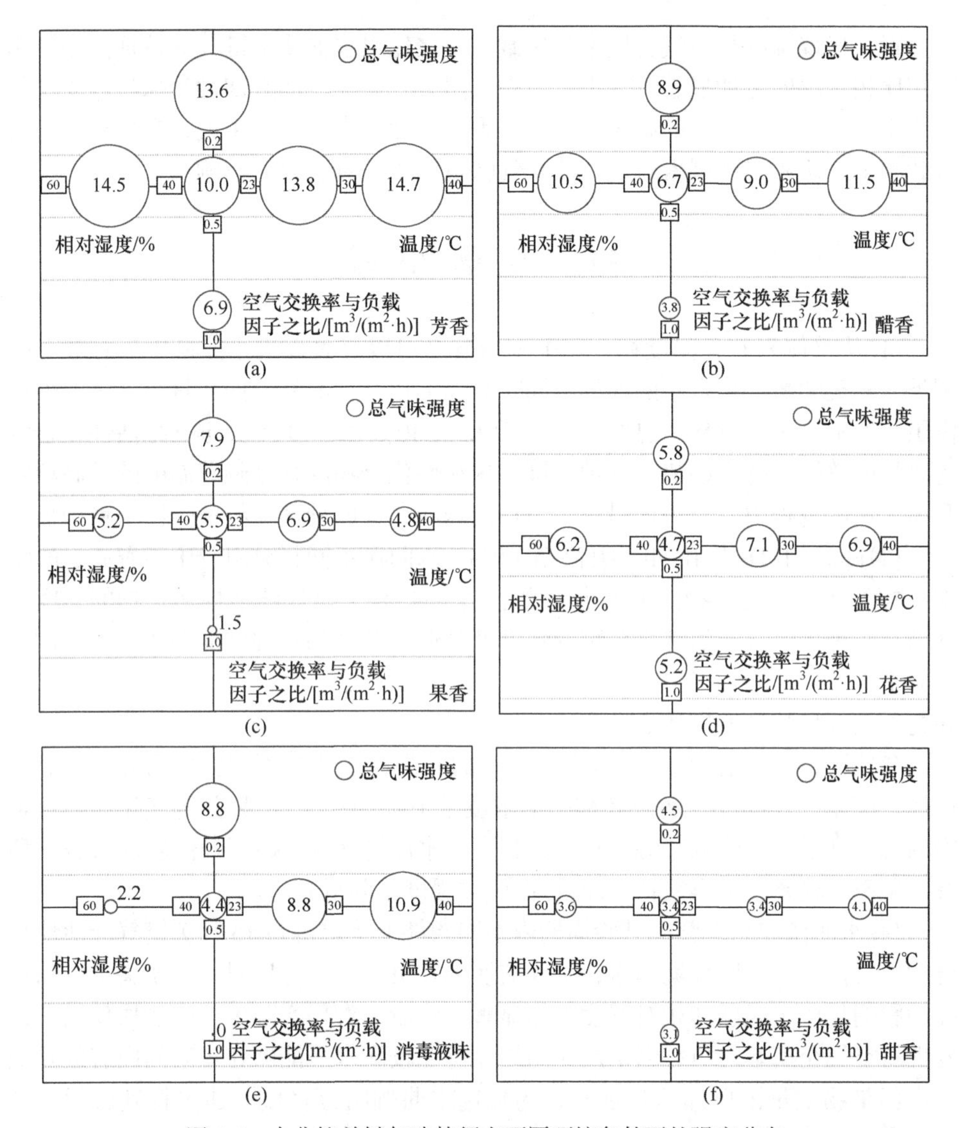

图 4-4　水曲柳关键气味特征在不同环境条件下的强度分布

60%时，芳香、醋香和花香的气味强度也随之升高，分别增加了 4.5、3.8 和 1.5，消毒液味气味特征强度由 4.4 降低至 2.2，相对湿度对果香和甜香气味特征强度影响不大。不同于温度和相对湿度，随着空气交换率与负载因子之比升高，6 种关键气味特征强度呈降低趋势。其中，空气交换率与负载因子之比对芳香、醋香、果香、消毒液味和甜香的影响程度相比花香更大。这 5 种关键气味特征强度在空气交换率与负载因子之比由 0.2 $m^3/(m^2 \cdot h)$ 升高至 0.5 $m^3/(m^2 \cdot h)$ 再升至 1.0 $m^3/(m^2 \cdot h)$ 的过程中分别降低了 6.7、5.1、6.4、8.8 和 1.4。对比三种不同环境因素，发现温度和空气交换率与负载因子之比对水曲柳关键气味特征强度的影响相比相对湿度更加显著。其中，芳香、醋香、果香、甜香四种气味特征受空气交换率与负载因子之比的影响更大，花香受温度因素的影响更大，空气交换率与负载因子之比和温度因素对消毒液味气味特征强度具有显著影响。

4.6 本章小结

(1)从整体来看，温度在一定范围内升高可以显著促进水曲柳中芳香族、醛酮类、醇类和酸类化合物的释放，同时对酯类化合物的释放同样具有一定的促进作用，但不显著。发现当温度由 23℃升高至 40℃时，13 种关键气味活性化合物的总强度整体呈升高趋势，9 种关键气味活性化合物的强度随着温度的升高稳定升高。在此过程中，芳香、醋香、消毒液味和甜香四种气味特征强度平稳增加。

(2)随着相对湿度由 40%升高至 60%，水曲柳不同释放组分中芳香族、醛酮类、醇类和酸类化合物的浓度也随之增大。11 种关键气味活性化合物的强度值升高，4 种关键气味活性化合物的强度值降低，升高相对湿度能够较好地抑制水曲柳中丁烷、丙酮和庚醛三种气味活性化合物的释放，在此过程中，芳香、醋香和花香的气味强度值也随之升高。

(3)随着空气交换率与负载因子之比的升高，水曲柳不同释放组分中烷烃、烯烃、醛酮类、酯类、醇类和酸类的浓度呈下降趋势。12 种关键气味活性化合物的总强度呈稳定降低趋势，在此过程中，水曲柳 6 种关键气味特征(芳香、醋香、果香、花香、消毒液味、甜香)的气味强度呈降低趋势。

(4)水曲柳样品在整个试验周期内不同条件下鉴定得到 15 种关键气味活性化合物。对比三种不同环境因素，空气交换率与负载因子之比对水曲柳关键气味特征的影响相比于温度和相对湿度更加显著。将舱体看作实际生活中的居住场所，发现将空气交换率与负载因子之比始终保持在较高水平能够在短时间内有效降低室内污染物质量浓度。从长远看，为加速水曲柳组分释放，建议将其放置于高温、高湿以及高空气交换率与负载因子之比的环境条件。

参考文献

李爽, 沈隽, 江淑敏. 2013. 不同外部环境因素下胶合板 VOC 的释放特性. 林业科学, 49(1): 179-184.

刘婉君, 沈隽, 王启繁. 2017. DL-SW 微舱设计及对人造板 VOCs 的快速检测. 林业工程学报, 2(4): 40-45.

单波, 陈杰, 肖岩. 2013. 胶合竹材 GluBam 甲醛释放影响因素的气候箱试验与分析. 环境工程学报, 7(2): 649-656.

王敬贤. 2011. 环境因素对人造板 VOC 释放影响的研究. 哈尔滨: 东北林业大学.

杨帅, 张吉光, 任万辉. 2007. 自然通风对装饰材料污染物散发的影响分析. 山东暖通空调, (2): 155-160.

余跃滨, 张国强, 余代红. 2006. 多孔材料污染物散发外部影响因素作用分析. 暖通空调, 36(11): 13-19.

朱海欧, 阙泽利, 卢志刚, 等. 2013. 测试条件对竹地板挥发性有机化合物释放的影响. 木材工业, 27(3): 13-17.

Both R, Sucker K G, Winneke E K. 2004. Odor intensity and hedonic tone—Important parameters to describe odor annoyance to residents. Water Sci Techno, 50: 83-92.

Dong H J, Wang Q F, Shen J, et al. 2019. Effects of temperature on volatile organic compounds and odor emissions of polyvinyl chloride laminated MDF. Wood Res, 64(6): 999-1009.

Wang Q F, Shen J, Shao Y L, et al. 2019. Volatile organic compounds and odor emissions from veneered particleboards coated with water-based lacquer detected by gas chromatography-mass spectrometry/olfactometry. Eur J Wood Wood Prod, 77(5): 771-781.

Wang Q F, Shen J, Shen X W, et al. 2018. Volatile organic compounds and odor emissions from alkyd resin enamel-coated particleboard. BioResources, 13(3): 6837-6849.

第 5 章　涂饰木材气味特性研究及异味主控物质清单建立

本书第 2～4 章从板材制造材料角度出发，分别研究了原料树种、木材含水率及环境条件对板材气味的影响。然而，从家具制作来说，涂饰也是导致木制品异味产生的重要原因。在众多的家具种类中，实木家具因其独特的质感和舒适性广受消费者欢迎。然而，为更好地装饰和保护家具，家具材料需要进行不同涂饰处理，其中包括常用的涂饰处理。涂饰板材表面不仅能赋予木材颜色、提高光滑度、增强木材纹理的立体感和触感，还能使木材的抗湿、耐水、耐油等性能得到不同程度的提升。本章对不同涂饰木材挥发性有机化合物和气味释放情况进行了针对性的研究，利用 GC-MS-O 分析并探索聚氨酯(PU)涂料、紫外光固化涂料(UV 涂料)和水性涂料涂饰酸枣木、水曲柳和柞木三种不同树种板材的 VVOCs 和 VOCs 的释放情况，探究涂饰处理对木材释放气味成分及气味强度的影响。对作用于三种不同涂饰木材的关键气味活性化合物进行鉴定，实现涂饰木材气味轮廓图谱表达和涂饰木材异味主控物质清单的初步建立。

5.1　涂饰处理对木材释放气味成分及气味强度的影响

选用三种来自南北方不同树种木材，分别为酸枣[漆树科、酸枣属/*Choerospondias axillaris*(Roxb.) Burtt et Hill]、柞木{大风子科、柞木属[*Xylosma racemosum*(Sieb. et Zucc.) Miq.]}和水曲柳[木犀科、梣属(*Fraxinus mandshurica* Rupr.)]木材作为试验材料，其中酸枣产自广运林场(桂林，中国广西)，柞木和水曲柳来源于沈阳森宝木业有限公司(沈阳，中国辽宁)。样品尽量选取同一棵树木相近位置，统一裁剪成厚度 16 mm、直径 60 mm 的圆形试件，样品暴露面积为 5.65×10^{-3} m^2。在平衡含水率条件下对上述样品进行涂饰处理，在温度 23℃±2℃、处于连续通风状态的环境下分别涂饰 PU 涂料、水性涂料和 UV 涂料，涂饰工艺如下所示。

(1) PU 涂料：华润牌，透明底漆/哑光清面漆，主剂∶固化剂∶稀释剂=2∶1∶1，涂两道底漆($100\ g/m^2$)和两道面漆($100\ g/m^2$)，每道漆间隔 12 h。

(2) 丙烯酸-聚氨酯水性木器涂料(简称水性涂料)：三棵树 360 牌水性木器漆，主要成分为聚氨酯，同时加入丙烯酸乳液，具备良好的柔韧性和硬度，同时具备丰满度和盖沙痕特性。透明底漆/清漆面漆：蒸馏水=10：1，涂两道底漆(100 g/m^2)和两道面漆(100 g/m^2)，每道漆间隔 12 h。

(3) UV 涂料：素景化学牌，涂两道面漆(100 g/m^2)，清洗产品表面后使用喷枪对样品喷涂 UV 涂料，紫外线固化时间(55℃)为 3～10 min。

两漆之间需使用平板砂光机配合 180 目砂纸对涂饰表面进行砂光处理。涂饰处理完成后，使用铝制胶带对样品进行封边处理，以防止样品边部的化合物释放。涂饰处理后的木材被放置于自然通风处，经过 28 天自然释放后使用聚四氟乙烯袋真空密封处理，贴好标签纸，置于–30℃的冰箱中保存备用。

使用微池热萃取仪(M-CTE250，Markes 国际公司，英国)搭配 Tenax TA 吸附管(Markes 国际公司，英国)和多填料吸附管(Markes 国际公司，英国)对样品释放的挥发性有机化合物及气味进行采集。样品采集完毕后，使用热脱附全自动进样器搭配热脱附仪(TD)和气相色谱-质谱(GC-MS)联用仪对吸附管中样品释放的挥发性有机化合物进行分析。化合物定量分析参考国家标准 GB/T 29899—2013。在 GC-MS 的基础上运用 GC-O，组合成为 GC-MS-O 技术。使用型号为 Sniffer 9100 的嗅味检测仪(Brechbuhler AG 公司，瑞士)对样品释放气味组分进行分析。气相色谱毛细管柱流出物被分为两组，一组进入质谱进行分析，另一组进入嗅味检测仪进行感官评价。

5.1.1　涂饰处理对酸枣木释放气味成分及强度的影响

为探究涂饰处理对酸枣木释放 VVOCs/VOCs 成分和气味的影响，使用 GC-MS-O 技术对不同涂料(PU 涂料、水性涂料、UV 涂料)涂饰酸枣木释放的 VVOCs/VOCs 组分浓度和气味强度进行分析研究。得到三种涂饰酸枣木释放 VVOCs/VOCs 组分浓度及总气味强度(表 5-1)。图 5-1 为不同涂饰酸枣木释放 VVOCs/VOCs 组分质量浓度及总气味强度分析图。使用未经处理的酸枣木作为对比样品，用以探究不同涂饰处理对酸枣木释放 VVOCs/VOCs 组分和气味的影响。

对三种涂饰酸枣木的 VVOCs/VOCs 总质量浓度进行研究，发现对比三种涂饰板材，UV 涂料饰面酸枣木的 VVOCs/VOCs 总质量浓度最高，为 7259.60 μg/m^3，其次是 PU 涂料饰面酸枣木，VVOCs/VOCs 总质量浓度为 1606.75 μg/m^3，水性涂料饰面酸枣木的 VVOCs/VOCs 总质量浓度最低，为 1040.60 μg/m^3。VOCs 组分是 PU 涂料饰面酸枣木、水性涂料饰面酸枣木和未经饰面处理酸枣木的主要释放组分，而 UV 涂料饰面酸枣木主要气味成分为 VVOCs，占总浓度的 92.25%。未经处理的酸枣木释放 VOCs 的主要气味组分为芳香族、烯烃和醛酮类化合物，其中芳香族和烯烃为酸枣木两大最主要释放源，同时检出少量 VVOCs 气味组分，主要来源为醇类和其他类化合物。UV 涂料饰面的主要气味 VOCs 组分为

表 5-1 不同涂饰酸枣木释放 VVOCs/VOCs 组分浓度及化合物总气味强度

样品分类			无饰面	UV 涂料	PU 涂料	水性涂料
组分浓度/(μg/m³)	VOCs	芳香族气味	637.69	298.50	323.64	92.29
		烷烃气味	44.64	0	0	11.18
		烯烃气味	629.25	0	0	14.93
		醛酮类气味	153.69	49.09	23.55	18.70
		酯类气味	3.23	32.49	537.42	264.79
		醇类气味	42.11	14.97	0	94.20
		无气味	433.01	167.58	187.66	97.08
	VVOCs	烷烃气味	0	0	0	11.87
		酯类气味	0	6006.50	251.23	181.57
		醇类气味	48.76	686.25	270.54	125.50
		其他类气味	16.98	4.22	8.60	4.93
		无气味	0	0	4.11	123.56
	总组分		2009.36	7259.60	1606.75	1040.60
总气味强度			35.7	34.8	25.8	24.0

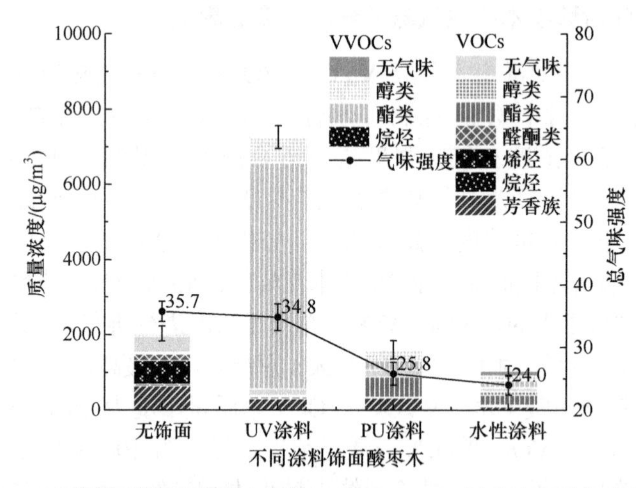

图 5-1 不同涂料饰面酸枣木释放 VVOCs/VOCs 组分浓度及气味强度

芳香族，主要气味 VVOCs 组分为酯类和醇类，VVOCs 组分中的酯类来源于气味活性化合物乙酸乙酯的释放，其浓度为 6006.50 μg/m³，占总释放浓度的 82.74%，分析该化合物可能来源于 UV 涂料的溶剂及溶剂内化合物与木材含有化合物共同作用的产物，因其较高的浓度应引起重视。PU 涂料饰面酸枣木释放

VOCs 主要气味组分为芳香族、酯类，分别占 VOCs 总释放浓度的 30.18%和 50.12%，释放 VVOCs 主要气味组分为醇类和酯类，占 VVOCs 总释放浓度的 50.62%和 47.00%。水性涂料饰面酸枣木释放 VOCs 主要气味组分中，芳香族和酯类分别占 VOCs 总释放浓度的 15.56%和 44.64%，释放 VVOCs 主要气味组分中，醇类和酯类分别占 VVOCs 总释放浓度的 28.05%和 40.58%。

发现经不同涂饰处理后，酸枣木饰面板材 VOCs 组分中烯烃、醛酮类和芳香族气味化合物的释放被明显抑制，同时酯类气味化合物的释放增加。相比未经处理的酸枣木，UV 涂料饰面酸枣木、PU 涂料饰面酸枣木烯烃气味物质释放浓度均由 629.25 $\mu g/m^3$ 下降为 0，下降率 100%。水性涂料饰面酸枣木烯烃类气味化合物的质量浓度下降了 614.32 $\mu g/m^3$，下降率 97.63%。UV 涂料饰面酸枣木、PU 涂料饰面酸枣木和水性涂料饰面酸枣木醛酮类气味化合物质量浓度分别下降了 104.60 $\mu g/m^3$(68.06%)、130.14 $\mu g/m^3$(84.68%)和 134.99 $\mu g/m^3$(87.83%)。虽然涂饰处理后酸枣木中芳香族气味化合物的释放被抑制，不同涂饰酸枣木的芳香族气味化合物质量浓度均有不同程度的下降，UV 涂料、PU 涂料和水性涂料饰面板材芳香族气味化合物质量浓度分别下降了 53.19%、49.25%和 85.53%，但涂饰后芳香族仍为 VOCs 气味组分中的重要来源，在 UV 涂料、PU 涂料和水性涂料中质量浓度分别为 298.5 $\mu g/m^3$、323.64 $\mu g/m^3$ 和 92.29 $\mu g/m^3$。与此同时，经过 UV 涂料、PU 涂料和水性涂料处理后，VOCs 组分中酯类气味化合物浓度分别增加了 29.26 $\mu g/m^3$、534.19 $\mu g/m^3$ 和 261.56 $\mu g/m^3$。

三种不同涂饰酸枣木的 VVOCs 释放组分主要为酯类和醇类物质。发现经不同涂饰处理后，VVOCs 组分中新增了酯类气味化合物的释放，同时醇类气味组分的释放呈现不同程度的增加。UV 涂料饰面酸枣木、PU 涂料饰面酸枣木和水性涂料饰面酸枣木酯类气味组分浓度分别为 6006.50 $\mu g/m^3$、251.23 $\mu g/m^3$ 和 181.57 $\mu g/m^3$，其醇类气味组分的释放相比素板分别增加了 637.49 $\mu g/m^3$、221.78 $\mu g/m^3$ 和 76.74 $\mu g/m^3$。同时在水性涂料饰面酸枣木中检出少量烷烃类气味活性化合物。发现经涂饰处理后，酸枣木的总气味强度降低。未经处理的酸枣木的总气味强度值最高(35.7)，其次是 UV 涂料(34.8)、PU 涂料(25.8)和水性涂料(24.0)，说明涂饰处理对酸枣木气味释放有不同程度的抑制作用。

5.1.2 涂饰处理对水曲柳释放气味成分及强度的影响

使用 GC-MS-O 技术对不同涂料(PU 涂料、水性涂料、UV 涂料)涂饰水曲柳释放的 VVOCs/VOCs 成分和气味强度进行分析研究，以探究涂饰处理对水曲柳释放 VVOCs/VOCs 成分和气味的影响，得到三种涂饰水曲柳释放 VVOCs/VOCs 组分浓度及总气味强度如表 5-2 所示，得到不同涂饰水曲柳释放 VVOCs/VOCs 组分质量浓度及总气味强度分析图如图 5-2 所示。

表 5-2 不同涂饰水曲柳释放 VVOCs/VOCs 组分浓度及化合物总气味强度

样品分类			无饰面	UV 涂料	PU 涂料	水性涂料
组分浓度/(μg/m³)	VOCs	芳香族气味	8.83	12.05	56.37	8.84
		烷烃气味	8.16	4.17	0	0
		烯烃气味	6.36	0	5.79	3.50
		醛酮类气味	0	0	6.44	0
		酯类气味	3.47	0	115.76	577.27
		醇类气味	0	0	10.78	199.78
		无气味	12.95	52.96	90.50	193.38
	VVOCs	烷烃气味	0	0	0	4.65
		醛酮类气味	3.96	0	0	0
		酯类气味	16.19	541.56	7.78	3.72
		醇类气味	75.43	35.58	0	14.75
		其他类气味	98.39	0	4.79	17.12
		无气味	0	0	0	0
	总组分		233.74	646.32	298.21	1023.02
总气味强度			9.7	5.3	11.5	12.9

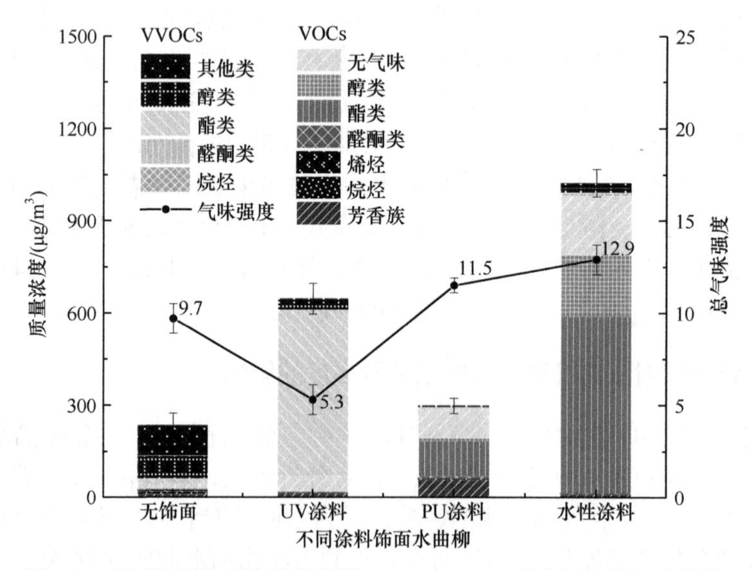

图 5-2 不同涂料饰面水曲柳释放 VVOCs/VOCs 组分浓度及气味强度

对三种涂饰水曲柳的 VVOCs/VOCs 总质量浓度进行研究，发现对比三种涂饰水曲柳，水性涂料的 VVOCs/VOCs 总质量浓度最高，为 1023.02 μg/m^3，其次是 UV 涂料，VVOCs/VOCs 总质量浓度为 646.32 μg/m^3，PU 涂料的 VVOCs/VOCs 总质量浓度最低，为 298.21 μg/m^3。涂饰木材 VVOCs/VOCs 总质量浓度是由涂料性质和木材性质共同作用的结果，分析水性涂料饰面水曲柳 VVOCs/VOCs 总质量浓度最高的原因可能是水性涂料以水为溶剂，作用于水曲柳较大的木材孔隙结构，使得涂料更多地存留于木材内，造成释放浓度的升高。水性涂料饰面水曲柳释放浓度最高化合物“2-甲基丙酸-1-(1,1-二甲基乙基)-2-甲基-1,3-丙二酯”(577.27 μg/m^3)同时在水曲柳木材内被发现，因此，不排除水曲柳木材细胞腔内含有的各种挥发性有机化合物，以及单宁、树脂、树胶等物质与水性涂料内含有化合物作用导致浓度释放加剧的可能性。三种涂饰木材的 VVOCs/VOCs 总质量浓度均高于水曲柳素板(233.74 μg/m^3)。VOCs 组分是 PU 涂料饰面水曲柳和水性涂料饰面水曲柳的主要释放组分，分别占总浓度的 95.78%和 96.07%。其中 PU 涂料饰面水曲柳的气味成分主要来自 VOCs 组分中的酯类和芳香族化合物，少量来自 VOCs 中的醇类、醛酮类和烯烃以及 VVOCs 中的酯类和其他类。水性涂料饰面水曲柳的气味成分主要来自 VOCs 组分中的酯类和醇类，少量来自 VOCs 中的烯烃和芳香族化合物以及 VVOCs 中的其他类、醇类、烷烃和酯类。未经饰面处理水曲柳和 UV 涂料饰面水曲柳的主要气味成分均为 VVOCs，分别占其总浓度的 82.99%和 89.30%。其中，其他类和醇类化合物的 VVOCs 组分是未经处理的水曲柳两大主要释放源，同时也发现少量醛酮类和酯类 VVOCs 化合物。释放的少量 VOCs 气味组分分布于芳香族、烷烃、烯烃和酯类化合物。UV 涂料饰面水曲柳主要气味来源为 VVOCs 组分中的酯类和醇类，同时发现少量 VOCs 芳香族化合物和烷烃气味组分。与酸枣木相同，UV 涂料饰面水曲柳 VVOCs 组分中的酯类主要来源于乙酸乙酯气味活性化合物的释放，其浓度为 537.51 μg/m^3，占总释放浓度的 83.16%，分析该化合物可能来源于 UV 涂料的溶剂、水曲柳素板以及溶剂内化合物与木材含有化合物共同作用的产物，因其较高的浓度应引起重视。

UV 涂料饰面对水曲柳 VVOCs 组分醇类和其他类化合物具有明显的抑制作用，浓度分别由 75.43 μg/m^3 和 98.39 μg/m^3 降低至 35.58 μg/m^3 和 0，但同时增加了 VVOCs 组分酯类物质的释放，浓度升高 525.37 μg/m^3。PU 涂料饰面增加了水曲柳 VOCs 组分芳香族化合物、酯类、醇类气味化合物的释放，但对水曲柳释放 VVOCs 气味组分中酯类、醇类与其他类的释放具有明显抑制作用。水性涂料饰面增加了水曲柳 VOCs 组分酯类和醇类气味化合物的释放，浓度分别升高 573.80 μg/m^3 和

199.78 μg/m³，但对水曲柳释放 VVOCs 气味组分中酯类、醇类与其他类的释放具有明显抑制作用，浓度分别降低 12.47 μg/m³、60.68 μg/m³ 和 81.27 μg/m³。经 UV 涂料涂饰处理后，板材的总气味强度降低，经 PU 涂料和水性涂料处理后，板材总气味强度升高。UV 涂料饰面水曲柳的总气味强度最低（5.3），其次是未经处理的水曲柳（9.7）、PU 涂料饰面水曲柳（11.5）和水性涂料饰面水曲柳（12.9）。

5.1.3 涂饰处理对柞木释放气味成分及强度的影响

使用 GC-MS-O 技术对不同涂料（PU 涂料、水性涂料、UV 涂料）涂饰柞木释放的 VVOCs/VOCs 组分和气味强度进行分析研究，以探究涂饰处理对柞木释放 VVOCs/VOCs 成分和气味的影响，得到三种涂饰柞木释放 VVOCs/VOCs 组分浓度及总气味强度如表 5-3 所示，不同涂饰柞木释放 VVOCs/VOCs 组分质量浓度及总气味强度分析图如图 5-3 所示。

表 5-3 不同涂饰柞木释放 VVOCs/VOCs 组分浓度及化合物总气味强度

样品分类			无饰面	UV 涂料	PU 涂料	水性涂料
组分浓度/(μg/m³)	VOCs	芳香族气味	10.05	21.69	127.73	16.35
		烷烃气味	0	7.03	0	0
		醛酮类气味	5.30	0	7.15	0
		酯类气味	3.80	0	243.19	220.97
		醇类气味	4.49	4.81	0	74.99
		无气味	9.8	9.07	48.26	62.42
	VVOCs	烷烃气味	0	7.29	0	0
		酯类气味	86.25	263.53	22.06	20.98
		醇类气味	51.20	19.77	41.59	17.55
		其他类气味	103.75	8.17	60.43	19.28
		无气味	5.34	0	0	0
	总组分		279.97	341.36	550.41	432.53
总气味强度			8.20	6.50	18.60	10.60

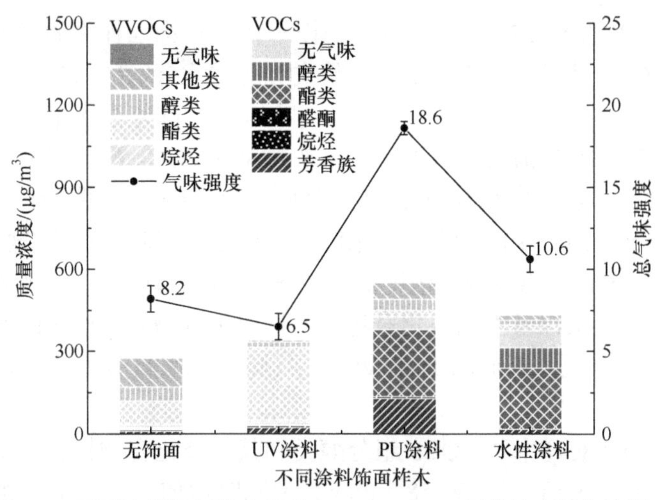

图 5-3　不同涂料饰面柞木释放 VVOCs/VOCs 组分浓度及气味强度

对三种涂饰柞木的 VVOCs/VOCs 总质量浓度进行研究，发现三种涂饰柞木 VVOCs/VOCs 总质量浓度相差不大，PU 涂料饰面柞木 VVOCs/VOCs 总质量浓度最高，为 550.41 μg/m^3，其次是水性涂料饰面柞木，VVOCs/VOCs 总质量浓度为 432.53 μg/m^3，UV 涂料的 VVOCs/VOCs 总质量浓度相对最低，为 341.36 μg/m^3。相比水性涂料涂饰水曲柳(1023.02 μg/m^3)，发现水性涂料饰面柞木 VVOCs/VOCs 总质量浓度大大降低，分析可能是由于柞木和水曲柳材质性质的差异。一般柞木木材的气干密度为 0.74～0.76 g/cm^3，大于水曲柳的气干密度(0.64～0.69 g/cm^3)，因此柞木相比水曲柳具有密度大和结构致密的特点，从而在一定程度上阻隔了水性涂料中溶剂水存留于木材内，出现水性涂料饰面柞木 VVOCs/VOCs 总质量浓度明显低于水性涂料饰面水曲柳的现象。试验发现，作为水性涂料饰面水曲柳主要释放成分的“2-甲基丙酸-1-(1,1-二甲基乙基)-2-甲基-1,3-丙二酯”同样是水性涂料饰面柞木的主要释放成分，浓度为 217.10 μg/m^3。然而不同于水曲柳，这种化合物并未在柞木素板中被检测到，因此这种现象的产生还可能是由于不同木材内含有化合物的差异性，相关研究表明，当多种化合物混合时，化合物之间的相互作用可能产生抵消、叠加、协同等一系列不同作用，造成释放浓度的差异。三种涂饰木材的 VVOCs/VOCs 总质量浓度均高于柞木素板(279.97 μg/m^3)。VOCs 组分是 PU 涂料饰面柞木和水性涂料饰面柞木的主要释放组分，分别占总浓度的 77.46% 和 86.64%，其中 PU 涂料饰面柞木的气味成分主要来自 VOCs 组分中的酯类和芳香族化合物，少量来自 VOCs 中的醛酮类；VVOCs 组分中来自醇类、酯类和其他类。水性涂料饰面柞木的气味成分主要来自 VOCs 组分中的酯类和醇类气味，少量来自 VOCs 中的芳香族化合物以及 VVOCs 中的酯类、醇类和其他类。未经涂饰处理柞木和 UV 涂料饰面柞木的主要气味成分均为 VVOCs，分别占其总浓度的 86.15%和 87.52%。未经处理的柞木和 UV 饰面柞木的释放气味组分同样主要为 VVOCs 范畴，其中其他类、酯类和醇类化合物的 VVOCs 组分是柞木素板的主要释放源。释放的少量 VOCs 气味组分来自芳香族化合物、醛酮类、酯类和醇类。UV 涂料饰面柞木主要气味来源为 VVOCs 酯类组分，同时发现少量 VVOCs 醇类、烷烃类和其他类气味组分。与酸枣木和水曲柳相同，UV 涂料饰面柞木 VVOCs 组分中的酯类主要来源于乙酸乙酯气味活性化合物的释放，其浓度为 260.13 μg/m^3，占总释放浓度的 76.20%。分析该化合物可能来源于 UV 涂料的溶剂、柞木素板以及溶剂内化合物与木材内化合物共同作用的产物，因其较高的浓度应引起重视。释放的少量 VOCs 气味组分来自芳香族化合物、烷烃和醇类化合物。

UV 涂料饰面对柞木 VVOCs 组分醇类和其他类化合物具有抑制作用，浓度分别降低了 31.43 μg/m^3 和 95.58 μg/m^3，但同时增加了 VVOCs 组分酯类的释放，浓度升高 177.28 μg/m^3。PU 涂料饰面增加了柞木 VOCs 组分芳香族化合物和酯类气味化合物的释放，浓度分别增加了 117.68 μg/m^3 和 239.39 μg/m^3，但对柞木释放 VVOCs 气味组分中酯类与其他类的释放具有一定的抑制作用，浓度相比无涂饰处理分别降低了 64.19 μg/m^3 和 43.32 μg/m^3。水性涂料饰面增加了柞木 VOCs 组分酯类和醇类气味化合物的释放，浓度分别升高 217.17 μg/m^3 和 70.50 μg/m^3，但对柞木释放 VVOCs 气味组分中酯类、醇类与其他类的释放具有一定的抑制作用。经 UV 涂料涂饰处理后，板材的总气味强度降低。经 PU 涂料和水性涂料处理后，板材总气味强度升高。UV 涂料饰面柞木的总气味强度最低(6.50)，其次是未经处理的柞木(8.20)、水性涂料饰面柞木(10.60)和 PU 涂料饰面柞木(18.60)。

5.2　涂饰木材关键气味活性化合物鉴定及对比分析

5.2.1　不同涂饰涂料单品成分测定

为得到涂饰涂料单品的气味释放组分，使用涂饰于不具有类似木材孔隙结构的玻璃片上的单品涂料进行试验，以得到未与木材本身成分作用的不同涂饰涂料单品的成分(表 5-4)。

表 5-4　涂饰涂料单品气味成分测定

不同涂饰涂料	释放气味成分
PU 涂料	1,2,3-三甲基苯、1,2,4-三甲基苯、1-甲氧基-2-丙醇、1-亚甲基-1*H*-茚、2-甲基丙酸，1-(1,1-二甲基乙基)-2-甲基-1,3-丙二酯、2-戊醇乙酸酯、丁基羟基甲苯、对二甲苯、己醛、甲苯、邻苯二甲酸二甲酯、戊二酸二甲酯、乙苯、乙醇、乙酸-1-甲氧基-2-丙酯、乙酸-2-甲基丙酯、乙酸丁酯、正己烷

续表

不同涂饰涂料	释放气味成分
UV 涂料	1-亚甲基-1*H*-茚、苯甲醛、对二甲苯、癸醛、甲苯、联苯、邻苯二甲酸二甲酯、壬醛、辛醛、乙苯、乙醇、乙酸乙酯、正己烷
水性涂料	2-(2-羟基丙氧基)-1-丙醇、2-甲基丙酸-1-(1,1-二甲基乙基)-2-甲基-1,3-丙二酯、2-乙基-1-己醇、乙酸、丁基羟基甲苯、对二甲苯、甲苯、邻苯二甲酸二甲酯、乙苯、乙醇、正己烷

5.2.2　涂饰酸枣木气味活性化合物鉴定

对不同涂料饰面酸枣木释放气味活性化合物进行鉴定，同时加入酸枣木素板的气味活性化合物数据以更好地对比分析。通过 GC-MS-O 技术鉴定得到包括酸枣木无饰面、PU 涂料饰面、UV 涂料饰面和水性涂料饰面酸枣木释放的 39 种气味活性化合物，其中包括气味组分芳香族化合物 14 种、烷烃类 1 种、烯烃化合物 3 种、醛酮类化合物 5 种、酯类化合物 7 种、醇类化合物 8 种、酸类化合物 1 种(表 5-5)。

表 5-5　涂饰酸枣木气味活性化合物鉴定

序号	化学式	化合物	气味特征	气味强度			
				无饰面	PU 涂料涂饰	UV 涂料涂饰	水性涂料涂饰
1	C_7H_8	甲苯	芳香	1.6	1.2	1.6	1.2
2	C_8H_{10}	邻二甲苯	甜香/芳香	0.8	0	0	0
3	C_8H_{10}	乙苯	芳香	3.0	3.0	2.7	1.7
4	C_8H_{10}	1,3-二甲基苯	金属气味	2.3	0	1.9	1.6
5	C_8H_{10}	对二甲苯	芳香/甜香	0	1.8	0.7	0
6	C_7H_6O	苯甲醛	杏仁香	1.2	0	0	0
7	C_9H_{12}	1,2,4-三甲基苯	芳香	0	0.6	0	0
8	C_9H_{12}	1,2,3-三甲基苯	留兰香糖香	0	2.6	0	0
9	C_8H_8O	苯乙酮	甜香	0.8	0	0.3	0
10	$C_{10}H_8$	1-亚甲基-1*H*-茚	木材香	2.0	0	1.7	0
11	$C_{15}H_{24}O$	丁基羟基甲苯	清凉感/薄荷香	1.0	0.5	0	0
12	$C_{12}H_8O$	二苯并呋喃	混合香	1.2	0	0	0
13	$C_{10}H_{10}O_4$	邻苯二甲酸二甲酯	芳香	0.3	0	0	0
14	$C_{13}H_{10}$	芴	芳香	0.9	0	0	0

续表

序号	化学式	化合物	气味特征	气味强度			
				无饰面	PU涂料涂饰	UV涂料涂饰	水性涂料涂饰
15	C_6H_{14}	己烷	汽油香	0.8	0	0	0
16	$C_{10}H_{16}$	2,6,6-三甲基双环[3.1.1]庚-2-烯	松香/刺鼻气味/鱼腥味	2.8	0	0	0
17	$C_{10}H_{16}$	柠檬烯	柠檬皮香	2.8	0	0	0
18	$C_{15}H_{24}$	古巴烯	坚果香	0	0	0	2.3
19	$C_6H_{12}O$	己醛	青草香	1.6	1.6	0	0
20	$C_8H_{16}O$	辛醛	柑橘香	2.2	0	2.0	0
21	$C_9H_{18}O$	壬醛	柑橘香	1.4	1.0	1.0	1.0
22	$C_{10}H_{20}O$	癸醛	肥皂香/柑橘香	2.0	1.5	1.3	1.5
23	$C_7H_{14}O$	庚醛	油脂香	0.7	0	0	0
24	$C_4H_8O_2$	乙酸乙酯	果香	0	2.7	4.3	2.5
25	$C_6H_{12}O_2$	乙酸-2-甲基丙酯	果香	0	2.6	0	0
26	$C_6H_{12}O_2$	乙酸丁酯	果香	0	2.5	0.9	0
27	$C_7H_{14}O_2$	2-戊醇乙酸酯	花香	0	2.5	0	0
28	$C_6H_{12}O_3$	乙酸-1-甲氧基-2-丙酯	甜香	0	1.2	0	0
29	$C_7H_{12}O_4$	戊二酸二甲酯	宜人香	0	2.0	0	0
30	$C_{16}H_{30}O_4$	2-甲基丙酸-1-(1,1-二甲基乙基)-2-甲基-1,3-丙二酯	消毒液味	1.9	2.3	2.3	3.6
31	C_2H_6O	乙醇	酒香	1.2	1.5	2.5	1.4
32	$C_4H_{10}O$	2-丁醇	宜人香	0	0.7	0	0
33	$C_4H_{10}O$	1-丁醇	酒香	0	1.1	0.8	0.8
34	$C_4H_{10}O_2$	1-甲氧基-2-丙醇	宜人香	0	0.6	0	0
35	$C_5H_{12}O$	2-戊醇	酒香	0	0.4	0	0
36	$C_8H_{18}O$	2-乙基-1-己醇	花香	1.5	0	1.6	1.2
37	$C_6H_{14}O_3$	2-(2-羟基丙氧基)-1-丙醇	香烟味	0	0	0	2.8
38	$C_{10}H_{18}O$	桉树醇	樟脑香	0.7	0	0	0
39	$C_2H_4O_2$	乙酸	醋香	1.0	0.9	0	0.5

根据气味活性化合物强度分级判定，筛选气味强度大于 2.0 的气味活性化合物，得到对三种涂料饰面气味影响较大的关键气味活性化合物。在 PU 涂料饰面酸枣木中共得到 8 种对气味影响较大的关键气味活性化合物，分别为乙苯(3 号)、1,2,3-三甲基苯(8 号)、乙酸乙酯(24 号)、乙酸-2-甲基丙酯(25 号)、乙酸丁酯(26 号)、2-戊醇乙酸酯(27 号)、戊二酸二甲酯(29 号)、2-甲基丙酸-1-(1,1-二甲基乙基)-2-甲基-1,3-丙二酯(30 号)；在 UV 涂料饰面酸枣木中共得到 5 种对气味影响较大的关键气味活性化合物，分别为乙苯(3 号)、辛醛(20 号)、乙酸乙酯(24 号)、2-甲基丙酸-1-(1,1-二甲基乙基)-2-甲基-1,3-丙二酯(30 号)和乙醇(31 号)；在水性涂料饰面酸枣木中共得到 4 种对气味影响较大的关键气味活性化合物，分别为古巴烯(18 号)、乙酸乙酯(24 号)、2-甲基丙酸-1-(1,1-二甲基乙基)-2-甲基-1,3-丙二酯(30 号)和 2-(2-羟基丙氧基)-1-丙醇(37 号)。

根据表 5-5 绘制得到 PU 涂料、UV 涂料和水性涂料饰面酸枣木气味活性化合物对比图(图 5-4)。发现涂饰处理后，10 种酸枣木释放的气味活性化合物邻二甲苯(2 号)、苯甲醛(6 号)、二苯并呋喃(12 号)、邻苯二甲酸二甲酯(13 号)、芴(14 号)、己烷(15 号)、2,6,6-三甲基双环[3.1.1]庚-2-烯(16 号)、柠檬烯(17 号)、庚醛(23 号)和桉树醇(38 号)的气味强度降低为 0，说明 PU 涂料、UV 涂料和水性涂料饰面对酸枣木释放的一些气味活性化合物起到了良好的封闭作用。同时，三种涂料对酸枣木释放部分气味活性化合物具有一定的封闭作用。三种涂饰处理后，酸枣木释放 11 种气味活性化合物甲苯(1 号)、乙苯(3 号)、1,3-二甲基苯(4 号)、苯乙酮(9 号)、1-亚甲基-1*H*-茚(10 号)、丁基羟基甲苯(11 号)、己醛(19 号)、辛醛(20 号)、壬醛(21 号)、癸醛(22 号)、乙酸(39 号)中，除了甲苯在涂饰 UV 涂料和乙苯、己醛涂饰 PU 涂料后气味强度未发生变化外，其他气味物质的强度呈现不同程度的降低。

与此同时，三种涂料涂饰酸枣木也增加了一些气味活性化合物的释放。发现 PU 涂料涂饰酸枣木后共增加了 13 种气味活性化合物的释放，相比 PU 涂料，UV 涂料和水性涂料涂饰酸枣木后增加的气味活性化合物种类相对较少，均增加了 4 种气味活性化合物。其中 PU 涂料增加了乙酸乙酯(24 号)、1,2,3-三甲基苯(8 号)、乙酸-2-甲基丙酯(25 号)、乙酸丁酯(26 号)、2-戊醇-乙酸酯(27 号)、戊二酸-二甲酯(29 号)、对二甲苯(5 号)、乙酸-1-甲氧基-2-丙酯(28 号)、1-丁醇(33 号)、2-丁醇(32 号)、1,2,4-三甲基苯(7 号)、1-甲氧基-2-丙醇(34 号)和 2-戊醇(35 号)气味活性化合物的释放，其气味强度分别为 2.7、2.6、2.6、2.5、2.5、2.0、1.8、1.2、1.1、0.7、0.6、0.6 和 0.4。UV 涂料增加了乙酸乙酯(24 号)、乙酸丁酯(26 号)、1-丁醇(33 号)、对二甲苯(5 号)气味活性化合物的释放，其气味强度分别为 4.3、0.9、0.8 和 0.7。水性涂料增加了 2-(2-羟基丙氧基)-1-丙醇(37 号)、乙酸乙酯(24 号)、古巴烯(18 号)和 1-丁醇(33 号)气味活性化合物的释放，其气味强度分别为 2.8、2.5、2.3 和 0.8。2-甲基丙酸-1-(1,1-二甲基乙基)-2-甲基-1,3-丙二酯(30 号)和乙醇(31 号)在三种涂饰处理后气味强度升高。2-乙基-1-己醇(36 号)在涂饰 UV 涂料后气味强度略微升高了 0.1，在水性涂料涂饰处理后气味强度降低了 0.3，PU 涂料抑制了酸枣木中该物质的释放，气味强度为 0。

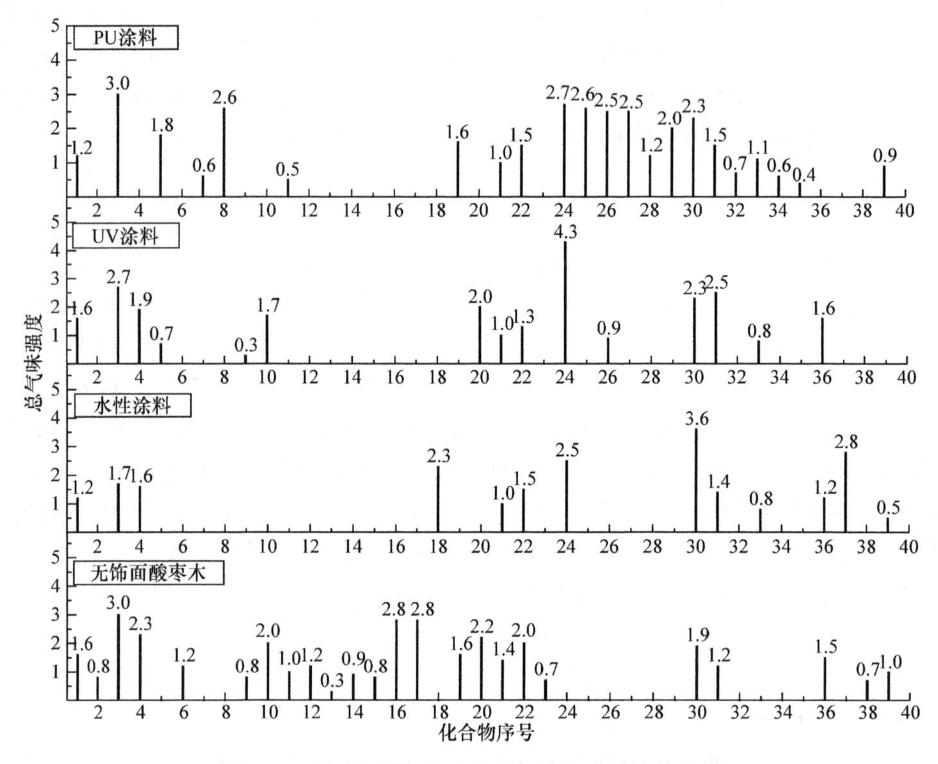

图 5-4 不同涂料饰面酸枣木释放气味活性化合物

横坐标数字与表 5-5 中序号对应

5.2.3 涂饰水曲柳气味活性化合物鉴定

对不同涂料饰面水曲柳和水曲柳素板释放气味活性化合物进行鉴定。通过 GC-MS-O 技术鉴定得到包括水曲柳无饰面、PU 涂料饰面、UV 涂料饰面和水性涂料饰面水曲柳释放的 23 种气味活性化合物，其中包括气味组分芳香族化合物 4 种、烷烃类 2 种、烯烃类 1 种、醛酮类化合物 2 种、酯类化合物 9 种、醇类化合物 3 种、其他类化合物 2 种(表 5-6)。发现涂饰水曲柳释放气味活性化合物种类不多且气味强度普遍不高。根据表 5-6 绘制得到 PU 涂料、UV 涂料和水性涂料饰面水曲柳气味活性化合物对比图(图 5-5)。

表 5-6　涂饰水曲柳气味活性化合物鉴定

序号	化学式	化合物	气味特征	气味强度			
				无饰面	PU 涂料涂饰	UV 涂料涂饰	水性涂料涂饰
1	$C_{10}H_{16}$	2,6,6-三甲基双环[3.1.1]庚-2-烯	松香	0	1.1	0	1.0
2	C_9H_{12}	1,2,4-三甲基苯	留兰香糖香	0	0.6	0	0
3	C_8H_{10}	1,3-二甲基苯	金属味	0	1.4	0	0
4	$C_6H_{12}O_3$	1-甲氧基-2-丙基乙酸酯	甜香	0	1.0	0	0
5	$C_7H_{16}O_3$	2-(2-甲氧基丙氧基)-1-丙醇	不愉快感	0	0	0	1.3
6	$C_6H_{14}O_3$	2-(2-羟基丙氧基)-1-丙醇	烟草香	0	0	0	3.1
7	$C_5H_8O_2$	2-甲基-2-丙烯酸甲酯	刺激感/果香	0.5	0.4	0.4	0
8	$C_{16}H_{30}O_4$	2-甲基丙酸-1-(1,1-二甲基乙基)-2-甲基-1,3-丙二酯	消毒液味	2.2	0	0	4.1
9	$C_7H_{14}O_2$	2-戊醇乙酸酯	花香	0	0.5	0	0
10	C_3H_6O	丙酮	果香	0.5	0	0	0
11	$C_2H_4O_2$	乙酸	醋香	2.8	0.5	0	1.1
12	C_8H_{10}	对二甲苯	芳香/甜香	0.7	0.7	0.7	0.7
13	$C_6H_{12}O$	己醛	芳香	0	0.5	0	0
14	C_7H_{14}	甲基环己烷	芳香	0.4	0	0	0
15	$C_7H_{12}O_4$	戊二酸二甲酯	宜人香	0	0.4	0	0
16	$C_5H_{10}O_2$	戊酸	不愉快感	0	0	0	0.3
17	C_8H_{18}	辛烷	汽油味	0.4	0	0.4	0
18	C_8H_{10}	乙苯	芳香	0	0.5	0	0
19	C_2H_6O	乙醇	酒香	1.3	0.9	1.1	0.8
20	$C_6H_{12}O_2$	乙酸-1-甲基丙酯	果香	0	1.2	0	0
21	$C_6H_{12}O_2$	乙酸-2-甲基丙酯	果香	0	0.4	0	0
22	$C_6H_{12}O_2$	乙酸丁酯	果香	0	1.0	0	0
23	$C_4H_8O_2$	乙酸乙酯	果香	0.9	0.4	2.7	0.5

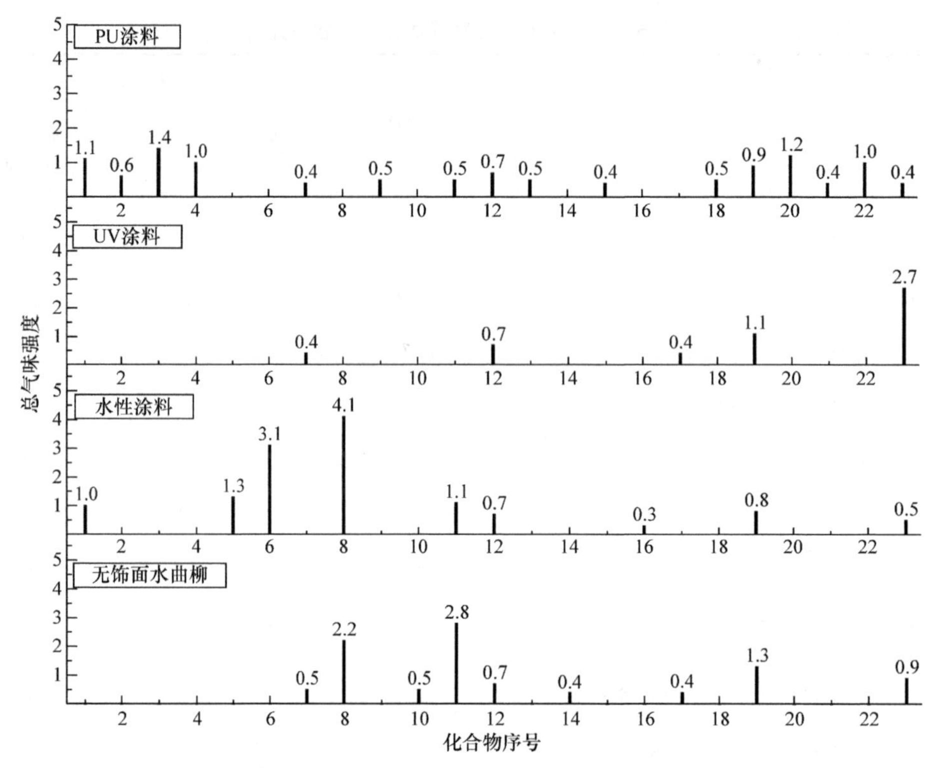

图 5-5　不同涂料饰面水曲柳释放气味活性化合物

横坐标数字与表 5-6 中序号对应

发现涂饰处理后，5 种水曲柳释放的气味活性化合物，即乙酸(11 号)、乙醇(19 号)、2-甲基-2-丙烯酸甲酯(7 号)、丙酮(10 号)、甲基环己烷(14 号)的气味强度发生不同程度的降低，其中丙酮和甲基环己烷经三种涂饰后气味强度降低为0。PU 涂料和水性涂料抑制了辛烷(17 号)和乙酸乙酯(23 号)的释放。PU 涂料和 UV 涂料抑制了 2-甲基丙酸-1-(1,1-二甲基乙基)-2-甲基-1,3-丙二酯(8 号)的释放。这说明 PU 涂料、UV 涂料和水性涂料饰面对水曲柳释放的部分气味活性化合物具有一定的封闭作用。与此同时三种涂料涂饰水曲柳时也增加了一些气味活性化合物的释放。发现水性涂料饰面增加了 2-(2-羟基丙氧基)-1-丙醇(6 号)、2-(2-甲氧基丙氧基)-1-丙醇(5 号)、戊酸(16 号)和 2,6,6-三甲基双环[3.1.1]庚-2-烯(1 号)4 种气味活性化合物的释放，气味强度分别为 3.1、1.3、0.3、1.0。另外，2-甲基丙酸-1-(1,1-二甲基乙基)-2-甲基-1,3-丙二酯(8 号)的气味强度升高。PU 涂料饰面增加了 2,6,6-三甲基双环[3.1.1]庚-2-烯(1 号)、1,3-二甲基苯(3 号)、乙酸-1-甲基丙酯(20 号)、1-甲氧基-2-丙基乙酸酯(4 号)、乙酸丁酯(22 号)、1,2,4-三甲基苯(2 号)、乙苯(18 号)、己醛(13 号)、2-戊醇，乙酸酯(9 号)、戊二酸-二甲酯(15 号)、乙酸-2-甲基丙酯(21 号)11 种气味活性化合物的释放，气味强度分别为 1.1、1.4、1.2、1.0、1.0、0.6、0.5、0.5、0.5、0.4 和 0.4。对二甲苯(12 号)在三种涂料涂饰后气味强度未发生改变。乙酸乙酯(23 号)在涂饰 UV 涂料后气味强度升高了 1.8。

5.2.4 涂饰柞木气味活性化合物鉴定

对不同涂料饰面柞木和柞木素板释放气味活性化合物进行鉴定。通过 GC-MS-O 技术鉴定得到包括柞木无饰面、PU 涂料饰面、UV 涂料饰面和水性涂料饰面柞木释放的 21 种气味活性化合物，其中包括气味组分芳香族化合物 4 种、醛酮类化合物 1 种、酯类化合物 9 种、醇类化合物 6 种、其他类化合物 1 种(表 5-7)。发现涂饰柞木释放气味活性化合物种类不多且气味强度普遍不高。根据表 5-7 绘制得到 PU 涂料、UV 涂料和水性涂料饰面柞木气味活性化合物对比图(图 5-6)。

表 5-7　涂饰柞木气味活性化合物鉴定

序号	化学式	化合物	气味特征	气味强度			
				无饰面	PU 涂料涂饰	UV 涂料涂饰	水性涂料涂饰
1	C_9H_{12}	1,2,3-三甲基苯	留兰香糖香	0	1.0	0	0
2	C_8H_{10}	1,3-二甲基苯	金属气味	0	1.5	0.6	0
3	$C_4H_{10}O$	1-丁醇	酒香	0	1.0	0	0
4	$C_4H_{10}O_2$	1-甲氧基-2-丙醇	宜人香	0	0.6	0	0
5	$C_6H_{12}O_3$	1-甲氧基-2-丙基乙酸酯	甜香	0	0.8	0	0
6	$C_7H_{16}O_3$	2-(2-甲氧基丙氧基)-1-丙醇	不愉快感	0	0	0	0.5
7	$C_6H_{14}O_3$	2-(2-羟基丙氧基)-1-丙醇	烟草香	0	0	0	2.5
8	$C_{16}H_{30}O_4$	2-甲基丙酸-1-(1,1-二甲基乙基)-2-甲基-1,3-丙二酯	消毒液味	0	2.0	0	3.1
9	$C_5H_8O_2$	2-甲基-2-丙烯酸甲酯	刺激感/果香	0.5	0	0	0
10	$C_7H_{14}O_2$	2-戊醇乙酸酯	花香	0	0.6	0	0
11	$C_8H_{18}O$	2-乙基-1-己醇	花香	1.0	0	1.0	1.0
12	$C_2H_4O_2$	乙酸	醋香	3.0	2.5	0.8	1.0
13	C_8H_{10}	对二甲苯	芳香/甜香	1.0	1.0	0.5	1.0
14	$C_6H_{12}O$	己醛	青草香	0.3	0.3	0	0
15	$C_7H_{12}O_4$	戊二酸二甲酯	宜人香	0	1.0	0	0
16	C_8H_{10}	乙苯	芳香	0	1.8	0	0

续表

序号	化学式	化合物	气味特征	气味强度			
				无饰面	PU 涂料涂饰	UV 涂料涂饰	水性涂料涂饰
17	C_2H_6O	乙醇	酒香	1.0	0.5	0.8	0.5
18	$C_6H_{12}O_2$	乙酸-1-甲基丙酯	果香	0	1.3	0	0
19	$C_6H_{12}O_2$	乙酸-2-甲基丙酯	果香	0	0.5	0	0
20	$C_6H_{12}O_2$	乙酸丁酯	果香	0	1.2	0	0
21	$C_4H_8O_2$	乙酸乙酯	果香	1.4	1.0	2.8	1.0

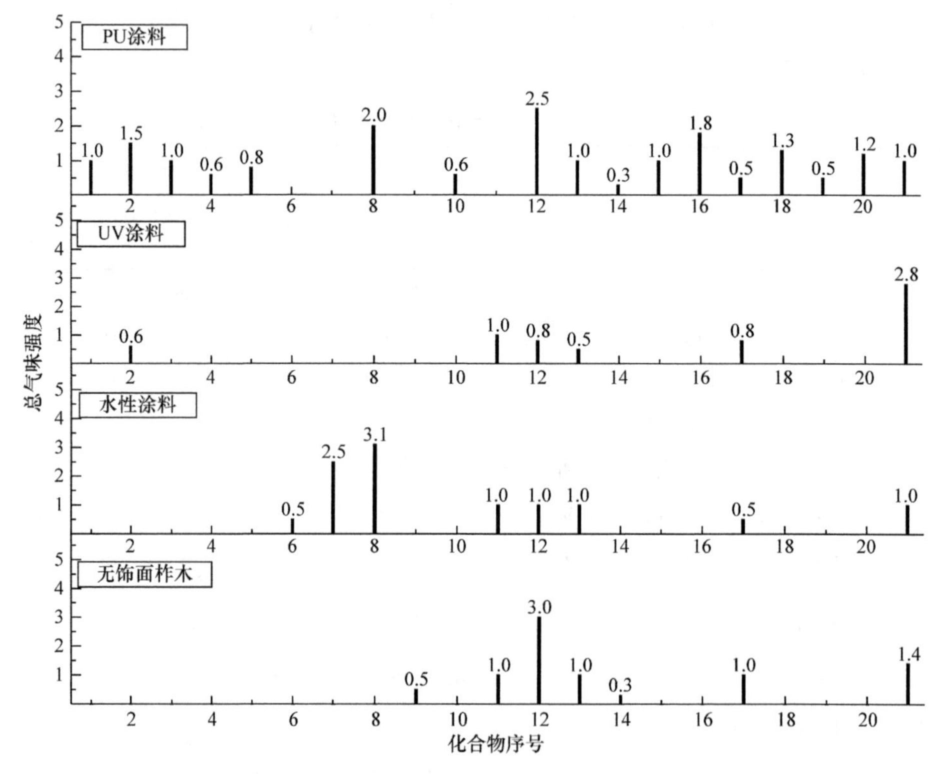

图 5-6　不同涂料饰面柞木释放气味活性化合物
横坐标数字与表 5-7 中序号对应

发现涂饰处理后，三种柞木释放的气味活性化合物，即 2-甲基-2-丙烯酸甲酯(9 号)、乙酸(12 号)和乙醇(17 号)的气味强度发生不同程度的降低，其中 2-甲基-2-丙烯酸甲酯在三种涂饰后气味强度降低为 0。与此同时，PU 涂料和水性涂料抑制了乙酸乙酯(21 号)的释放，UV 涂料和水性涂料抑制了己醛(14 号)的释放，PU

涂料和 UV 涂料分别抑制了 2-乙基-1-己醇(11 号)和对二甲苯(13 号)的释放。这说明 PU 涂料、UV 涂料和水性涂料饰面对柞木释放的部分气味活性化合物具有一定的封闭作用。三种涂料涂饰柞木的同时也增加了一些气味活性化合物的释放。发现 PU 涂料饰面增加了 1,2,3-三甲基苯(1 号)、1,3-二甲基苯(2 号)、1-甲氧基-2-丙基乙酸酯(5 号)、2-甲基丙酸-1-(1,1-二甲基乙基)-2-甲基-1,3-丙二酯(8 号)、1-丁醇(3 号)、1-甲氧基-2-丙醇(4 号)、2-戊醇乙酸酯(10 号)、戊二酸二甲酯(15 号)、乙苯(16 号)、乙酸-1-甲基丙酯(18 号)、乙酸-2-甲基丙酯(19 号)和乙酸丁酯(20 号)12 种气味活性化合物的释放，气味强度分别由 0 增加至 1.0、1.5、0.8、2.0、1.0、0.6、0.6、1.0、1.8、1.3、0.5 和 1.2。水性涂料饰面增加了 2-(2-甲氧基丙氧基)-1-丙醇(6 号)、2-(2-羟基丙氧基)-1-丙醇(7 号)和 2-甲基丙酸-1-(1,1-二甲基乙基)-2-甲基-1,3-丙二酯(8 号)三种气味活性化合物的释放，气味强度分别由 0 升高至 0.5、2.5 和 3.1。1,3-二甲基苯(2 号)和乙酸乙酯(21 号)在涂饰 UV 涂料后气味强度分别升高了 0.6 和 1.4。

5.3　涂饰木材气味轮廓图谱表达

5.3.1　不同涂饰酸枣木气味轮廓图谱

基于 GC-MS-O 气味鉴定分析得到的气味特征，对不同涂饰酸枣木的气味进行整理分类，同时对比无饰面酸枣木气味轮廓图谱进行分析，得到 PU 涂料、UV 涂料、水性涂料饰面酸枣木的气味轮廓强度，如表 5-8 所示。同时根据表 5-8 绘制涂饰酸枣木气味轮廓图谱(图 5-7)，发现不同涂饰酸枣木气味轮廓主要为木质调、苷苔调、柑橘调、绿叶调、刺鼻调、美食调、果香调、花香调、化学物调和其他调。未发现属于皮革调的气味轮廓。

PU、UV 和水性三种涂料饰面对酸枣木木质调、苷苔调、柑橘调和刺鼻调这四种气味轮廓具有较好的封闭性。经过 PU、UV 和水性三种涂料涂饰处理后，酸枣木这四种气味轮廓强度均不同程度的降低。其中，木质调分别降低了 4.8、3.1 和 2.0，苷苔调分别降低了 2.3、0.4 和 0.7，柑橘调分别降低了 6.4、4.8 和 6.4，刺鼻调在不同涂饰处理后由 3.6 降低为 0。其他调气味轮廓的强度在涂饰 UV 和水性涂料后由 1.2 降低为 0，而经 PU 涂料处理后强度升高了 2.1。绿叶调在涂饰 UV 和水性涂料后强度由 3.6 降低为 0，在 PU 涂料处理后强度升高了 1.6。美食调气味轮廓的强度在涂饰 UV 和水性涂料后强度分别降低了 1.4 和 0.7，在 PU 涂料处理后强度升高了 1.2。PU、UV 和水性涂料涂饰处理增加了酸枣木果香调气味轮廓的印象。经过 PU、UV 和水性三种涂料涂饰处理后，果香调的气味轮廓强度分别升高至 7.8、5.2 和 2.5。花香调气味轮廓在涂饰 PU 涂料

表 5-8　不同涂饰酸枣木气味轮廓强度

气味轮廓	强度			
	无饰面	PU 涂料	UV 涂料	水性涂料
木质调	4.8	0	1.7	2.8
其他调	1.2	3.3	0	0
苷苔调	2.3	0	1.9	1.6
柑橘调	10.4	4.0	5.6	4.0
绿叶调	3.6	5.2	0	0
刺鼻调	3.6	0	0	0
美食调	5.7	6.9	4.3	5.0
果香调	0	7.8	5.2	2.5
花香调	8.1	9.1	6.6	4.1
化学物调	2.6	2.3	2.3	3.6

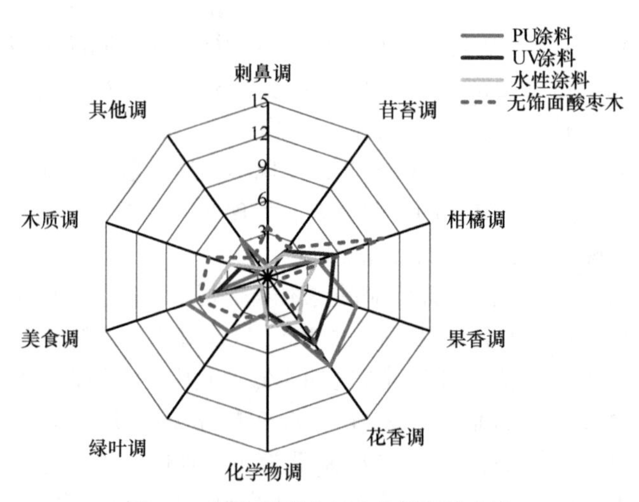

图 5-7　涂饰酸枣木气味轮廓图谱表达

后强度升高了 1.0，在 UV 和水性涂料处理后强度分别降低了 1.5 和 4.0。三种涂饰处理对化学物调的影响不大，化学物调轮廓强度经 PU 涂料涂饰和 UV 涂料涂饰后均降低了 0.3，经水性涂料涂饰后升高了 1.0。

5.3.2　不同涂饰水曲柳气味轮廓图谱

基于 GC-MS-O 气味鉴定分析得到的气味特征，对不同涂饰水曲柳的气味进行整理分类，同时对比无饰面水曲柳气味轮廓图谱进行分析，得到 PU 涂料、UV 涂料、水性涂料饰面水曲柳的气味轮廓强度，如表 5-9 所示。同时根据表 5-9 绘制涂饰水曲柳气味轮廓图谱(图 5-8)，发现不同涂饰水曲柳气味轮廓主要为刺鼻调、果香调、花香调、化学物调、绿叶调、美食调、木质调和其他调。

表 5-9　不同涂饰水曲柳气味轮廓强度

气味轮廓	强度			
	无饰面	PU 涂料	UV 涂料	水性涂料
刺鼻调	0.9	0.4	0.8	0
果香调	1.9	3.4	3.1	0.5
花香调	1.1	3.6	0.7	0.7
化学物调	2.2	0	0	4.1
绿叶调	0	0.6	0	0
美食调	4.8	4.5	1.8	2.6
木质调	0	1.1	0	4.1
其他调	0	0.4	0	1.6

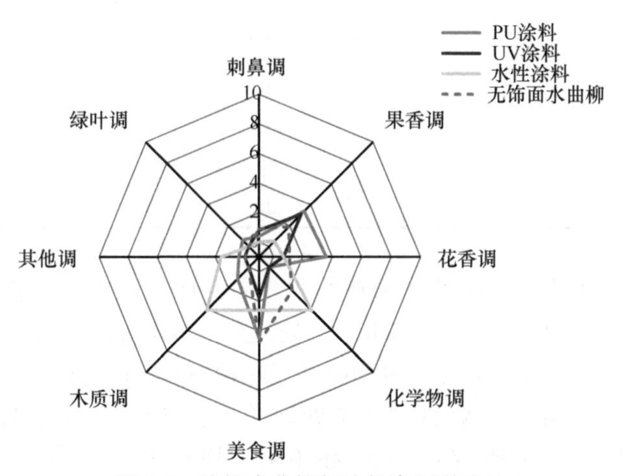

图 5-8　涂饰水曲柳气味轮廓图谱表达

PU 涂料涂饰处理增加了水曲柳果香调、花香调、绿叶调、其他调和木质调气味轮廓的印象，处理后气味轮廓强度分别升高了 1.5、2.5、0.6、0.4 和 1.1，对刺鼻调、化学物调和美食调三种气味轮廓具有较好的封闭性，处理后气味轮廓强度分别降低了 0.5、2.2 和 0.3。UV 涂料涂饰处理增加了水曲柳果香调的印象，处理后气味轮廓强度升高了 1.2，对刺鼻调、化学物调、花香调和美食调具有不同程度的封闭作用，处理后气味轮廓强度分别降低了 0.1、2.2、0.4 和 3.0。水性涂料涂饰处理增加了水曲柳化学物调、木质调和其他调的印象，处理后气味轮廓强度分别升高了 1.9、4.1 和 1.6，对果香调、花香调和美食调具有不同程度的封闭作用，处理后气味轮廓强度分别降低了 1.4、0.4 和 2.2。

5.3.3　不同涂饰柞木气味轮廓图谱

基于 GC-MS-O 气味鉴定分析得到的气味特征，对不同涂饰柞木的气味进行整理分类，同时对比无饰面柞木气味轮廓图谱进行分析，得到 PU 涂料、UV 涂料、水性涂料饰面柞木的气味轮廓强度，如表 5-10 所示。同时根据表 5-10 绘制涂饰柞木气味轮廓图谱(图 5-9)，发现不同涂饰柞木气味轮廓主要为刺鼻调、苷苔调、果香调、花香调、化学物调、绿叶调、美食调、木质调和其他调。

表 5-10　不同涂饰柞木气味轮廓强度

气味轮廓	强度			
	无饰面	PU 涂料	UV 涂料	水性涂料
刺鼻调	0.5	0	0	0
苷苔调	0	1.5	0.6	0
果香调	1.9	4.0	2.8	1.0
花香调	2.0	3.4	1.5	2.0
化学物调	0	2.0	0	3.1
绿叶调	0.3	1.3	0	0
美食调	5.0	5.8	2.1	2.5
木质调	0	0	0	2.5
其他调	0	1.6	0	0.5

PU 涂料涂饰处理增加了柞木苷苔调、果香调、花香调、化学物调、绿叶调、美食调和其他调气味轮廓的印象，处理后气味轮廓强度分别升高了 1.5、2.1、3.4、2.0、1.0、0.8 和 1.6，对刺鼻调气味轮廓具有较好的封闭性，处理后气味轮廓强度降低了 0.5。UV 涂料涂饰处理增加了柞木苷苔调和果香调的印象，处理后气味轮廓强度分别升高了 0.6 和 0.9，对刺鼻调、花香调、绿叶调和美食调具有不同程度的封闭作用，处理后气味轮廓强度分别降低了 0.5、0.5、0.3 和 2.9。水性涂料涂饰处理增加了柞木化学物调、木质调和其他调的印象，处理后气味轮廓强度由 0 分别升高至 3.1、2.5 和 0.5，对绿叶调、美食调和果香调具有不同程度的封闭作用，处理后气味轮廓强度分别降低了 0.3、2.5 和 0.9。

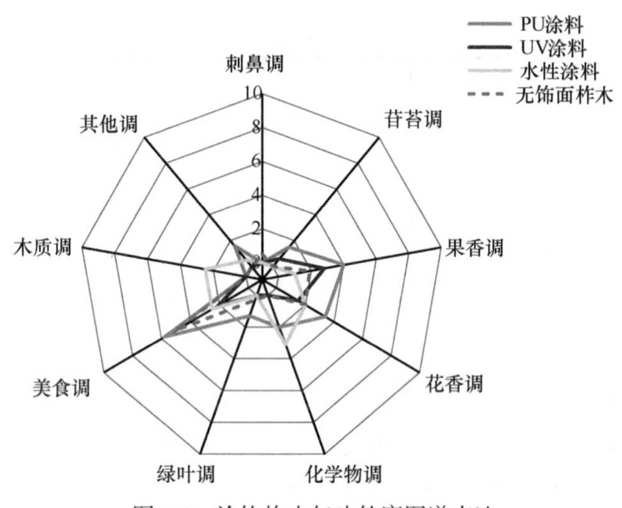

图 5-9　涂饰柞木气味轮廓图谱表达

5.4　涂饰木材异味主控物质清单的建立

对上述树种木材在不同涂料涂饰后的气味活性化合物进行归纳整合，依据气味强度对气味活性化合物进行筛选，保留至少在一种板材中存在的气味强度大于 1.0 的气味活性化合物，得到 PU、UV 和水性涂饰木材异味主控物质清单，如表 5-11 所示。

表 5-11　涂饰涂料饰面木材异味主控物质清单

序号	化学式	化合物	气味特征	涂料
1	$C_4H_8O_2$	乙酸乙酯	果香	PU、UV、水性
2	$C_6H_{12}O_2$	乙酸丁酯	果香	PU
3	$C_6H_{12}O_3$	乙酸-1-甲氧基-2-丙酯	甜香	PU
4	$C_6H_{12}O_2$	乙酸丁酯	果香	PU
5	$C_6H_{12}O_2$	乙酸-1-甲基丙酯	果香	PU
6	$C_6H_{12}O_2$	乙酸-2-甲基丙酯	果香	PU
7	C_2H_6O	乙醇	酒香	PU、UV、水性
8	C_8H_{10}	乙苯	芳香	PU、UV、水性
9	$C_8H_{16}O$	辛醛	柑橘香	UV
10	$C_7H_{12}O_4$	戊二酸二甲酯	宜人香	PU
11	$C_9H_{18}O$	壬醛	柑橘香	PU、UV、水性

续表

序号	化学式	化合物	气味特征	涂料
12	C_7H_8	甲苯	芳香	PU、UV、水性
13	$C_6H_{12}O$	己醛	青草香	PU
14	$C_{10}H_{20}O$	癸醛	肥皂香/柑橘香	PU、UV、水性
15	$C_{15}H_{24}$	古巴烯	坚果香	水性
16	C_8H_{10}	对二甲苯	芳香/甜香	PU、水性
17	$C_2H_4O_2$	乙酸	醋香	PU、水性
18	$C_8H_{18}O$	2-乙基-1-己醇	花香	UV、水性
19	$C_7H_{14}O_2$	2-戊醇乙酸酯	花香	PU
20	$C_{16}H_{30}O_4$	2-甲基丙酸-1-(1,1-二甲基乙基)-2-甲基-1,3-丙二酯	消毒液味	PU、UV、水性
21	$C_6H_{14}O_3$	2-(2-羟基丙氧基)-1-丙醇	烟草香	水性
22	$C_7H_{16}O_3$	2-(2-甲氧基丙氧基)-1-丙醇	不愉快感	水性
23	$C_{10}H_8$	1-亚甲基-1*H*-茚	木材香	UV
24	$C_6H_{12}O_3$	1-甲氧基-2-丙基乙酸酯	甜香	PU
25	$C_4H_{10}O$	1-丁醇	酒香	PU
26	C_8H_{10}	1,3-二甲基苯	金属气味	PU、UV、水性
27	C_9H_{12}	1,2,3-三甲基苯	留兰香糖香	PU
28	$C_{10}H_{16}$	2,6,6-三甲基双环[3.1.1]庚-2-烯	松香	PU、水性

5.5 本章小结

(1)使用 GC-MS-O 技术对不同涂料(PU 涂料、水性涂料、UV 涂料)涂饰酸枣木、水曲柳和柞木的释放组分和气味强度进行分析研究。三种树种木材涂饰后，VOCs 是 PU 涂料饰面板材和水性涂料饰面板材的主要释放组分，VVOCs 是 UV 涂料饰面板材的主要气味成分。涂饰板材的组分释放浓度及气味特性受板材本身特性影响较大，对比同一种板材不同涂料涂饰释放组分总浓度和总气味强度未发现明显规律。水性涂料饰面在酸枣木中表现出最优气味环保性，UV 涂料饰面在水曲柳和柞木中表现出最优气味环保性。整理三种树种木材不同涂饰后的气味活性化合物，得到 PU、UV 和水性涂料涂饰木材异味主控物质清单。

(2)根据神经科学家分析整理形成的人类感知气味类别的相关研究结果而成

的不同类型气味轮廓，对比三种不同涂饰酸枣木、水曲柳和柞木发现，PU 涂料和 UV 涂料饰面板材的主要气味轮廓特征均为花香调、美食调和果香调，水性涂料饰面板材的主要气味轮廓特征为木质调、化学物调、美食调和花香调。

(3) PU、UV 和水性涂料饰面对三种木材释放的部分气味活性化合物具有一定的封闭作用，与此同时也增加了一些气味活性化合物的释放。PU、UV 和水性三种涂料饰面对酸枣木木质调、苷苔调、柑橘调和刺鼻调这四种气味轮廓具有较好的封闭性，但增加了酸枣木果香调气味轮廓的印象。PU 涂料涂饰处理增加了水曲柳果香调、花香调、绿叶调、其他调和木质调气味轮廓的印象，对刺鼻调、化学物调和美食调三种气味轮廓具有较好的封闭性。UV 涂料涂饰处理增加了水曲柳果香调的印象，对刺鼻调、化学物调、花香调和美食调具有不同程度的封闭作用。水性涂料涂饰处理增加了水曲柳化学物调、木质调和其他调的印象，对果香调、花香调和美食调具有不同程度的封闭作用。PU 涂料涂饰处理增加了柞木苷苔调、果香调、花香调、化学物调、绿叶调、美食调和其他调气味轮廓的印象，对刺鼻调气味轮廓具有较好的封闭性。UV 涂料涂饰处理增加了柞木苷苔调和果香调的印象，对刺鼻调、花香调、绿叶调、美食调具有不同程度的封闭作用。水性涂料涂饰处理增加了柞木化学物调、木质调和其他调的印象，对绿叶调、美食调和果香调具有不同程度的封闭作用。

参 考 文 献

王启繁, 沈隽, 曾彬, 等. 2020. 漆饰贴面刨花板 VOCs 及气味释放研究. 林业科学, 56(5): 130-142.

Guadagni D G, Buttery R G, Okano S, et al. 1963. Additive effect of sub-threshold concentrations of some organic compounds associated with food aromas. Nature, 200: 1288.

Wang Q F, Shen J, Shao Y L, et al. 2019. Volatile organic compounds and odor emissions from veneered particleboards coated with water-based lacquer detected by gas chromatography-mass spectrometry/olfactometry. Eur J Wood Wood Prod, 77 (5): 771-781.

Wang Q F, Shen J, Shen X W, et al. 2018. Volatile organic compounds and odor emissions from alkyd resin enamel-coated particleboard. BioResources, 13 (3): 6837-6849.

Wang Q F, Shen J, Zeng B, et al. 2020. Identification and analysis of odor-active compounds from *Choerospondias axillaris* (Roxb.) Burtt et Hill with different moisture content levels and lacquer treatments. Sci Rep, 10: 9565.

Wang Q F, Zeng B, Shen J, et al. 2020. Effect of lacquer decoration on vocs and odor release from *P. neurantha* (Hemsl.) Gamble. Sci Rep, 10: 14856.

第 6 章　木材抽提物萃取气味化合物及溯源方法研究

除以上探究的因素外，不同的气味检测方法也可能造成木材气味研究结果的差异性。上述章节使用的 TD/GC-MS-O 技术作为一种快捷简便的现代分析手段，可富集所有可挥发性气味化合物。然而，除 TD/GC-MS-O 外，目前国外一般使用木材抽提物气味成分萃取稀释技术对木材含有的气味成分进行研究。本章使用木材抽提物气味成分萃取稀释技术，即联合使用溶剂辅助气味挥发(solvent-assisted flavor evaporation，SAFE)、气味提取物稀释分析(odor extract dilution analysis，OEDA)、中心切割二维高分辨率气相色谱-质谱/嗅觉测量(2D/GC-MS-O)技术及气相色谱-嗅觉测量(GC-O)技术和气相色谱-质谱(GC-MS)联用等方法，以欧洲常用速生树种欧洲白桦(垂枝桦)(*Betula pendula* Roth)(桦木科桦木属乔木落叶阔叶树种)为研究对象，对欧洲白桦含有的气味活性物质进行表征研究。旨在对比不同气味分析技术的差异性，对气味成分萃取稀释技术具有进一步更清晰的认识，同时在人们对于木材气味主要来源于木材内含有抽提物认识的基础上，深入探索木材气味的具体组成来源。

木材主要包括生物聚合物纤维素、半纤维素和木质素，以及少量无机化合物和抽提物。相关研究表明，大多数气味来源于大量存在于树脂道、树胶道和薄壁细胞中的抽提物。木材抽提物一般含有单宁、无机盐、碳水化合物、生物碱、色素、萜烯、脂肪、树脂、树胶、精油和蜡等近 700 多种化合物，其中挥发性气味成分主要包括萜类、酚类和脂肪酸三大类化学物质。因成分的形成原因复杂，其含量和化学组成也因树种、产地、部位、采伐季节、存放时间而异。然而，实际木材的气味不但来源于抽提物，还可能来自木质素、木材腐朽产生的异味等。本章研究的欧洲白桦具有结构细密、机械强度高、胶结性能好、切割面光滑的特点，是一种常用家具和装饰材料。目前对于该树种木材大多数研究是针对桦树树叶中精油的组成，对于桦木木材本身释放气味成分的研究十分有限。本章试验一方面确定桦木最强的气味活性物质和主要挥发性有机物质，对木材萃取得到气味组分的主要构成及来源进行分析研究；另一方面由经训练的感官小组成员对欧洲白桦气味构成进行感官分析鉴定，得到气味特征轮廓图，探索气味整体属性与气味活性化合物的关联性。

6.1　试验样品与化学试剂

1. 试验样品

研究使用两种分别生长于德国巴伐利亚州魏恩采尔(Weihenzell)和德国巴伐利亚州希尔特曼斯多夫(Hiltmannsdorf)的欧洲白桦作为试验材料。第一产地的样品由位于德国巴伐利亚州魏恩采尔的安斯巴赫-菲尔特林业合作社(Forstbetriebsgemeinschaft Ansbach-Fürth e.V.)提供，第二产地的样品由位于德国巴伐利亚州希尔曼斯多夫的私有林场提供，样品同时包括干燥木材和湿材。木材及样品号如表 6-1 所示。在试验开始前对样品进行预处理，木材样品被分离为树皮和木质部，木质部被切削成刨花(厚度<1 mm)，预处理后将样品密封并放置于–80℃的冷柜中储存。

表 6-1　欧洲白桦试验样品列表

样品号	树种	样品	样品状态	生长地(德国)
db-1	欧洲白桦	树皮	干燥	魏恩采尔(Weihenzell)
db-2	欧洲白桦	树皮	干燥	希尔特曼斯多夫(Hiltmannsdorf)
dbl-1	欧洲白桦	木质部	干燥	魏恩采尔(Weihenzell)
dbl-2	欧洲白桦	木质部	干燥	希尔特曼斯多夫(Hiltmannsdorf)
fb-2	欧洲白桦	树皮	湿材	希尔特曼斯多夫(Hiltmannsdorf)
fbl-2	欧洲白桦	木质部	湿材	希尔特曼斯多夫(Hiltmannsdorf)

2. 化学试剂

化学试剂包括：新蒸馏的二氯甲烷和无水硫酸钠(Th. Geyer GmbH & Co. KG，德国伦宁根)；为了测定保留指数，准备正构烷烃同系物在戊烷中的稀释溶液，包括戊烷(> 99%，Sigma-Aldrich，德国施泰因海姆)和正己烷到正十四烷的烷烃(Fluka，Sigma-Aldrich，德国施泰因海姆)。

其余化学试剂如下所示。来自 Sigma-Aldrich(德国施泰因海姆)的：2-苯乙醇(99%)；反式茴香脑(99%)；己醛(98%)；(*Z*)-4-庚烯醛(98%)；辛醛；1-辛烯-3-酮(50%)；(*E*)-2-辛烯醛(94%)；2-乙基-1-己醇(99%)；(*E*,*Z*)-2,6-壬二烯醛(95%)；3-甲基丁酸(99%)；(*E*,*E*)-2,4-壬二烯醛(85%)；β-大马烯酮(1.1 wt%)；己酸(99.5%)；庚酸(99%)；γ-壬内酯(98%)；辛酸(98%)；4-甲基苯酚(对甲酚)(99%)；γ-十内酯(98%)；癸酸(98%)；十二酸(98%)；苯乙酸(99%)；4-(4-

羟基苯基)丁-2-酮(覆盆子酮)(99%)；乙酸(99%)；癸醛；壬酸(97%)；6-甲基-5-庚-2-酮(98%)；二氢-5-甲基-2(3*H*)-呋喃酮(γ-戊内酯)(99%)；苯甲酸丁酯(99%)；3-羟基-4,5-二甲基-2(5*H*)-呋喃酮(糖内酯)(97%)；(±)-3,7-二甲基-1,6-辛二烯-3-醇(芳樟醇)(97%)。来自 SAFC 公司(德国施泰因海姆)的：3-甲基-2-丁烯醛(97%)；2-甲基丙酸(异丁酸)(99%)；2-十一烯醛(90%)；γ-十二内酯(97%)；6-庚四氢-2*H*-吡喃-2-酮(δ-十二内酯)(98%)；3-苯丙酸(99%)。来自 Fluka(德国施泰因海姆)的：苯酚(99%)；壬醛(95%)；苯甲醛(99%)；丁酸(99.5%)；戊酸(99%)。来自 ABCR(德国卡尔斯鲁厄)的：6-丙氧基-2-酮(δ-辛内酯)(98%)；(*E*)-2-辛烯酸(94%)；4-羟基-3-甲氧基苯甲醛(香草醛)(99%)。来自 TCI Europe(德国埃施博恩)的：(*E*)-3-癸烯酸(>80%)。来自 EGA Chemie(德国施泰因海姆)的：5-丁基氧杂-2-酮(γ-辛内酯)和来自 AromaLab(德国普拉内格)的 *trans*-4,5-环氧-(*E*)-2-癸烯醛(97%)。

6.2　试验思路与气味分析方法

6.2.1　试验思路

欧洲白桦气味活性化合物鉴定和感官特征分析试验思路如图 6-1 所示。试验对所有木材样品进行感官评定，同时对干燥欧洲白桦进行进一步气味活性化合物分析鉴定，探索木材抽提物中气味组分的主要构成成分，最后综合分析可能对木材整体气味产生关键性影响的气味活性化合物。

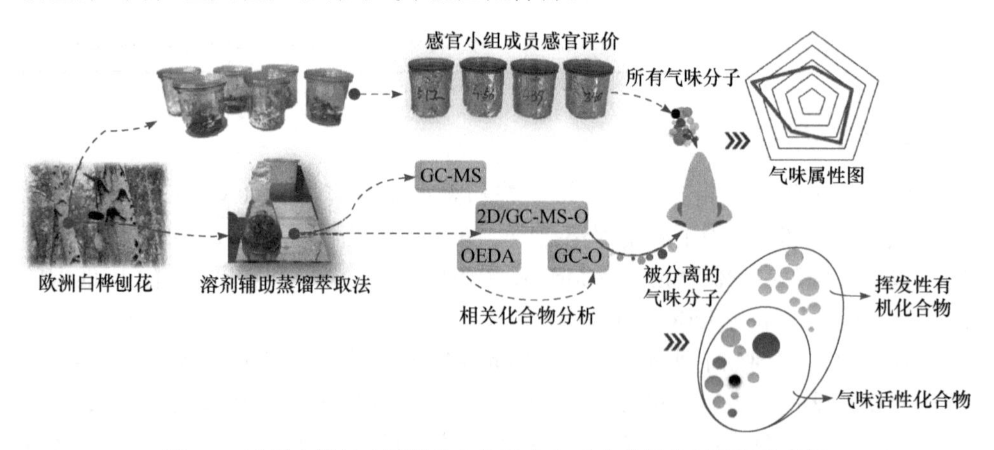

图 6-1　欧洲白桦气味活性化合物鉴定和感官特征分析思路流程图

预判气味活性化合物的方法是根据感官评价员在嗅辨端口鉴别到的气味特征，通过同系烷烃(C_6～C_{30})计算得到的气味活性化合物在 DB-5 和 DB-FFAP 色谱柱上的保留指数，结合质谱图共同完成。通过比较预判气味活性化合物与相应化合物纯品稀释溶液的保留指数和气味特征对预判气味物质进行进一步鉴定。对气味物质不具有相应化合物纯品的情况，通过比较质谱数据与 NIST 质谱库(美国国家标准与技术研究院 2.0 版)的相应数据对气味物质进行进一步确定。

6.2.2　SAFE-OEDA/GC-MS-O 技术

1)挥发物的溶剂辅助气味挥发法

为从桦木样品中提取挥发性有机化合物，将约 5.0 g 欧洲白桦样品刨花与 120 mL 二氯甲烷(DCM)混合，溶液被放置于室温下搅拌 30 min，然后通过滤纸过滤。滤纸过滤前使用 10 mL 二氯甲烷洗涤盛装有样品的漏斗两次，使得木材样品中提取的挥发性有机化合物完全转移。

使用溶剂辅助气味挥发法除去样品提取物中的非挥发性化合物成分。将水浴温度设置为 50℃，并将安全装置的中心部分保持在 55℃，所得馏出物经过无水硫酸钠干燥后，在 50℃下通过 Vigreux 蒸馏柱继续微蒸馏至 100 μL。为除去样品制备过程中的杂质，样品蒸馏同时使用只含有二氯甲烷的空白样品进行蒸馏与微蒸馏，浓缩馏出物储存在−80℃的冷柜中，备存待分析。

2)气相色谱-火焰离子化/嗅觉测量法

气相色谱-火焰离子化/嗅觉测量仪(GC-FID/O)使用规格为 30000 mm(长度)×0.32 mm(内径)×0.25 μm(膜厚)的 DB-FFAP 石英毛细管色谱柱(Agilent 公司，美国)和规格为 30000 mm(长度)×0.32 mm(内径)×0.25 μm(膜厚)的 DB-5 石英毛细管色谱柱(Agilent 公司，美国)。毛细管色谱冷柱上进样时将 2 μL 样品手动注入预色谱柱[失活无涂层熔融石英毛细管，(2000～3000)m×0.32 mm]，在毛细管的末端，通过配备两个失活无涂层熔融石英毛细管(700 m×0.2 mm)的 Y 型玻璃分离器，将注入样品以 1∶1 的比例分别转移到嗅辨端口和火焰离子化检测器(FID)。FID 和嗅辨端口的温度分别为 250℃和 270℃。氦气(He)载气流速为 2.2 mL/min。升温程序为 40℃ (2 min) $\xrightarrow{8℃/min}$ 230℃ (5 min)。

3)高分辨率气相色谱-质谱检测

使用超微量气相色谱仪(Thermo Electron/Thermo Scientific，德国)连接 DSQ 单四极杆质谱仪(Thermo Electron/Thermo Scientific，德国)，同时配备 Gerstel MPS2 自动取样器(Gerstel GmbH & Co. KG，德国)。30000 mm(长度)× 0.32 mm(内径)×1.50 μm(膜厚)规格 DB-FFAP 石英毛细管色谱柱(Agilent 公司，美国)，连接失活无涂层熔融石英毛细管预色谱柱(3000 mm×0.53 mm)。进样量为 2.0 μL。氦气载气流速为 3.3 mL/min。色谱升温程序为 40℃ (2 min) $\xrightarrow{8℃/min}$ 230℃ (5 min)。

GC-MS 分析参数如下所示：电离能量：70 eV；传输线温度：250℃；离子源温度：230℃；质量扫描范围：40～400 amu。质谱记录和数据分析的软件为

Xcalibur 数据系统(版本 1.4，Thermo Electron/Thermo Scientific)。

4) 中心切割二维高分辨率气相色谱-质谱/嗅觉测量法

中心切割二维高分辨率气相色谱-质谱/嗅觉测量(2D/GC-MS-O)系统由两台通过冷肼捕集系统(CTS 1，Gerstel GmbH & Co. KG，德国)连接的气相色谱仪(Varian CP-3800，Agilent 公司，美国)和质谱仪(Saturn 2200 MS，德国)共同组成。目标气味化合物通过 MCS 2 多排柱转移系统(Gerstel GmbH & Co. KG，德国)，经由第一台配有规格为 30000 mm(长度)×0.32 mm(内径)×0.25 μm(膜厚)DB-FFAP 石英毛细管色谱柱(Agilent 公司，美国)的气相色谱仪转移至上述冷肼捕集系统，在配有规格为 30000 mm(长度)×0.25 mm(内径)×0.25 μm(膜厚)DB-5 石英毛细管色谱柱(Agilent 公司，美国)的第二台气相色谱仪中实现单独分离。

第一台气相色谱仪升温程序为：40℃(2 min) $\xrightarrow{8℃/min}$ 240℃(5 min)，流出物在毛细管末端被同时分离至 290℃的嗅辨端口和 FID(250℃)。第二台气相色谱仪升温程序为：40℃(2 min) $\xrightarrow{8℃/min}$ 250℃(1 min)，流出物在毛细管末端被同时分离至 290℃的嗅辨端口和质谱仪。质谱仪条件为：电离能量：70 eV；传输线温度：250℃；离子源温度：230℃；质量扫描范围：35～400 amu。根据第一个 ODP 嗅辨端口处检测得到相关气味特征的时间得到切割时间间隔。使用相同化合物纯品稀释溶液进样对化合物进行进一步验证。

5) 气味提取物稀释分析

为确定气味活性最强的气味物质，通过气味提取物稀释分析(OEDA)法得到气味化合物的气味稀释因子(odor dilution factor，OD 因子)。使用二氯甲烷以 1∶2(*V*/*V*)的比例逐步稀释欧洲白桦的浓缩馏出物，得到从 OD 1 到 OD 8192 的 13 种不同稀释因子的欧洲白桦样品。使用上述配有 30000 mm(长度)×0.32 mm(内径)×0.25 μm(膜厚)DB-FFAP 石英毛细管色谱柱(Agilent 公司，美国)的气相色谱-火焰离子化/嗅觉测量仪分别对 13 种样品进行检测分析。样品进样量为 2 μL，气味活性化合物的 OD 因子被鉴定为最后一次仍可察觉到气味特征的稀释浓度样品的相应 OD 因子。在相同操作流程中对空白样品进行稀释以除去样品预处理和稀释过程中产生的杂质。

6.2.3 感官嗅觉评价试验

1) 感官评价小组的组成

感官评价小组由 5 名经过培训的感官评价员组成(包括 3 名男性和 2 名女性，年龄在 23 岁至 35 岁之间，具有正常嗅觉功能，无已知嗅觉疾病)，均来自弗里德里希-亚历山大埃尔朗根-纽伦堡大学(埃尔朗根，德国)。感官评价员使用气味语言对不同欧洲白桦样品和气味活性化合物的气味特征进行评价。

2)气味属性判定试验

对 6 种不同欧洲白桦样品进行感官评定，气味属性判定试验流程如下所示：将 5 g 样品放入标有随机三位数的带盖玻璃容器中。为避免主观影响，玻璃容器外使用铝箔纸覆盖遮挡，使得感官评价员不能看到容器内的具体木材样品。感官分析在通风良好的感官评价室内进行，在整个试验过程中，室内温度均保持在 23℃。评价由两部分组成，第一部分，小组成员被要求分别描述样本的属性，通过投票表决得到 10 个得票最多的气味属性以作为第二阶段的基本气味属性。第二部分，对第一部分样本确定的 10 种气味属性的强度进行评价，使用所有感官评价员评价结果的均值作为最终结果。为进一步增强评价结果的准确性，在感官评价的过程中使用与 10 种气味属性具有相同气味特征的物质或化合物溶液制成的气味笔进行对比，同时对每个样品的整体气味强度和气味愉悦度进行评价。试验基于 10 cm 视觉模拟评分(VAS)法，即从 0(无察觉)到 10(强察觉)对样品整体气味强度进行评价。整体样品的气味愉悦度从 0(极度不愉悦)到 5(中性)再到 10(非常愉悦)。最终结果以所有感官评价员的均值为准。

6.3　欧洲白桦样品气味评价与属性表达

6.3.1　整体气味强度和气味愉悦度评价

对来自两个不同生长地的干燥树皮和干燥无皮木材，以及来自希尔特曼斯多夫产地的新鲜树皮和新鲜无皮木材进行感官评价，得到样品整体气味强度和气味愉悦度，如图 6-2 所示。使用统计学分析对试验结果进行显著性检验(significance test)，通过 SPSS 软件进行数据的计算与验证。

试验发现六种不同欧洲白桦样品的气味强度和气味愉悦度整体差异性不大。气味强度最强的样品为生长于希尔特曼斯多夫的湿材树皮(平均强度为 5.6)，其次是产自魏恩采尔的干燥桦木木质部和干燥树皮(分别为 4.9 和 4.8)。希尔特曼斯多夫的干燥树皮的气味强度为 4.5。希尔特曼斯多夫新鲜桦木木质部(4.3)和希尔特曼斯多夫干燥桦木木质部(4.1)的强度最低。气味愉悦度评价结果显示：欧洲白桦样品的气味愉悦度被评为中性偏愉悦，所有样品的愉悦度等级均在 5 以上。综合对比发现，木质部样品的气味比树皮样品的气味具有更高的气味愉悦度。气味愉悦度最高的两种样品为产自魏恩采尔和希尔特曼斯多夫的欧洲白桦木质部样品，其气味愉悦度评分分别为 6.5 和 6.1。希尔特曼斯多夫的湿材桦木木质部和魏恩采尔的干燥桦树树皮的气味愉悦度评分均为 5.5。希尔特曼斯多夫的干燥桦树树皮和湿材桦树树皮的气味愉悦度评分均为 5.1。

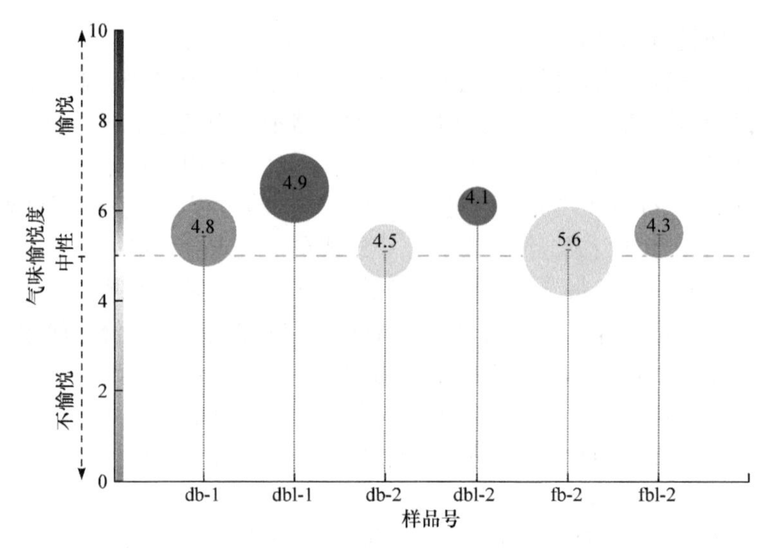

图 6-2　欧洲白桦样品气味强度及愉悦度等级图

气味强度以圆圈大小界定(为显示微小的差异，圆圈上注有具体气味强度值)；愉悦度以 y 值坐标和颜色共同界定

对数据进行正态性检验和方差齐性检验，基于较小的样品量(n<50)，使用夏皮洛-威尔克(Shapiro-Wilk，S-W)联合科尔莫戈罗夫-斯米尔诺夫(Kolmogorov-Smirnov，K-S)检验法对数据进行评价，同时使用 Lilliefor 正态性检验对 K-S 检验进行修正，得到结果如表 6-2 和表 6-3 所示。

表 6-2　不同桦木感官评价气味强度与愉悦度等级正态性检验

	样品编号	K-S 检验*			S-W 检验		
		统计	自由度	显著性	统计	自由度	显著性
气味强度	1	0.229	5	0.200†	0.867	5	0.254
	2	0.300	5	0.161	0.833	5	0.146
	3	0.254	5	0.200†	0.914	5	0.492
	4	0.421	5	0.004	0.727	5	0.018
	5	0.273	5	0.200†	0.852	5	0.201
	6	0.231	5	0.200†	0.881	5	0.314
愉悦度等级	1	0.337	5	0.066	0.676	5	0.005
	2	0.372	5	0.022	0.828	5	0.135
	3	0.254	5	0.200†	0.914	5	0.492
	4	0.221	5	0.200†	0.902	5	0.421
	5	0.254	5	0.200†	0.803	5	0.086
	6	0.300	5	0.161	0.883	5	0.325

† 真显著性的下限；

* Lilliefor 显著性修正。

表 6-3　不同桦木感官评价气味强度与愉悦度等级方差齐性检验

项目指标		莱文统计	自由度 1	自由度 2	显著性
气味强度	基于平均值	0.873	5	24	0.514
	基于中位数	0.272	5	24	0.924
	基于剪除后平均值	0.749	5	24	0.595
愉悦度等级	基于平均值	0.545	5	24	0.740
	基于中位数	0.174	5	24	0.970
	基于剪除后平均值	0.436	5	24	0.819

发现虽然 6 个样品的气味强度和愉悦度等级满足方差齐性，但是样品 4 的气味强度和样品 1 的愉悦度等级不满足正态分布（参数类检验的基本条件），因此不适合直接进行单因素方差分析，应考虑使用任意分布检验（distribution-free test）进行标量变换及威尔科克森秩和检验（Wilcoxon test）。基于该试验的多样品性，使用多个独立样品比较的克鲁斯卡尔-沃利斯检验（Kruskal-Wallis test），具体实现步骤如下。

（1）建立检验假设。

H_0：$\mu=\mu_0$[零假设（null hypothesis）]，即不同类别欧洲白桦（6 种）气味强度/愉悦度等级总体分布相同。

H_1：$\mu\neq\mu_0$[备择假设（alternative hypothesis）]，即不同类别欧洲白桦（6 种）气味强度/愉悦度等级总体分布不同。

检验水准：$\alpha=0.05$。

（2）编秩及秩和统计量的计算。

不同桦木感官评价气味强度与愉悦度等级秩如表 6-4 所示。将各组数据混合，由小到大编秩，若存在相等数值，则取平均秩次。样本数为 6，每个样本的样本量（观察数）为 5，即 $k=6>3$，$n=5$。通过 SPSS 软件分析得到运行结果。秩和统计量的计算过程中，假设：秩和统计量为 KW，存在如下关系[式（6-1）]：

$$
\begin{aligned}
\mathrm{KW} &= \frac{\text{组件平方和}}{\text{全体样本的秩方差}} = \frac{12}{n(n+1)}\sum_{i=1}^{k} n_i\left(\frac{R_i}{n_i}-\frac{n+1}{2}\right)^2 \\
&= \frac{12}{n(n+1)}\sum_{i=1}^{k}\frac{R_i^2}{n_i}-3(n+1)
\end{aligned}
\tag{6-1}
$$

式中，$N=\sum_{i=1}^{k} n_i$；$\frac{n+1}{2}$ 为全体样本的秩平均值；$\frac{R_i}{n_i}$ 为第 i 个样本的秩平均值，R_i 为第 i 个样本的秩和，n_i 为第 i 组的观察数；k 为组数；n 为所有样本个体总数。

表 6-4　不同桦木感官评价气味强度与愉悦度等级秩

项目名称	样品编号	个案数	秩平均值
气味强度	1	5	13.90
	2	5	17.00
	3	5	13.30
	4	5	14.70
	5	5	19.60
	6	5	14.50
	总计	30	
愉悦度等级	1	5	13.90
	2	5	23.20
	3	5	9.80
	4	5	19.30
	5	5	14.30
	6	5	12.50
	总计	30	

(3)输出 P 值，得出推断结论。

由 SPSS 软件计算输出检验统计量结果，如表 6-5 所示。

表 6-5　不同桦木感官评价气味强度与愉悦度等级检验统计量[a,b]

指标	气味强度	愉悦度等级
卡方(KW)	1.935	8.137
自由度	5	5
渐近显著性	0.858	0.149

a 克鲁斯卡尔-沃利斯检验；

b 分组变量：样品。

对气味强度进行分析，得到样品 1 的秩和为：秩平均值×观察数(n) = 13.9×5 = 69.5，依次得到样品 2、3、4、5 和 6 的秩和分别为 85、66.5、73.5、98 和 72.5。软件计算输出 KW 值为 1.935。对愉悦度等级进行分析，得到样品 1、2、3、4、5 和 6 的秩和分别为 69.5、116、49、96.5、71.5 和 62.5，软件计算输出 KW 值为 8.137。根据输出结果得到气味强度和愉悦度等级的渐近显著性分别为 0.858 和 0.149，均大于 0.05。故得出结论：初步判断不拒绝原假设，原假设 $\mu=\mu_0$ 成立，即不同类别欧洲白桦(6 种)气味强度/愉悦度等级总体分布相同，不存在显著性差异。

6.3.2 欧洲白桦气味属性图谱

通过感官评价得到欧洲白桦的 10 种气味属性，分别为似泥土香、似铅笔香、似软木塞味/霉味、似青草香、似脂肪香、果香、似绿茶香、似草药香、似香草香和醋香。欧洲白桦样品气味属性图谱如图 6-3 所示。发现欧洲白桦各气味属性均为中等强度(所有属性强度均小于 4)。

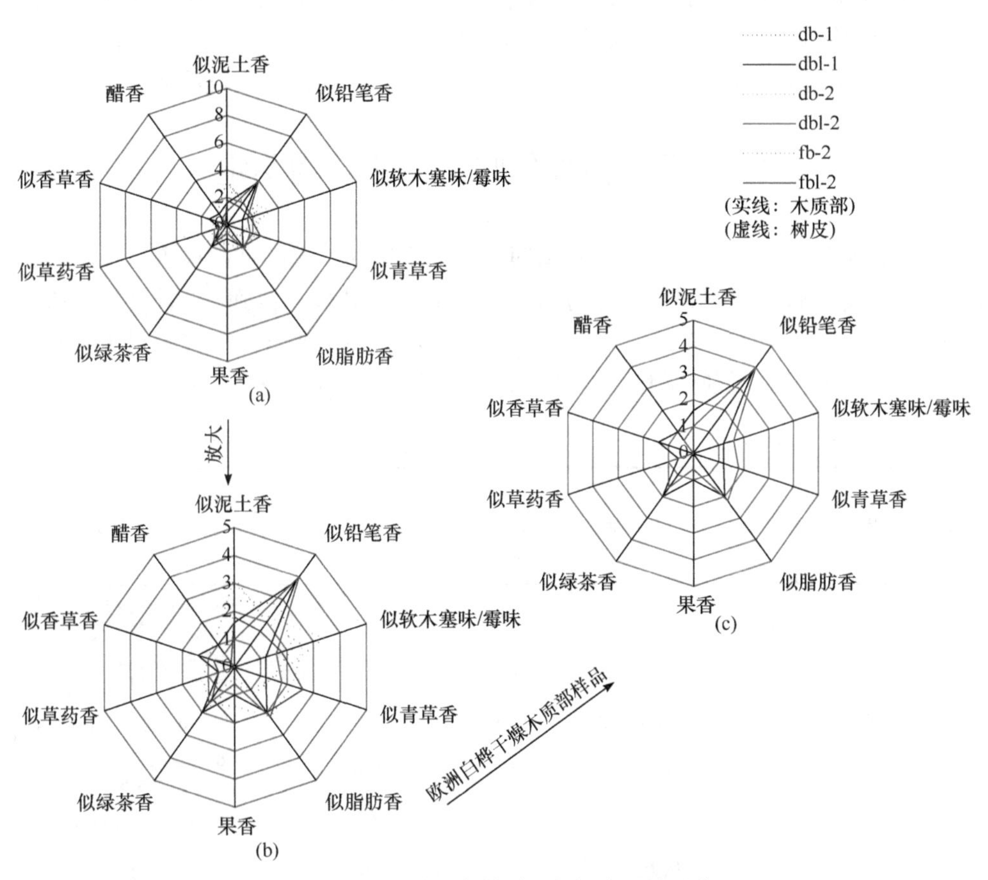

图 6-3 不同欧洲白桦样品的气味属性图谱

发现欧洲白桦树皮和木质部的气味属性略有不同。三种树皮样品的主要气味属性为似铅笔香、似泥土香和似软木塞味/霉味，强度均不低于 2.0。除上述气味属性外，魏恩采尔的干树皮同时被评为似绿茶香(2.2)，希尔特曼斯多夫的湿材树皮被评为似青草香(2.2)和似脂肪香(2.2)。欧洲白桦树皮样品的其他气味属性的强度相对较低。对欧洲白桦木质部的气味属性进行研究，发现干燥木质部和湿材木质部之间存在较大的差异性。湿材木质部的主要气味属性为似青草香(2.6)、似脂肪香(2.0)和果香(2.0)。两种来自不同产地的干燥木质部的主导气味属性均为似铅笔香，气味强度分别为 3.8 和 4.0，其次是似脂肪香，气味强度分别为 2.0 和 2.2。两种不同产地的欧洲白桦干燥木质部气味属性图谱如图 6-3(c)所示。欧洲白桦干燥木质部其他气味属性的强度表现出不同的排序。魏恩采尔干燥木质部的其他气味属性依次为：似绿茶香(2.0)、似泥土香(1.6)、似香草香(1.4)、似软木塞味/霉味(1.2)和似青草香(1.2)，果香(1.0)、醋香(1.0)和似草药香(0.6)气味属性被评为低强度。希尔特曼斯多夫干燥木质部的其他气味属性依次为：似青草香(1.8)、似绿茶香(1.6)和似软木塞味/霉味(1.6)，似泥土香(1.0)、似草药香(1.0)、果香(0.6)和醋香(0.6)气味属性被评为较低强度。

6.4　欧洲白桦气味活性化合物鉴定

本部分研究选用在室内和家具材料中最为常用的干燥欧洲白桦木质部试验样品，对气味活性化合物进行表征分析。使用 GC-O 共检测得到 54 种气味物质，通过 GC-O、GC-MS 和 2D-GC-MS/O 技术方法，在干燥欧洲白桦木材中共鉴定出 49 种气味物质。气味活性化合物及其相关信息如表 6-6 所示。

表 6-6　欧洲白桦样品气味活性化合物及其气味特征、保留指数和气味稀释因子列表

序号	气味活性化合物	气味特征	RI		OD 因子		鉴定方法
			DB-FFAP	DB-5	魏恩采尔	希尔特曼斯多夫	
1	己醛	似青草香	1085	807	512	512	RC: RI $_{FFAP, DB 5}$, O$_{FFAP, DB 5}$, MS
2	3-甲基-2-丁烯醛	似黄油香	1191	786	16	n.d.	RC: RI $_{FFAP, DB 5}$, O$_{FFAP, DB 5}$, MS
3	(*Z*)-4-庚烯醛	鱼腥味/似脂肪香	1239	897	64	32	RC: RI $_{FFAP, DB 5}$, O$_{FFAP, DB 5}$
4	辛醛	似柑橘香/似肥皂香	1282	1003	256	32	RC: RI $_{FFAP, DB 5}$, O$_{FFAP, DB 5}$, MS
5	1-辛烯-3-酮	似蘑菇香	1300	976	64	256	RC: RI $_{FFAP, DB 5}$, O$_{FFAP, DB 5}$
6	6-甲基-5-庚-2-酮	似脂肪香	1332	989	256	8	RC: RI $_{FFAP, DB 5}$, O$_{FFAP, DB 5}$, MS
7	壬醛	似柑橘香/似肥皂香	1387	1097	128	16	RC: RI $_{FFAP, DB 5}$, O$_{FFAP, DB 5}$, MS
8	(*E*)-2-辛烯醛	似脂肪香/似肥皂香/似青草香	1420	1057	128	32	RC: RI $_{FFAP, DB 5}$, O$_{FFAP, DB 5}$, MS
9	乙酸	醋香	1448	759	128	8	RC: RI $_{FFAP, DB 5}$, O$_{FFAP, DB 5}$, MS
10	2-乙基-1-己醇	似桉树香/似创可贴味	1484	1186	16	32	RC: RI $_{FFAP, DB 5}$, O$_{FFAP, DB 5}$, MS
11	癸醛	似肥皂香	1490	1203	8	n.d.	RC: RI $_{FFAP, DB 5}$, O$_{FFAP, DB 5}$, MS

续表

序号	气味活性化合物	气味特征	RI		OD 因子		鉴定方法
			DB-FFAP	DB-5	魏恩采尔	希尔特曼斯多夫	
12	苯甲醛	似杏仁香	1516	963	16	n.d.	RC: RI $_{FFAP, DB 5}$, O$_{FFAP, DB 5}$, MS
13	芳樟醇	花香/新鲜感	1531	1084	512	64	RC: RI $_{FFAP, DB 5}$, O$_{FFAP, DB 5}$, MS
14	2-甲基丙酸（异丁酸）	似奶酪香	1564	n.d.	256	64	RC: RI $_{FFAP}$, O$_{FFAP}$, MS
15	(*E*,*Z*)-2,6-壬二烯醛	似黄瓜香	1583	1156	128	8	RC: RI $_{FFAP, DB 5}$, O$_{FFAP, DB 5}$
16	二氢-5-甲基-2(3*H*)-呋喃酮（γ-戊内酯）	似椰子香	1604	n.d.	128	n.d.	RC: RI $_{FFAP}$, O$_{FFAP}$, MS
17	丁酸	似奶酪香/似汗味	1618	807	512	32	RC: RI $_{FFAP, DB 5}$, O$_{FFAP, DB 5}$, MS
18	3-甲基丁酸	似奶酪香	1661	871	512	512	RC: RI $_{FFAP, DB 5}$, O$_{FFAP, DB 5}$, MS
19	(*E*,*E*)-2,4-壬二烯醛	似脂肪香/似坚果香	1693	1217	32	n.d.	RC: RI $_{FFAP, DB 5}$, O$_{FFAP, DB 5}$
20	5-乙基二氢-2(3*H*)-呋喃酮（γ-己内酯）	似草药香/似椰子香/果香	1700	n.d.	512	512	LI: RI $_{FFAP}$, O$_{FFAP}$, MS
21	戊酸	似汗味/刺鼻气味	1726	888	1024	256	RC: RI $_{FFAP, DB 5}$, O$_{FFAP, DB 5}$, MS
22	(*E*)-2-十一烯醛	似香菜香	1748	1365	64	16	RC: RI $_{FFAP, DB 5}$, O$_{FFAP, DB 5}$, MS
23	β-大马烯酮	果香/似葡萄汁香	1800	1388	128	32	RC: RI $_{FFAP, DB 5}$, O$_{FFAP, DB 5}$
24	反式茴香脑	似茴香香/似草药香	1824	1288	n.d.	1024	RC: RI $_{FFAP, DB 5}$, O$_{FFAP, DB 5}$
25	己酸	似煤块引火物味	1831	1008	1024	128	RC: RI $_{FFAP, DB 5}$, O$_{FFAP, DB 5}$, MS
26	苯甲酸丁酯	似肥皂香/果香	1854	1090	64	8	RC: RI $_{FFAP, DB 5}$, O$_{FFAP, DB 5}$
27	(*E*)-2-戊烯酸	似多种维生素泡腾片香	1863	n.d.	16	n.d.	LI: RI $_{FFAP}$, O$_{FFAP}$
28	2-苯乙醇	似玫瑰香/花香	1889	1117	64	128	RC: RI $_{FFAP, DB 5}$, O$_{FFAP, DB 5}$
29	5-丁基氧杂-2-酮（γ-辛内酯）	似椰子香/甜香	1911	1257	256	32	RC: RI $_{FFAP, DB 5}$, O$_{FFAP, DB 5}$, MS
30	庚酸	似塑料味	1938	1075	128	8	RC: RI $_{FFAP, DB 5}$, O$_{FFAP, DB 5}$, MS
31	6-丙氧基-2-酮（δ-辛内酯）	似椰子香	1960	1294	32	16	RC: RI $_{FFAP, DB 5}$, O$_{FFAP, DB 5}$
32	苯酚	霉味/似墨水香	1999	997	2048	2048	RC: RI $_{FFAP, DB 5}$, O$_{FFAP, DB 5}$, MS
33	*trans*-4,5-环氧-(*E*)-2-癸烯醛	似金属味	2008	1384	n.d.	8	RC: RI $_{FFAP, DB 5}$, O$_{FFAP, DB 5}$

续表

序号	气味活性化合物	气味特征	RI		OD 因子		鉴定方法
			DB-FFAP	DB-5	魏恩采尔	希尔特曼斯多夫	
34	γ-壬内酯	似椰子香/甜香	2025	1353	2048	4096	RC: $RI_{FFAP, DB 5}$, $O_{FFAP, DB 5}$, MS
35	辛酸	霉味	2048	1186	8	8	RC: $RI_{FFAP, DB 5}$, $O_{FFAP, DB 5}$, MS
36	4-甲基苯酚(对甲酚)	似马厩味/似粪便味	2077	1086	256	128	RC: $RI_{FFAP, DB 5}$, $O_{FFAP, DB 5}$
37	未知	似塑料味/似肥皂香	2100		n.d.	32	—
38	γ-十内酯	似桃子香/果香	2139	1470	128	64	RC: $RI_{FFAP, DB 5}$, $O_{FFAP, DB 5}$, MS
39	壬酸	似肥皂香/似脂肪香/霉味	2152	1256	128	16	RC: $RI_{FFAP, DB 5}$, $O_{FFAP, DB 5}$, MS
40	(*E*)-2-辛烯酸	似塑料味	2168	n.d.	8	n.d.	RC: RI_{FFAP}, O_{FFAP}, MS
41	3-羟基-4,5-二甲基-2(5*H*)-呋喃酮(糖内酯)	似芹菜香	2190	n.d.	512	128	RC: RI_{FFAP}, O_{FFAP}
42	癸酸	似香菜香/似肥皂香	2256	1377	512	512	RC: $RI_{FFAP, DB 5}$, $O_{FFAP, DB 5}$, MS
43	未知	医疗用品味/似肥皂香/霉味	2296	n.d.	256	256	—
44	(*E*)-3-癸烯酸	似蜡香/似脂肪香	2343	n.d.	512	256	RC: RI_{FFAP}, O_{FFAP}
45	γ-十二内酯	似桃子香/果香/甜香	2368	1681	16	8	RC: $RI_{FFAP, DB 5}$, $O_{FFAP, DB 5}$
46	6-庚基四氢-2*H*-吡喃-2-酮(δ-十二内酯)	似桃子香/甜香	2395	1700	n.d.	512	RC: $RI_{FFAP, DB 5}$, $O_{FFAP, DB 5}$
47	十二酸	似塑料味	2478	1559	8	n.d.	RC: $RI_{FFAP, DB 5}$, $O_{FFAP, DB 5}$, MS
48	未知	似橡胶味	2526	n.d.	n.d.	256	—
49	苯乙酸	似蜂蜡香/似蜂蜜香	2554	1266	256	1024	RC: $RI_{FFAP, DB 5}$, $O_{FFAP, DB 5}$
50	4-羟基-3-甲氧基苯甲醛(香草醛)	似香草香/甜香	2564	1402	2048	1024	RC: $RI_{FFAP, DB 5}$, $O_{FFAP, DB 5}$, MS
51	3-苯基丙酸	似蜂蜡香/似蜂蜜香	2632	n.d.	n.d.	8	RC: RI_{FFAP}, O_{FFAP}
52	未知	似烟熏火腿香	2758		n.d.	8	—
53	未知	甜香/果香/似香草香	2963		n.d.	16	—
54	4-(4-羟基苯基)丁-2-酮(覆盆子酮)	似山莓香/果香/甜香	2993	1561	4096	1024	RC: $RI_{FFAP, DB 5}$, $O_{FFAP, DB 5}$, MS

注：RC：气味活性化合物通过比较参考化合物信息得到；LI：气味活性化合物通过比较文献资料的信息得到；RI：保留指数；MS：质谱图；O：气味特征；下角标 FFAP：通过 DB-FFAP 色谱柱；下角标 DB 5：通过 DB-5 色谱柱；n.d.：未检测到。

基于气味活性化合物在两种色谱柱上的气味特征和保留指数，通过质谱分析，同时与原始对照品进行比较，鉴定得到 27 种气味活性化合物：己醛、3-甲基-2-丁烯醛、辛醛、6-甲基-5-庚-2-酮、壬醛、(*E*)-2-辛烯醛、乙酸、2-乙基-1-己醇、癸醛、苯甲醛、芳樟醇、丁酸、3-甲基丁酸、戊酸、(*E*)-2-十一烯醛、己酸、5-丁基氧杂-2-酮(γ-辛内酯)、庚酸、苯酚、γ-壬内酯、辛酸、γ-十内酯、壬酸、癸酸、十二酸、4-羟基-3-甲氧基苯甲醛(香草醛)、4-(4-羟基苯基)丁-2-酮(覆盆子酮)。(*Z*)-4-庚烯醛、1-辛烯-3-酮、(*E,Z*)-2,6-壬二烯醛、(*E,E*)-2,4-壬二烯醛、β-大马烯酮、反式茴香脑、苯甲酸丁酯、2-苯乙醇、6-丙氧基-2-酮(δ-辛内酯)、*trans*-4,5-环氧-(*E*)-2-癸烯醛、4-甲基苯酚(对甲酚)、γ-十二内酯、6-庚基四氢-2*H*-吡喃-2-酮(δ-十二内酯)和苯乙酸 14 种气味活性化合物通过在两种不同极性色谱柱上的气味特征以及保留指数的对比进行鉴定，同时使用参考化合物进一步比对确定。2-甲基丙酸(异丁酸)、二氢-5-甲基-2(3*H*)-呋喃酮(γ-戊内酯)、(*E*)-2-辛烯酸、3-羟基-4,5-二甲基-2(5*H*)-呋喃酮(糖内酯)、(*E*)-3-癸烯酸、3-苯基丙酸通过在 DB-FFAP 色谱柱上的气味特征以及保留指数的对比进行鉴定，过程中同时使用参考化合物进一步比对确定。同时 2-甲基丙酸(异丁酸)、二氢-5-甲基-2(3*H*)-呋喃酮(γ-戊内酯)、(*E*)-2-辛烯酸被质谱分析得到，通过与 NIST 数据库比较进一步鉴定。2-甲基丙酸(异丁酸)、二氢-5-甲基-2(3*H*)-呋喃酮(γ-戊内酯)、(*E*)-2-辛烯酸、3-羟基-4,5-二甲基-2(5*H*)-呋喃酮(糖内酯)、(*E*)-3-癸烯酸、3-苯基丙酸、5-乙基二氢-2(3*H*)-呋喃酮(γ-己内酯)通过将 DB-FFAP 色谱柱检测到的气味特征和保留指数与相关研究文献对比鉴定得到，同时将质谱分析得到的数据与 NIST 质谱库比较进一步确定。(*E*)-2-戊烯酸通过将 DB-FFAP 色谱柱检测到的气味特征和保留指数与文献资料的数据信息对比鉴定得到。

有五种物质尚未得到确认：其特征分别为 RI FFAP 2100(似塑料味/似肥皂香)、RI FFAP 2296(医疗用品味/似肥皂香/霉味)、RI FFAP 2526(似橡胶味)、RI FFAP 2758(似烟熏火腿香)、RI FFAP 2963(甜香/果香/似香草香)。

6.5　基于 OEDA 技术的关键气味活性化合物表征

通过 OEDA 技术得到两个不同生长地欧洲白桦木材 17 种关键气味活性化合物(OD 因子至少在一个样品中 ≥ 512)。气味活性化合物 OD 因子和化学结构如图 6-4 所示。试验发现，在欧洲白桦样品中除 16 种气味活性化合物仅在单一样品中发现外，其他气味均同时出现在两个样品中。两个不同生长地干燥欧洲白桦木材的 OD 因子不尽相同。造成这种现象的原因是天然产物研究中常见的组分差异现象。两个干燥欧洲白桦木材样品来自不同生长地的不同树木，所以在树龄、土壤物理性质、光照和湿度等方面均会存在一定的差异性，从而产生组分差异现象。

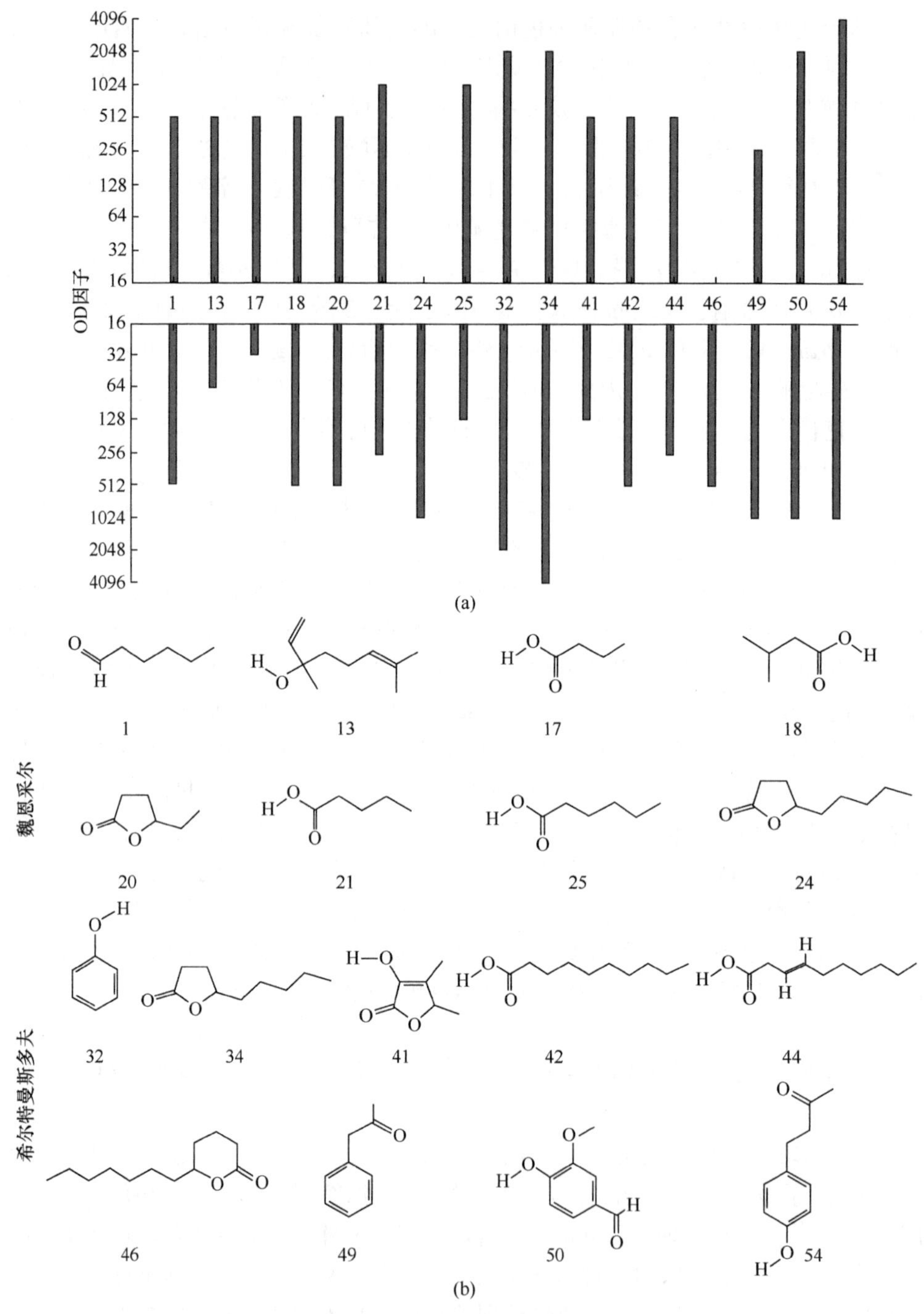

图 6-4　魏恩采尔和希尔特曼斯多夫干燥欧洲白桦木材样品关键气味活性化合物 OD 因子(a)与化学结构对比展示图(b)

(b)中数字与表 6-6 中序号对应

发现呈霉味/似墨水香的苯酚、似椰子香和甜香的γ-壬内酯、似香草香/甜香的 4-羟基-3-甲氧基苯甲醛（香草醛）和呈似山莓香/果香/甜香的 4-(4-羟基苯基)丁-2-酮（覆盆子酮）是欧洲白桦木材样品最重要的气味活性物质，四种气味活性化合物至少在一个样品中表现出 2048 及以上（4096）的 OD 因子。尤其是 4-(4-羟基苯基)丁-2-酮（覆盆子酮）在两种欧洲白桦萃取物的高稀释度（OD 因子>1024）样品中仍具有清晰明显的气味特征。此外，表现为似汗味/刺鼻气味的戊酸、似茴香香/似草药香的反式茴香脑、似煤块引火物味的己酸以及似蜂蜡香/似蜂蜜香的苯乙酸在至少一个样品中表现出较高的 OD 因子（1024）。其他关键气味活性化合物及对应气味特征为：6-庚基四氢-2*H*-吡喃-2-酮（δ-十二内酯）（似桃子香/甜香）、3-羟基-4,5-二甲基-2(5*H*)-呋喃酮（糖内酯）（似芹菜香）、(*E*)-3-癸烯酸（似蜡香/似脂肪香）、己醛（似青草香）、芳樟醇（花香/新鲜感）、丁酸（似奶酪香/似汗味）、3-甲基丁酸（似奶酪香）、癸酸（似香菜香/似肥皂香）、5-乙基二氢-2(3*H*)-呋喃酮（γ-己内酯）（似草药香/似椰子香/果香）。试验发现，不同生长地欧洲白桦木材关键气味活性化合物差别不大，但 OD 因子仍存在一定的差异。呈现似茴香香/似草药香的反式茴香脑（24 号）和呈现似桃子香/甜香的 6-庚基四氢-2*H*-吡喃-2-酮（δ-十二内酯）（46 号）仅在希尔特曼斯多夫的欧洲白桦木材中检测到。

6.6　欧洲白桦主要挥发性有机化合物分析

使用 GC-MS 技术，基于峰面积对魏恩采尔干燥欧洲白桦木材主要挥发性有机化合物进行研究。前 10 种挥发性有机化合物分别为：己酸、乙酸、壬酸、1,2,3,4-四甲氧基苯、2-丁氧基乙醇、癸酸、辛酸、庚酸、戊酸和 5-乙基二氢-2(3*H*)-呋喃酮（γ-己内酯）。发现在 10 个主要挥发性有机化合物中，除 2-丁氧基乙醇和 1,2,3,4-四甲氧基苯外的 8 个化合物均具有气味活性，相关信息如图 6-5 所示。

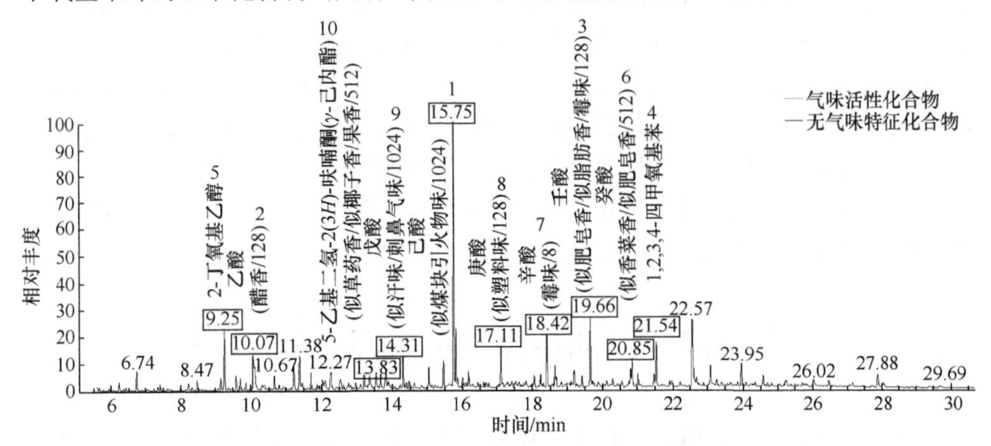

图 6-5　欧洲白桦木材样品 GC-MS 图及主要挥发性有机化合物（前 10 种）

数字为根据峰面积的排名，1 为最高峰面积

6.7 气味整体属性与气味活性化合物关联性探究

对欧洲白桦气味整体属性与气味活性化合物关联性进行探究。试验发现，大多数气味属性均能够很好地匹配鉴定得到的气味活性化合物。欧洲白桦“似脂肪香”气味属性可能源于具有似脂肪香气味特征的气味活性化合物，如(*E*)-3-癸烯酸、6-甲基-5-庚烯-2-酮、壬酸、(*E*)-2-辛烯醛、(*E*,*E*)-2,4-壬二烯醛和(*Z*)-4-庚烯醛；感官评价中得到的“似香草香”气味属性可能与呈现似香草香/甜香的4-羟基-3-甲氧基苯甲醛(香草醛)有关。香草醛是一种具有似香草香气味属性的化合物，相关研究中发现香草醛是皂荚木、板栗木、樱桃木、水曲柳和橡木基本气味构成的重要组成部分。“似软木塞味/霉味”气味属性可能是由呈现霉味/似墨水香的苯酚引起的，相关文献中也在威士忌和蘑菇中发现了苯酚气味物质的存在。欧洲白桦中一种未知的气味活性化合物(RI FFAP 2296)也被描述为发霉的气味，也可能是似软木塞味/霉味的气味属性的产生原因。“似青草香”气味属性可能与同样表现为似青草香的己醛和(*E*)-2-辛烯醛有关。“果香/甜香”可能源于有同样气味特征的4-(4-羟基苯基)丁-2-酮(覆盆子酮)、γ-十内酯、β-大马烯酮、5-乙基二氢-2(3*H*)-呋喃酮(γ-己内酯)、γ-十二内酯和苯甲酸丁酯。“醋香”气味属性可以追溯到具有醋香气味特征的乙酸。“似草药香”可以追溯到具有似草药香气味特征的5-乙基二氢-2(3*H*)-呋喃酮(γ-己内酯)和反式茴香脑。

然而，未发现与感官评价中呈现较强强度的气味属性“似铅笔香”具有相同气味特征的气味活性化合物。“似绿茶香”和“似泥土香”气味属性也不能直接溯源到某一具有相同气味特征的化合物。这些气味属性的产生可能是由于欧洲白桦中不同特征气味活性化合物的混合作用。众所周知，当不同气味活性化合物混合时，可能会产生新的气味，或造成一些气味属性的消失。相关研究表明，当多种气味混合时，整体气味属性可能会受到以下影响：①独立感知，即当气味混合物中至少有一种气味达到或超过其阈值时，能够感知其气味特征。②抵消作用，即当阈值浓度的两种气味活性化合物混合后，气味特征消失。③叠加效应，即两种阈值浓度的一半的气味活性化合物混合会产生一种新的气味。④协同效应，即不同气味活性化合物混合后其强度大于原本气味强度。

6.8 欧洲白桦气味来源分析

经研究分析发现，欧洲白桦木材中鉴定得到的气味活性化合物可能来源于以下几个方面。气味活性物质中存在的很多苯基气味化合物可能是木质素降解的产物，主要包括苯甲酸丁酯(似肥皂香/果香)、苯甲醛(似杏仁香)、2-苯乙醇(似玫瑰香/花香)、苯酚(霉味/似墨水香)、4-甲基苯酚(对甲酚)(似马厩味/似粪便味)、苯乙酸(似蜂蜡香/似蜂蜜香)、4-羟基-3-甲氧基苯甲醛(香草醛)(似香草香/甜香)、3-苯丙酸(似蜂蜡香/似蜂蜜香)。其中具有似玫瑰香/花香的 2-苯乙醇同时在经自然干燥和烘干的西班牙、法国和美国橡木中被鉴定发现。本部分实验鉴定木材样品中，苯甲酸丁酯和苯酚为气味活性化合物。木质素是由三种不同的苯基丙烷单体组成的交联芳香聚合物，其分子中具有酚羟基和醛基。在化学上木质素是交叉连接的酚类聚合物，与酚醛树脂具有相似的交联网络结构。木质素具有连接细胞的功能，在细胞壁的形成中尤其重要。

欧洲白桦气味活性化合物中同时发现一些萜烯类化合物，包括芳樟醇(花香/新鲜感)、β-大马烯酮(果香/似葡萄汁香)、6-甲基-5-庚烯-2-酮(似脂肪香)、反式茴香脑(似茴香香/似草药香)、4-(4-羟基苯基)丁-2-酮(覆盆子酮)(似山莓香/果香/甜香)。其中气味特征为花香的芳樟醇也在欧洲赤松(*Pinus sylvestris* L.)和橡木中被发现。β-大马烯酮在欧洲白桦样品中呈现果香和似葡萄汁香，该气味物质在此前北美翠柏气味研究中被报道为似苹果香，同时在不同橡木中被鉴定为似葡萄汁香、果香、甜香和似桃子香。虽然β-大马烯酮在不同研究中的气味特征略有差异，但整体均呈现果香的气味特征。欧洲白桦中首次发现三种具有气味活性的萜烯类化合物，分别为 6-甲基-5-庚烯-2-酮、反式茴香脑和 4-(4-羟基苯基)丁-2-酮(覆盆子酮)。

脂肪酸降解产物是欧洲白桦气味化合物中最多的一类成分，包括饱和醛和不饱和醛、酮类和酸类化合物。其中，醛类化合物包括 3-甲基-2-丁烯醛(似黄油香)、(*Z*)-4-庚烯醛(鱼腥味/似脂肪香)、癸醛(似肥皂香)、己醛(似青草香)、辛醛(似柑橘香/似肥皂香)、壬醛(似柑橘香/似肥皂香)、(*E*)-2-辛烯醛(似脂肪香/似肥皂香/似青草香)、(*E*)-2-十一烯醛(似香菜香)、(*E*,*Z*)-2,6-壬二烯醛(似黄瓜香)、(*E*,*E*)-2,4-壬二烯醛(似脂肪香/似坚果香)和 *trans*-4,5-环氧-(*E*)-2-癸烯醛(似金属味)。在醛类组分物质中，己醛、壬醛、癸醛和辛醛的气味化合物也在白楠[*Phoebe neurantha*(Hemsl.) Gamble]和酸枣[*Choerospondias axillaris*(Roxb.) Burtt et Hill]木材中鉴定得到。己醛和癸醛在橡树[*Quercus pyrenaica* Willd.]木片样品挥发性物质研究中发现。(*E*)-2-辛烯醛同时在橡木、黑松木以及使用大叶栎、桉木制成的中密度纤维板(MDF)中被发现。己醛和壬醛作为气味化合物常出现在人造板制品中，如使用大叶栎、桉木制成的 PVC 中密度纤维板、使用阔叶材和多种杂木混合制成的刨花板和硝基涂饰刨花板。*trans*-4,5-环氧-(*E*)-2-癸烯醛在橡木气味组分中检测得到。(*E*)-2-十一烯醛在醇酸树脂涂饰刨花板中鉴定得到，也被发现存在于凯西杨木和橡胶树(*Hevea brasiliensis*)木材中。(*E*,*Z*)-2,6-壬二烯醛和(*E*,*E*)-2,4-壬二烯醛被报道为橡木、皂荚木、板栗木、樱桃木和水曲柳，以及美国、法国、匈牙利和俄罗斯橡木的气味组成成分。这些醛类化合物在目前为数不多的木材气味研究中被多次报道，表明它们可能是木材气味的基础组成成分。酮类化合物包括二氢-5-甲基-2(3*H*)-呋喃酮(γ-戊内酯)(似椰子香)、5-乙基二氢-2(3*H*)-呋喃酮(γ-己内酯)(似草药香/似椰子香/果香)、6-丙氧基-2-酮(δ-辛内酯)(似椰子香)、γ-十内酯(似桃子香/果香)、3-羟基-4,5-二甲基-2(5*H*)-呋喃酮(糖内酯)(似芹菜香)，γ-十二内酯(似桃子香/果香/甜香)、6-庚四氢-2*H*-吡喃-2-酮(δ-十二内酯)(似桃子香/甜香)、1-辛烯-3-酮(似蘑菇香)、5-丁基氧杂-2-酮(γ-辛内酯)(似椰子香/甜香)和γ-壬内酯(似椰子香/甜香)。在木材气味研究中，欧洲赤松(*Pinus sylvestris* L.)、橡木以及美国、法国、匈牙利和俄罗斯橡木中也鉴定得到γ-十内酯和γ-壬内酯。6-丙氧基-2-酮(δ-辛内酯)和γ-十二内酯被鉴定为欧洲赤松的气味活性化合物。3-羟基-4,5-二甲基-2(5*H*)-呋喃酮(糖内酯)被发现为欧洲赤松和橡木的气味组分。除以上组分外，脂肪酸降解产物也包括酸类化合物：2-甲基丙酸(异丁酸)(似奶酪香)、戊酸(似汗味/刺鼻气味)、庚酸(似塑料味)、辛酸(霉味)、壬酸(似肥皂香/似脂肪香/霉味)、(*E*)-2-辛烯酸(似塑料味)、癸酸(似香菜香/似肥皂香)、(*E*)-3-癸烯酸(似蜡香/似脂肪香)、十二酸(似塑料味)、乙酸(醋香)、丁酸(似奶酪香/似汗味)、3-甲基丁酸(似奶酪香)、己酸(似煤块引火物味)和(*E*)-2-戊烯酸(似多种维生素泡腾片香)。癸酸也在杨木和橡胶木中被发现，而呈现似塑料味的十二酸也在欧洲赤松中被发现。据报道，癸酸和十二酸也是橡木的气味活性化合物。Vichi 等在橡树木片中研究发现了乙酸、丁酸和己酸的存在。水性涂饰刨花板中发现了乙酸。绿茶和橄榄油中发现了 3-甲基丁酸。

在如上所述的气味活性化合物中，3-甲基-2-丁烯醛、(*Z*)-4-庚醛、二氢-5-甲基-2(3*H*)-呋喃酮(γ-戊内酯)、5-乙基二氢-2(3*H*)-呋喃酮(γ-己内酯)、6-庚基四氢-2*H*-吡喃-2-酮(δ-十二内酯)、(*E*)-2-辛烯酸、(*E*)-3-癸烯酸、(*E*)-2-戊烯酸和 2-甲基丙酸首次被鉴定为气味活性化合物。其中，5-乙基二氢-2(3*H*)-呋喃酮(γ-己内酯)、6-庚基四氢-2*H*-吡喃-2-酮(δ-十二内酯)和(*E*)-3-癸烯酸属于关键气味活性化合物。

6.9 木材气味鉴别技术的差异分析与选择

本章分别使用 TD/GC-MS-O 技术和木材抽提物气味成分萃取稀释技术对木材气味活性化合物进行鉴定分析与表征，帮助人们对气味成分萃取稀释技术的使用具有更清晰的认识。TD/GC-MS-O 技术作为一种快捷简便的现代分析手段，通过使用特定填料吸附管采集木制品释放气味组分，结合 GC-MS-O 气体进样方式对气味活性化合物进行研究，可富集所有可挥发性气味化合物。同时，采用 TD/GC-MS-O 技术得到的试验结果贴近日常生活，实用性较高，且能够针对不同环境因素，探究环境因素对气味释放的影响。木材抽提物气味成分萃取稀释技术使用挥发物的溶剂辅助气味挥发法得到木材刨花中的气味组分，使用 GC-MS-O 液体进样的方式对气味活性化合物进行研究，再结合 OD 因子对气味化合物进行表征。该方法能够较为全面地萃取得到木材含有的气味组分，且能够较好地分析关键气味活性化合物。

作为目前最常用的气味分析方法，两种方法均有其优势，同时也都存在一定的局限性。两种气味分析技术的差异对比见表 6-7。对比两种不同气味分析方法，TD/GC-MS-O 技术通过采集木制品自然释放的气味活性化合物样品进行分析，所以在鉴别木材含有的全部气味活性化合物方面存在一定的局限性，可能无法检测到存在于木材内部未释放在环境中的气味物质。同时 TD/GC-MS-O 技术的试验结果受吸附管填料的影响较大，在采样前需先进行不同填料吸附管采样分析的预试验，前期研究耗时较多、成本较高。木材抽提物气味成分萃取稀释技术不便于分析日常生活中木制品的气味释放情况，在鉴别实际生活中木材气味释放方面也具有一定的局限性(如木材因腐朽产生的气味)。与此同时，这种方法的结果常常受预处理方法、稀释方法等多种因素的影响。对于木材等非液体样品，气味组分需要溶解在溶液中，溶剂的选择、溶解时间等因素决定了气味物质的溶解效果，所以溶剂、溶解时间及稀释方法对最终结果也具有一定的影响。

表 6-7　两种气味分析技术的优势与不足

气味分析技术	TD/GC-MS-O 技术	木材抽提物气味成分萃取稀释技术
优势	(1) 试验流程快捷简便，试验结果贴近日常生活，可分析研究不同状态木材气味释放情况，实用性较高； (2) 能够针对不同环境因素，探究环境因素对气味释放的影响	(1) 能够较全面地识别木材含有的气味成分； (2) 使用 OD 因子，能够较好地分析关键气味活性化合物
不足	(1) 在鉴别木制品内含有气味活性化合物的全面性方面存在一定的局限性； (2) 结果受吸附管填料的影响，故需要通过预试验选定适合的吸附管，具有耗时较多、成本较高的缺点	(1) 不便于分析日常生活中木制品的气味释放情况，在鉴别实际生活中木材气味释放方面具有一定的局限性(如木材因腐朽产生的气味)； (2) 结果常常受预处理方法、稀释方法等多种因素的影响

综上所述，木材抽提物气味成分萃取稀释技术适合对木材内含气味物质组分进行鉴定这一类的基础性研究，以更好地分析木材气味的成分来源。TD/GC-MS-O 技术在探究木质材料日常释放气味组分方面有较好的应用，可分析研究不同状态木材的气味释放情况，适用于探究木材及室内“气味源”、分析木材释放气味组分对人体健康的影响，在提高产品环保质量，提升木材及涂饰木制品环保利用水平，保护人民群众健康安全等方面具有很大的助力作用。在具体试验中，应根据不同试验目的和应用场景选择最适宜的气味分析方法。

6.10　本章小结

(1)对比两种不同气味分析方法，TD/GC-MS-O 技术在探究木制品日常释放气味组分方面有较好的应用，可分析研究不同状态木材气味释放情况，适用于探究木材及室内“气味源”、分析木材释放气味组分对人体健康的影响，具有试验流程快捷简便，试验结果贴近日常生活，可分析研究不同状态下木材气味释放情况，实用性较高的优势特点。此法能够同时兼顾环境的影响，对不同环境条件下木质材料释放气味的差异进行表征分析，具有很高的应用价值。木材抽提物气味成分萃取稀释技术适用于对木材内含有的气味物质组分进行鉴定这类基础性研究，能够较全面地识别木材中含有的气味成分，使用 OD 因子揭示关键气味活性化合物。在具体试验中，应根据不同试验目的和应用场景选择最适宜的气味分析方法。

(2)欧洲白桦样品的气味愉悦度被评为中性偏愉悦。基于 S-W 联合 K-S 统计学分析，发现 6 种欧洲白桦样品的气味强度/愉悦度等级不存在显著性差异。欧洲白桦样品的 10 种气味属性分别为似泥土香、似铅笔香、似软木塞味/霉味、似青草香、似脂肪香、果香、似绿茶香、似草药香、似香草香和醋香。欧洲白桦树皮和木质部的气味属性略有不同，各气味属性均为中等强度(所有属性强度均小于 4)。

(3)使用木材抽提物气味成分萃取稀释技术鉴定得到干燥欧洲白桦木材中的 54 种气味物质，根据目标化合物的气味特征和保留指数，同时与参考化合物和文献资料进行比较，成功鉴定得到 49 种气味物质。5 种气味活性化合物由于其过低的质量浓度尚未得到确认，其特征分别为：RI FFAP 2100(似塑料味/似肥皂香)、RI FFAP 2296(医疗用品味/似肥皂香/霉味)、RI FFAP 2526(似橡胶味)、RI FFAP 2758(似烟熏火腿香)、RI FFAP 2963(甜香/果香/似香草香)。在前 10 种挥发性物质中，检测到 8 种具有气味特征的化合物，包括 4 种关键气味活性化合物。17 种气味物质被鉴定为关键气味活性化合物，包括 4 种最关键气味活性化合物“苯酚、γ-壬内酯、4-羟基-3-甲氧基苯甲醛(香草醛)和 4-(4-羟苯基)丁-2-酮(覆盆子酮)”。其中 4-(4-羟基苯基)丁-2-酮(覆盆子酮)在两种欧洲白桦萃取物的高稀释度(>1024)样品中仍具有清晰明显的气味特征。

(4)抽提物中脂肪酸降解产物是欧洲白桦气味化合物中最多的一类成分，包括饱和醛和不饱和醛、酮类和酸类化合物。此外，气味活性化合物也来源于木质素降解过程中产生的苯基化合物及一些萜烯类化合物。14 种气味活性物质首次在木材中鉴定得到，分别为 3-甲基-2-丁烯醛(似黄油香)、(*Z*)-4-庚烯醛(鱼腥味/

似脂肪香）、6-甲基-5-庚烯-2-酮（似脂肪香）、二氢-5-甲基-2（3*H*）-呋喃酮（γ-戊内酯）（似椰子香）、5-乙基二氢-2（3*H*）-呋喃酮（γ-己内酯）（似草药香/似椰子香/果香）、反式茴香脑（似茴香香/似草药香）、苯甲酸丁酯（似肥皂香/果香）、（*E*）-2-戊烯酸（似多种维生素泡腾片香）、苯酚（霉味/似墨水香）、（*E*）-2-辛烯酸（似塑料味）、（*E*）-3-癸烯酸（似蜡香/似脂肪香）、2-甲基丙酸（异丁酸）（似奶酪香）、6-庚基四氢-2*H*-吡喃-2-酮（δ-十二内酯）（似桃子香/甜香）、4-（4-羟苯基）丁-2-酮（覆盆子酮）（似山莓香/果香/甜香）。

参 考 文 献

南京林业大学. 1990. 木材化学. 北京: 中国林业出版社.

杨锐, 徐伟, 梁星宇, 等. 2018. 床头柜 VOC 及异味气体释放组分分析. 家具, 39（2）: 24-27.

Bemelmans J. 1979. Review of isolation and concentration techniques. Prog Flavour Res, 8: 79-98.

Büttner A. Schieberle P. 1999. Characterization of the most odor-active volatiles in fresh, hand-squeezed juice of grapefruit（*Citrus paradisi* Macfayden）. J Agric Food Chem, 47: 5189-5193.

Büttner A, Schieberle P. 2001. Evaluation of key aroma compounds in hand-squeezed grapefruit juice（*Citrus paradisi* Macfayden）by quantitation and flavor reconstitution experiments. J Agric Food Chem, 49: 1358-1363.

Cadahía E, de Simón B F, Jalocha J. 2003. Volatile compounds in Spanish, French, and American oak woods after natural seasoning and toasting. J Agric Food Chem, 51（20）: 5923-5932.

Culleré L, de Simón B F, Cadahía E, et al. 2013. Characterization by gas chromatography-olfactometry of the most odor-active compounds in extracts prepared from acacia, chestnut, cherry, ash and oak woods. LWT-Food Sci Technol, 53（1）: 240-248.

Derail C, Hofmann T, Schieberle P. 1999. Differences in key odorants of handmade juice of yellow-flesh peaches（*Prunus persica* L.）induced by the workup procedure. J Agric Food Chem, 47（11）: 4742-4745.

Díaz-Maroto M C, Guchu E, Castro-Vázquez L, et al. 2008. Aroma-active compounds of American, French, Hungarian and Russian oak woods, studied by GC-MS and GC-O. Flavour Frag J, 23（2）: 93-98.

Dong H J, Jiang L Q, Shen J, et al. 2019. Identification and analysis of odor-active substances from PVC-overlaid MDF. Environ Sci Pollut Res, 26（20）: 20769-20779.

Dong H J, Wang Q F, Shen J, et al. 2019. Effects of temperature on volatile organic compounds and odor emissions of polyvinyl chloride laminated MDF. Wood Res, 64（6）: 999-1009.

Duan X L, Wang H Y, Yang G T, et al. 2014. Composition analysis of antibacterial and antioxidant activities of essential oil in leaves of *Betula platyphylla*. J Anhui Agric Sci, 42（33）: 11746-11748, 11777.

Engel W, Bahr W, Schieberle P. 1999. Solvent assisted flavour evaporation—A new and versatile technique for the careful and direct isolation of aroma compounds from complex food matrices. Eur Food Res Technol, 209（3/4）: 237-241.

Flaig M, Qi S, Wie G, et al. 2020. Characterization of the key odorants in a high-grade chinese green tea beverage (*Camellia sinensis*; Jingshan Cha) by means of the sensomics approach and elucidation of odorant changes in tea leaves caused by the tea manufacturing process. J Agric Food Chem, 68: 5168-5179.

Ghadiriasli R, Wagenstaller M, Büttner A. 2018. Identification of odorous compounds in oak wood using odor extract dilution analysis and two-dimensional gas chromatography-mass spectrometry/olfactometry. Anal Bioanal Chem, 410: 6595-6607.

Grosch W. 2001. Evaluation of the key odorants of foods by dilution experiments, aroma models and omission. Chem Senses, 26(5): 533-545.

Guadagni D G, Buttery R G, Okano S, et al. 1963. Additive effect of sub-threshold concentrations of some organic compounds associated with food aromas. Nature, 200: 1288.

Jordão A M, Ricardo-da-Silva J M, Laureano O, et al. 2006. Volatile composition analysis by solid-phase microextraction applied to oak wood used in Cooperage (*Quercus pyrenaica* and *Quercus petraea*): Effect of botanical species and toasting process. J Wood Sci, 52(6): 514-521.

Laska M, Hudson R. 1991. A comparison of the detection thresholds of odour mixtures and their components. Chem Senses, 16(6): 651-662.

Liu R, Huang A M, Wang C, et al. 2018. Review of odor source and controlling technology for furniture. China Wood Ind, 32(3): 34-38.

Liu R, Wang C, Huang A M, et al. 2018. Characterization of odors of wood by gas chromatography-olfactometry with removal of extractives as attempt to control indoor air quality. Molecules, 23(1): 203.

Lizárraga-Guerra R, Guth H, López M G. 1997. Identification of the most potent odorants in huitlacoche (*Ustilago maydis*) and austern pilzen (*Pleurotus* sp.) by aroma extract dilution analysis and static head-space samples. J Agric Food Chem, 45: 1329-1332.

Miyazawa T, Gallagher M, Preti G, et al. 2008. Synergistic mixture interactions in detection of perithreshold odors by humans. Chem Senses, 33(4): 363-369.

Neugebauer A, Granvogl M, Schieberle P. 2020. Characterization of the key odorants in high quality extra virgin olive oils and certified off-flavor oils to elucidate aroma compounds causing a rancid off-flavor. J Agric Food Chem, 68: 5927-5937.

Othmer K. 2005. Kirk-Othmey Encyclopedia of Chemical Technology. 5th ed. New York: John Wiley & Sons.

Peng W X, Zhu T L, Zheng Z Z, et al. 2004. Research status and trend of wood extracts. China Forestry Sci Technol, (5): 6-9.

Royal Botanical Gardens Kew. Plants of the World Online. 2018-10-28. *Betula pendula* Roth. https://powo.science.kew.org/taxon/urn:lsid:ipni.org:names:295174-1.

Schreiner L, Bauer P, Büttner A. 2018. Resolving the smell of wood identification of odour-active compounds in Scots pine (*Pinus sylvestris* L.). Sci Rep, 8: 1-9.

Schreiner L, Loos H M, Büttner A. 2017. Identification of odorants in wood of *Calocedrus decurrens* (Torr.) florin by aroma extract dilution analysis and two-dimensional gas chromatography-mass spectrometry/olfactometry. Anal Bioanal Chem, 409: 3719-3729.

Uçar G, Balaban M. 2001. Volatile wood extractives of black pine（*Pinus nigra* Arnold）grown in Eastern Thrace. Holz Als Rohund Werkstoff, 59(4): 301-305.

van den Dool H, Kratz P D. 1963. A generalization of the retention index system including linear temperature programmed gas-liquid partition chromatography. J Chromatogr A, 11: 463-471.

Vichi S, Santini C, Natali N, et al. 2007. Volatile and semi-volatile components of oak wood chips analysed by accelerated solvent extraction（ASE）coupled to gas chromatography-mass spectrometry（GC-MS）. Food Chem, 102(4): 1260-1269.

Wagner J, Schieberle P, Granvogl M. 2017. Characterization of the key aroma compounds in heat-processed licorice（*Succus liquiritae*）by means of molecular sensory science. J Agric Food Chem, 65: 132-138.

Wang H Y, Yang G T, Ren G Y, et al. 2012. GC-MS analysis of refined birch vinegar and essential oils of *Juniperus japonicus* and *Platycladus orientalis*. Jiangsu Agric Sci, 40(1): 276-279.

Wang J Z. 1983. Properties, uses and drying methods of birch wood. J Inner Mongolia Forestry,（11）: 31.

Wang Q F, Shen J, Cao T Y, et al. 2019. Emission characteristics and health risks of volatile organic compounds and odor from PVC-overlaid particleboard. BioResources, 14(2): 4385-4402.

Wang Q F, Shen J, Du J H, et al. 2018. Characterization of odorants in particleboard coated with nitrocellulose lacquer under different environment conditions. Forest Prod J, 68(3): 272-280.

Wang Q F, Shen J, Shao Y L, et al. 2019. Volatile organic compounds and odor emissions from veneered particleboards coated with water-based lacquer detected by gas chromatography-mass spectrometry/olfactometry. Eur J Wood Wood Prod, 77(5): 771-781.

Wang Q F, Shen J, Shen X W, et al. 2018. Volatile organic compounds and odor emissions from alkyd resin enamel-coated particleboard. BioResources, 13(3): 6837-6849.

Wang Q F, Shen J, Zeng B, et al. 2020. Identification and analysis of odor-active compounds from *Choerospondias axillaris*（Roxb.）Burtt et Hill with different moisture content levels and lacquer treatments. Sci Rep, 10: 9565.

Wang Q F, Zeng B, Shen J, et al. 2020. Effect of lacquer decoration on vocs and odor release from *P. neurantha*（Hemsl.）Gamble. Sci Rep, 10: 14856.

第7章　GRA-FCE多组分化合物释放材料健康等级综合评价模型

前面各章基于家具及木质板材相关专业知识，通过多种试验方法和技术手段系统性地研究了不同树种木材气味释放情况，探索了含水率、涂饰处理、环境条件和不同气味检测方法等因素对材料气味释放的影响，得到家具制品 VOCs 释放机理与气味释放特性。然而，随着科技的进步和人类生活水平的提高，人们越来越多地发现单纯从化合物浓度考虑材料健康性的局限性。日常生活中人们常常通过 VOCs 的浓度、特定组分浓度或特定单体化合物的浓度对板材的健康性进行评定。然而，针对板材健康性而言，即使板材释放相同浓度的 VOCs，其健康性评价也会因其释放化合物毒性和气味特性的不同而具有一定的差别。为针对性地解决以上问题，在国内外相关评价标准的基础上选择适宜的评价方法和技术手段，建立木质家具板材健康等级综合评价方法十分必要。综合评价方法的建立不仅为板材健康等级综合评价提供了良好的平台，也有利于指导消费者合理使用板材、解决室内空气污染问题，具有重要意义。

本部分研究在相关标准理论和试验数据的基础上，使用模糊综合评价法(fuzzy comprehensive evaluation，FCE)和灰色关联分析(grey relational analysis，GRA)矩阵模型，构建了多组分化合物释放材料健康等级综合评价模型。该评价模型在 VOCs 基础上同时对 VVOCs 加以关注，是一种不仅仅局限于浓度，综合考虑板材释放化合物浓度、危害性和气味健康等级的综合评价模型。同时，为实现 GRA-FCE 多组分化合物释放材料健康等级综合评价模型的快速计算，在 GRA-FCE 多组分化合物释放材料健康等级综合评价模型的基础上，运用 Qt 技术进行界面和后端开发，编制了 GRA-FCE 多组分化合物释放材料健康等级综合评价人工智能软件。

7.1　相关环境评价标准

7.1.1　LCI 危害评估值

最低暴露水平(lowest concentration of interest，LCI)即单体 VOC 释放最

低暴露水平。其概念最早起源于欧洲科学家在 1997 年的 ECA 报告中首次发表，后被德国建筑产品健康相关评估委员会(AgBB)和法国环境和职业健康安全局(AFSSET)[现法国食品、环境、职业健康与安全署(ANSES)]采纳、发展和修改。

LCI 是单体化合物健康评估的辅助参数，高于此水平的污染物即可能对室内环境中的人产生一定影响。该值由空气质量准则(AQG)和职业接触限值(OELVs)衍生而来，具体确定程序如下：首先，化合物经查是否通过 TRGS 900 以及职业接触限值评估，若化合物通过以上程序已经被评估，其最小暴露值即为 LCI 值。若化合物通过以上程序未经评估，还可利用美国政府工业卫生学家会议(ACGIH)的 TLV 值、德国科学基金会(DFG)发布的工作场所化学物质最高容许浓度(MAK)值或美国工业卫生协会(AIHA)的工作场所环境暴露水平(WEEL)，以及其他国家确定的该化合物在工作场所最小暴露值作为 LCI 值。

然而，一些化合物的 LCI 值由于缺乏足够的研究和试验数据，通过上述方法无法直接得出，此时可使用交叉参照(read-across)法、成分分组(grouping of substances)法以及类比的毒理学评估等预测方法对 LCI 值进行判定。为避免细微化学结构差异对毒性的影响，应使用相似化学结构参考化合物的最低浓度标准作为被评估化合物的 LCI 值。对于使用上述方法仍无法得到 LCI 值的化合物，将其分配至“LCI 未知化合物”的分类中。

7.1.2 德国 AgBB 法规限定标准与评估程序

欧美国家对建材与室内装饰材释放 VOCs 的研究开始于 20 世纪 80 年代，相比国内更加完善且成效显著，对室内空气质量进行了有效的控制。为保护居住者的健康，德国联邦各州和欧盟建立了建筑产品相关法规，并对卫生、健康和建筑工程环境的要求的框架进行了相关定义，基于此，需要对建筑产品的基本释放特性进行研究，从而限定材料投入室内使用前的释放指标值，检查相关指标值是否满足德国当前限定水平。为解决建筑产品相关健康保护基本要求不能够被充分执行的问题，欧盟在 2005 年面向欧洲标准化委员会发布了一项授权，规定了建筑产品中含有的危险物质和建筑产品释放危险物质水平的评估方法，同时成立 CEN 建筑产品-危险物质释放评估技术委员会(CEN/TC 351)以更好地解决此问题。该委员会主要负责就建筑产品中危险物质释放制定协调一致的测试方法，其开发的横向评估方法为标准化建筑产品技术规范和欧洲技术评估的基础，相关成果包括欧洲标准 EN 16516。

德国 AgBB 和德国建筑技术协会(DIBt)拟定的法规主要基于欧盟建筑材料产品的框架法规(EU)No 305/2011(CPR)建立而成。环境法规通常由强制性和自愿性两种法规组成。其中，自愿性法规一般由指定独立利益机构建立，政府法规则由强制性条款组成。政府法规中以 DIBt 规定的地板 VOCs 释放率标准最为著名，作为整个欧盟地区法规的提案基础，此项法规中规定的限值在德国已经成为室内建筑产品协会控制地板中 VOCs 和 SVOCs 释放量的指导值。然而，DIBt 法规对于 VOCs 和 SVOCs 的释放量，以及某些单体化合物(如甲苯、苯乙烯、四甲苯、4-乙烯基环己烯)和某些组分化合物(如饱和 *n*-醛总量、芳香醛总量)释放量的指导具有一定的局限性。

基于 LCI 的评估，AgBB 引入了 *R* 值的概念，以表示建筑产品排放的化合物在室内空气中形成的混合物组合效应的危害指数。*R* 值是建材释放化合物校准因子 R_i 的加和，通过 LCI 值和化合物单体浓度值确定校准因子 R_i，以对其危害性进行量化，具体计算方法见式(7-1)。*R* 值概念基于欧洲专家组《欧洲合作行动》(ECA)在联合国非洲经济委员会(简称非洲经委会)的第 18 号报告，并在非洲经委会第 29 号报告中得到确认。

$$R = \sum R_i = \sum C_i / \mathrm{LCI}_i \tag{7-1}$$

式中，*R* 为危害指数；R_i 为化合物 *i* 的单体危害指数；C_i 为化合物 *i* 的质量浓度，μg/m^3；LCI_i 为化合物 *i* 的最低暴露水平。

与此同时，AgBB 在评估程序中提出，对 28 天释放后仍具有气味问题的材料本着自愿性的原则对材料进行感官评价。将 0 pi 定义为 50%的感官评价小组成员能够感知到丙酮(99.8%)空气混合物的气味，1 pi 到 *n* pi 遵循丙酮浓度的线性梯度。例如，若 50%的感官评价小组成员能够感知 99.8%丙酮气味的浓度为 20 mg/m^3，则将其定义为 0 pi，依据线性规律，40 mg/m^3 浓度丙酮空气混合物的气味强度为 1 pi，依此类推，320 mg/m^3 浓度丙酮空气混合物的气味强度为 15 pi。

评价流程如图 7-1 所示。该评估程序综合考虑了不同时间建材释放的 TVOC 浓度值、*R* 值、LCI 未知化合物的浓度、致癌性物质浓度以及基于自愿原则的感官气味强度。根据该评估程序，建材测试结果被评价为合格或不合格。限量值要求释放 3 天的测试结果应满足：①$\mathrm{TVOC_{spez3}} \leqslant 10000$ μg/m^3；②致癌性物质浓度不超过 10 μg/m^3。限量值要求释放 28 天的测试结果应满足：①$\mathrm{TVOC_{spez28}} \leqslant 1000$ μg/m^3；②$\mathrm{TSVOC_{spez28}} \leqslant 100$ μg/m^3；③致癌性物质浓度 ≤ 1 μg/m^3；④相对危害性指标 $R \leqslant 1$；⑤LCI 未知化合物的浓度 ≤ 100 μg/m^3。评估程序同时对感官评价气味强度值加以关注，基于自愿原则，将感知强度 7 pi 设定为建筑产品感官测试的初步评估标准，但未作强制性要求。

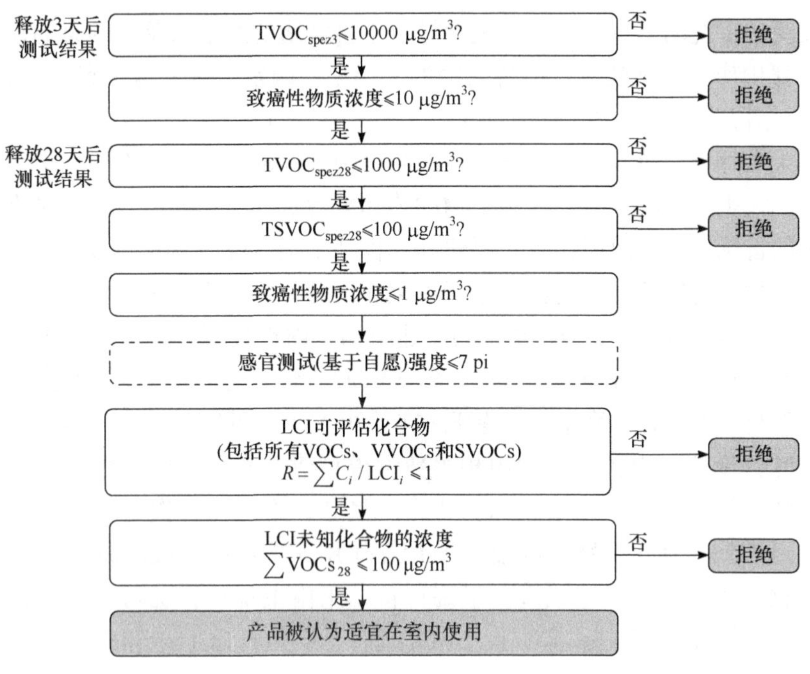

图 7-1　建筑产品 VVOCs、VOCs 和 SVOCs 健康性判别流程图

7.2　GRA-FCE 多组分化合物释放材料健康等级综合评价理论基础

德国 AgBB 建立的《建筑物室内空气质量要求：建筑产品释放挥发性有机化合物(VVOCs、VOCs 和 SVOCs)健康性评价程序》综合考虑了多种指标特性对板材健康等级的影响，能够基于较为全面的指标对材料环保水平进行评价，具有很高的借鉴意义。然而，德国建筑产品法规只能对材料是否合格进行判定，确定单体材料是否适用于室内人居环境的应用，无法对多组分化合物释放材料的健康等级综合评价结果进行等级量化，以区分不同多组分化合物释放材料的环保性级别，在多种材料横向对比方面存在一定的局限性。同时，AgBB 标准中对板材释放气味标准等级的界定也较为模糊。虽然其将感知气味强度 7 pi 设定为建筑产品感官测试的初步评估标准，认为材料自然释放 28 天后具备小于 7 pi 的感知气味强度即可被接受，然而，其气味强度限定值 7 pi 同样受感官评价小组成员差异性的影响。截至目前，尚未存在统一且普遍接受的气味评估程序，只有少数研究调查了建筑产品的气味排放和安装各种建筑产品后室内空气的气味强度。AgBB 调查表明，超过 30%的未经培训的受访人群认为建筑产品的气味是一种不

可被接受的干扰因素，气味的释放会导致不良情绪的产生以及对健康的损害。感官气味评价作为评估建筑产品排放物的一个重要因素，越来越受到人类的关注。《欧洲合作行动“室内空气质量及其对人的影响”》(ECA-IAQ)第 20 号报告明确表明：人类感观在感知室内空气质量的测量中必不可少。相比不同化学和物理表征方法，人类感官嗅觉对空气污染物的感知更为敏感，生物学方法是对化学混合物评估的首选方式。故而，有必要建立一种基于主客观多方面的考量，对材料释放多组分化合物舒适性及危害度进行量化评价的综合评价方法。

本部分研究使用 AgBB 建立的《建筑物室内空气质量要求：建筑产品释放挥发性有机化合物(VVOCs、VOCs 和 SVOCs)健康性评价程序》作为基础，主要关注材料释放 28 天后各指标特征。在关注 VOCs 的同时，对材料 VVOCs 释放和气味强度值加以关注。利用相关数学模型建立多组分化合物释放材料的健康等级综合评价方法。由于气味物质组成复杂，不同化合物之间可以发生相互影响。考虑到多种化合物之间复杂的相互作用，本章试验仅以融合作用的一般影响量化分析板材总气味强度。最终评价结果由主观和客观两部分组成，主要包括：①依据欧盟相关标准对于 $TVOC_{spez28}$、R 值、LCI 未知化合物的浓度；②基于总气味强度的气味评价(参考日本标准)。评价过程见图 7-2。

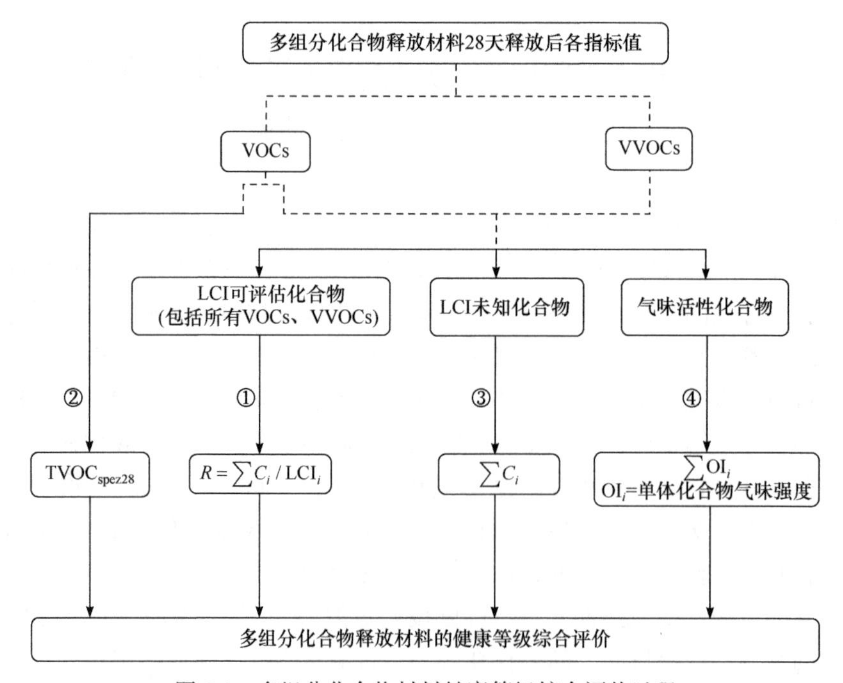

图 7-2　多组分化合物材料健康等级综合评价过程

7.3　基于 GRA-FCE 的模型构建

7.3.1　相关概念

(1)综合评价：根据一定的评价目的指向性，基于评价对象全体，依据所具备条件，通过一定方法权衡多个评价指标值得到综合评价值，再据此择优和排序。

(2)指标：根据研究对象和目的，能够反映研究对象某一方面情况的特征依据。指标通常都具有不同程度的模糊性。

(3)指标集：以影响评价对象的各种指标为元素所组成的一个普通集合。

(4)评语集：评语集是由评价者对评价对象可能做出的各种评价等级所组成的集合，可根据实际情况用不同的等级、评语或数字来表示。

(5)隶属度：介于 0～1 之间的一个数，用以表示指标对评语集的归属程度。

(6)隶属函数：用以确定隶属度的方法，是隶属度对各个元素的函数。

(7)模糊现象：不同于确定性现象(运动速率、冷凝)、随机现象(某事物分布、故障发生概率)，诸如高、矮、胖、瘦、美、丑、大、小、高、低、好、坏等需要靠模糊数学去刻画、外延不清晰的现象。

7.3.2　模糊综合评价法的来源与基本原理

1)概述与来源

模糊综合评价法是一种基于模糊逻辑(fuzzy logic)理论的综合评价方法。该综合评价法利用模糊数学的概念、应用模糊关系合成原理，对不易量化、边界不清的指标进行定量化，根据模糊数学的隶属度理论把定性评价转化为定量评价，从而得到多因素对被评价事物隶属等级状况的综合性评价结果。其具有系统性强、结果清晰的特点，能较好地解决模糊的、难以量化的问题，适合各种非确定性问题的解决。

1965 年，美国加州大学伯克利分校控制论专家 L. A. Zadeh(扎德)教授在《信息与控制》期刊上发表了名为“模糊集合”的重要论文，主要包括模糊集合理论、模糊逻辑、模糊推理和模糊控制等方面的内容。文中首次提出表达事物模糊性的重要概念，即“隶属函数”，从而突破了 19 世纪末康托尔的经典集合理论，奠定了模糊理论的基础。从此，模糊数学开始进入人类的科研领域。1966 年，P. N. Marinos 发表了模糊逻辑的研究报告，1974 年，L. A. Zadeh 发表了模糊推理的研究报告，从此，模糊理论成了一个热门的课题。模糊数学可将数学的应用范围从精确现象领域扩大到模糊现象领域，从而用精确的数学方法去处理复杂的系统问题，是研究和揭示模糊现象的定量处理方法。

2) 基本思想与原理

模糊综合评价法的基本思想是使用属于程度代替属于或不属于，从而得到精确定量值，即中介状态。首先确定被评价对象的指标集和评语集，再分别确定各个指标的权重及其隶属度向量，通过指标层与评语集之间的模糊关系矩阵(即隶属度矩阵)可以得到目标层对于评语集的隶属度向量。最后通过模糊评价矩阵与指标权向量的模糊运算的归一化运算，得到模糊综合评价结果，一般依据最大隶属度原则确定评价等级。

7.3.3 GRA-FCE 多组分化合物释放材料健康等级综合评价基本步骤

基于 FCE 数学建模算法的相关原理，结合德国 AgBB 建立的健康评价程序、中华人民共和国林业行业相关标准和中华人民共和国卫生行业相关标准，对多组分化合物释放材料的综合健康性评价进行数学模型的建立，具体步骤如下。

1) 建立 GRA-FCE 多组分化合物释放材料健康等级综合评价的指标集(U)

基于 AgBB 建立的《建筑物室内空气质量要求：建筑产品释放挥发性有机化合物(VVOCs、VOCs 和 SVOCs)健康性评价程序》，以材料释放 28 天后的各项指标为基础建立指标集，确定了以 R 值、$\mathrm{TVOC_{spez28}}$、LCI 未知化合物的浓度和总气味强度为指标子集的指标集合，即

$$U=\{u_i\}=\{u_1,u_2,u_3,u_4\}$$
$$=\{R\text{值，}\mathrm{TVOC_{spez28}}\text{，LCI未知化合物的浓度，总气味强度}\}$$

2) 确定 GRA-FCE 多组分化合物释放材料健康等级综合评价的评语集(V)

评语集是基于不同指标所得到对材料释放化合物环保水平的整体评价，通常以 V 表示。在此评价体系中，$V=\{v_i\}=\{v_1,v_2,v_3,v_4,v_5\}=\{\text{优，良，中，合格，差}\}$。

3) 计算质量指数(I_i)

因本模型中各指标均为逆向指标，评价指标的方向无需统一。同时，模型中各指标的优限值均为 0。考虑到多组分化合物释放材料的实际情况，无需对 C_i 进行计算，存在

$$C_i=X_i \tag{7-2}$$

式中，C_i 为方向统一后 i 的指标值；X_i 为 i 指标统计代表值。

为统一度量，将指标值 C_i 转换为质量指数，见式(7-3)：

$$I_i=I_{j\min}+\frac{C_i-S_{ij(1)}}{S_{ij(2)}-S_{ij(1)}} \tag{7-3}$$

式中，I_i 为 i 指标的质量指数；$I_{j\min}$ 为 i 指标在 j 等级质量指数的最小值；$S_{ij(1)}$ 和 $S_{ij(2)}$ 分别为 i 指标在 j 等级分级标准的下限和上限。

根据评语集，本模型将等级分为优、良、中、合格、差 5 个等级，故 m 为 5，i 指标在 j 等级质量指数的最小值 $I_{1\min}$、$I_{2\min}$、$I_{3\min}$、$I_{4\min}$、$I_{5\min}$ 分别为 0.0、1.0、2.0、3.0、4.0。依据欧盟 AgBB 法规限定标准和相关中华人民共和国林业行业标准，对各指标的等级界限值进行划分（表 7-1），不明确等级指标值采用等分均值法对其界限值进行划分。

表 7-1　各指标隶属度函数界限值

等级划分	R 值	$TVOC_{spez28}$	LCI 未知化合物的浓度	总气味强度
优(v_1)	[0, 0.25]	[0, 220]	[0, 25]	[0, 8]
良(v_2)	(0.25, 0.5]	(220, 500]	(25, 50]	(8, 15]
中(v_3)	(0.5, 0.75]	(500, 750]	(50, 75]	(15, 20]
合格(v_4)	(0.75, 1]	(750, 1000]	(75, 100]	(20, 25]
差(v_5)	(1, +∞)	(1000, +∞)	(100, +∞)	(25, +∞)

4）建立隶属度判断矩阵（A）

隶属度是模糊评价中最基本和最重要的概念。对于指标集中的某个指标而言，目的即得出研究对象依据相对于评语集中各个评语的隶属度。建立 $U\times V$ 上的隶属度判断矩阵 A，选用指派法确定多组分气味质量综合评价的隶属度函数。根据模型数据特点，参照相关中华人民共和国卫生行业标准，选择半梯形和三角形隶属度函数计算得到隶属度 a_{ij}。本模型共由 5 个分段函数构成，相关隶属度函数如以下公式所示。

当 j=1 时：

$$a_{ij}=\begin{cases}1.0 & I_i\in[0,1.0]\\ \dfrac{m-I_i}{m-1.0} & I_i\in(1.0,m]\end{cases}\tag{7-4}$$

当 j=2,3,…,m−1 时：

$$a_{ij}=\begin{cases}\dfrac{I_i-(j-3m+2.5)}{3m-2.5} & I_i\in[j-3m+2.5,\ j]\\ \dfrac{j+m-1-I_i}{m-1.0} & I_i\in(j,\ j+m-1]\end{cases}\tag{7-5}$$

当 j=m 时：

$$a_{ij}=\begin{cases}\dfrac{I_i+2m-2.5}{3m-2.5} & I_i\in[-2m+2.5,m]\\ 1.0 & I_i\in(m,\infty)\end{cases} \tag{7-6}$$

式中，a_{ij} 为第 i 项评价指标对某评价对象在 u_i 指标方面做出 v_j 评语可能性的程度，即 i 对 j 的隶属度；I_i 为质量指数；m 为评价等级数，因共有五个气味等级，故本节中取 m=5，代入式(7-4)、式(7-5)、式(7-6)后得到式(7-7)：

$$\begin{array}{ll} a_{i1}=1.0 & I_i\leqslant 1.0\\ a_{i1}=(5.0-I_i)/4.0 & I_i>1.0\\ a_{i2}=(I_i+10.5)/12.5 & I_i\leqslant 2.0\\ a_{i2}=(6.0-I_i)/4.0 & I_i>2.0\\ a_{i3}=(I_i+9.5)/12.5 & I_i\leqslant 3.0\\ a_{i3}=(7.0-I_i)/4.0 & I_i>3.0\\ a_{i4}=(I_i+8.5)/12.5 & I_i\leqslant 4.0\\ a_{i4}=(8-I_i)/4.0 & I_i>4.0\\ a_{i5}=(I_i+7.5)/12.5 & I_i\leqslant 5.0\\ a_{i5}=1.0 & I_i>5.0 \end{array} \tag{7-7}$$

通过上述隶属度函数计算得到隶属度 a_{ij}，进而得到隶属度向量：A_{iz}=（$a_{i1},\cdots,a_{im}$），$\sum_{j=1}^{m}a_{ij}=1$。本模型评语集共有 5 项评语，故此处 m=5，A_{i5}=（$a_{i1},\cdots,a_{i5}$）。本模型中共有 4 个指标，通过矩阵合成运算得到综合评价隶属度判断矩阵 A=$(A_{i1},A_{i2},A_{i3},A_{i4})$。分别以 R、TVOC、C 和 OI 表示 R 值、$\mathrm{TVOC_{spez28}}$、LCI 未知化合物的浓度和总气味强度，综合评价隶属度判断矩阵可表示为

$$A=(A_{i1},A_{i2},A_{i3},A_{i4})=\begin{pmatrix}a_{11}\ a_{12}\cdots a_{1m}\\ a_{21}\ a_{22}\cdots a_{2m}\\ \vdots\quad\vdots\qquad\vdots\\ a_{n1}\ a_{n2}\cdots a_{nm}\end{pmatrix}$$

$$=\begin{pmatrix}a_{11}\ a_{12}\cdots a_{15}\\ a_{21}\ a_{22}\cdots a_{25}\\ \vdots\quad\vdots\qquad\vdots\\ a_{41}\ a_{42}\cdots a_{45}\end{pmatrix}=\begin{pmatrix}a_{R,\text{优}} & a_{R,\text{良}} & a_{R,\text{中}} & a_{R,\text{合格}} & a_{R,\text{差}}\\ a_{\text{TVOC},\text{优}} & a_{\text{TVOC},\text{良}} & a_{\text{TVOC},\text{中}} & a_{\text{TVOC},\text{合格}} & a_{\text{TVOC},\text{差}}\\ a_{C,\text{优}} & a_{C,\text{良}} & a_{C,\text{中}} & a_{C,\text{合格}} & a_{C,\text{差}}\\ a_{\text{OI},\text{优}} & a_{\text{OI},\text{良}} & a_{\text{OI},\text{中}} & a_{\text{OI},\text{合格}} & a_{\text{OI},\text{差}}\end{pmatrix}$$

5）确定综合评价的权重向量（W）

权重体现了各指标在评价过程中对评价目标不同的重要程度。使用灰色关联分析（GRA）矩阵模型权重对不同指标进行赋权。针对以上指标集 $U=\{R$值，$\text{TVOC}_{\text{spez28}}$，LCI未知化合物的浓度，总气味强度$\}$，通过 Matlab 计算，得到权重集 $W=\{w_1,w_2,w_3,w_4\}=\{0.2790,0.2664,0.2122,0.2424\}$，模型构建的具体方法见 7.3.4 节。

6）得到归一化后的模糊综合评价向量（B'）

将各指标各等级隶属度矩阵 A 与其权重系数相乘，即可得到模糊综合评价向量 B，即综合隶属度向量：

$$B=[b_j]_m=\left[\sum_{i=1}^{n}(w_i\cdot a_{ij})\right]_m \tag{7-8}$$

式中，B 为综合隶属度向量；b_j 为对象在 v_j 评语的综合隶属度；a_{ij} 为对象在 u_i 指标下对 v_j 评语的隶属度；w_i 为相应指标的权重。

对数据进行归一化处理，得到 B'，即

$$B'=[b'_j]_m=\left[\frac{b_j}{\sum_j b_j}\right]_m \tag{7-9}$$

式中，b'_j 为归一化后 v_j 评语的综合隶属度。

因本模型评语集的数量是 5，故公式中 m=5。最终评价结果根据最大隶属度原则，并在此基础上依据德国 AgBB 法规限定标准与评估程序，对合格等级条件下各个指标的值加以严格限定，实现对材料健康等级的最终判定。

7）计算模糊综合指数（P）

通过以上模型能够得到材料的环保水平等级。然而在日常生活中，人们常常具有对同健康等级材料的优劣再次横向对比的需求。故对上述归一化后的模糊综合评价向量 B' 进行处理，使用模糊综合评价向量常用的加权平均原则对结果进行综合分数转换。赋予不同等级连续化特性，参照标准《公共场所卫生综合评价方法》，取 0.01、0.25、0.5、0.75 和 1 为各等级的秩。使用 B' 中对应分向量将各等级的秩加权求和，进而得到被评价对象的相对位置，即模糊综合指数 P[式（7-10）]。模糊综合指数（P）越小，板材健康等级越高，反之，健康等级越低。

$$P = \frac{\sum_{j=1}^{n} b_j^k \cdot m}{\sum_{j=1}^{n} b_j^k} \tag{7-10}$$

考虑到在 GRA-FCE 多组分气味质量综合评价过程中结合德国 AgBB 法规限定标准与评估程序，对合格等级条件下各个指标的值加以严格限定的条件。不同多组分化合物释放材料之间健康性的横向对比仅针对同等级材料之间的相对比较。

7.3.4 基于灰色关联度分析矩阵模型权重的确定

权重体现了各因素在评价过程中对评价目标不同的重要程度，对评价结果有着重要影响。本节使用灰色关联分析(GRA)矩阵模型对不同指标影响评价结果的权重进行确定。灰色关联分析方法是根据指标之间发展趋势的相似或相异程度，即“灰色关联度”，衡量因素间的关联程度，是能够对一个系统发展变化态势进行定量描述和比较的方法。其基本思想是通过确定参考数列和若干个比较数列的几何形状相似程度来判断其联系是否紧密，它反映了曲线间的关联程度，具体实现步骤如下所示。

1)确定分析数列

确定反映系统行为特征的参考数列和影响系统行为的比较数列。反映系统行为特征的数据序列，称为参考数列。影响系统行为的因素组成的数据序列，称为比较数列。

(1)比较数列(子序列)：$X_i = X_i(k)\big|k=1,2,\cdots,n$，$i=1,2,\cdots,m$。

根据分析目的确定分析指标体系，收集分析数据。

设 n 个数据序列形成如下矩阵：

$$\left(X_1', X_2', \cdots, X_n'\right) = \begin{pmatrix} x_1'(1) & x_2'(1) & \cdots & x_n'(1) \\ x_1'(2) & x_2'(2) & \cdots & x_n'(2) \\ \vdots & \vdots & & \vdots \\ x_1'(m) & x_2'(m) & \cdots & x_n'(m) \end{pmatrix}$$

式中，m 为指标的个数；$X_i' = (x_i'(1), x_i'(2), \cdots, x_i'(m))^{\mathrm{T}}$，$i=1,2,\cdots,n$。

(2)参考数列(母序列)：$Y = Y(k)\big|k=1,2,\cdots,n$。

参考数列应是一个理想的比较标准，可以以各指标的最优值(或最劣值)构成参考数列，也可根据评价目的选择其他参照值。记作：$X_0' = \left[x_0'(1), x_0'(2), \cdots, x_0'(m)\right]$。

2)指标数据的无量纲化

系统中各指标的物理意义不同，导致数据的量纲也不一定相同，不便于直接比较，或在比较时难以得到正确的结论。因此在进行灰色关联分析时，一般都要进行无量纲化的数据处理。常用的无量纲化方法有均值化法[式(7-11)]和初值化法[式(7-12)]等。

$$X_i(k)=\frac{x_i'(k)}{\frac{1}{m}\sum_{k=1}^{m}x_i'(k)} \tag{7-11}$$

$$X_i(k)=\frac{x_i'(k)}{x_i'(1)} \tag{7-12}$$

式中，$i=0,1,2,\cdots,n;\ k=1,2,\cdots,m$。

无量纲化后的数据序列形成如下矩阵：

$$\left(X_0,X_1,\cdots,X_n\right)=\begin{pmatrix} x_0(1) & x_1(1) & \cdots & x_n(1) \\ x_0(2) & x_1(2) & \cdots & x_n(2) \\ \vdots & \vdots & & \vdots \\ x_0(m) & x_1(m) & \cdots & x_n(m) \end{pmatrix}$$

3) 计算绝对差值

逐个计算每个被评价对象指标序列，与母序列和子序列的绝对差值即 $\left|x_0(k)-x_i(k)\right|$ ($k=1,2,\cdots,m$，$i=1,2,\cdots,n$；i 为被评价对象的个数)，从而确定母、子序列最小差值与最大差值。

4) 计算关联系数

分别计算每个比较序列与参考序列对应元素的关联系数，如式(7-13)所示：

$$\zeta_i(k)=\frac{\min\limits_i\min\limits_k\left|x_0(k)-x_i(k)\right|+\rho\cdot\max\limits_i\max\limits_k\left|x_0(k)-x_i(k)\right|}{\left|x_0(k)-x_i(k)\right|+\rho\cdot\max\limits_i\max\limits_k\left|x_0(k)-x_i(k)\right|} \tag{7-13}$$

式中，$k=1,2,\cdots,m$；ρ为分辨系数，一般取值区间为(0,1)。ρ越小，表示关联系数间差异越大，区分能力越强。通常取ρ=0.5。

5) 计算关联序列，得到各指标权重

关联系数是表示比较数列与参考数列关联程度的值。因为信息过于分散不便于进行整体性比较，故有必要将各关联系数集中为一个值，分别计算子序列与母序列对应指标关联系数的均值，以反映各评价对象与参考序列的关联关系，称其为关联序，记为

$$r_{0i}=\frac{1}{m}\sum_{k=1}^{m}\zeta_i(k) \tag{7-14}$$

对关联系数进行归一化处理，得到各比较数列对参考序列的权重占比，见式(7-15)：

$$w_i = r_{0i} \sum_{k=1}^{m} r_{0k} \tag{7-15}$$

在本节模型中，为计算不同指标与其健康性影响的关联程度，随机抽取相关试验数据，利用灰色关联分析对不同指标的权重进行综合分析。该方法中权重分析指标包括：R 值、$TVOC_{spez28}$、LCI 未知化合物的浓度和总气味强度。在相关标准的基础上，通过专家评定得到影响系统行为指标组成的比较数列(子序列)，即各个指标的分数值。基于指标标准的绝对化度量，得到试验样品健康性的原始相对评级，在此基础上通过时间、环境因素、已知健康评级涂饰木材等可确定影响趋势变量，通过横纵向对比分析，对板材的健康性评级进一步校正，得到反映系统行为特征的参考数列，即母序列。

为消除系统中各指标列中的数据因量纲不同对比较结果产生的不利影响，采用初值化法对各指标的数值进行无量纲化处理，在此基础上确定母、子序列最小差值与最大差值，进而根据上述关联系数计算公式得到每个子序列中各项参数与母序列对应参数的关联系数和关联序列，对关联系数进行归一化处理，得到各比较数列对参考序列的权重占比。通过 Matlab 计算，得到相应指标 R 值、$TVOC_{spez28}$、LCI 未知化合物的浓度和总气味强度的权重集 $W = \{0.2790, 0.2664, 0.2122, 0.2424\}$，代码如附录 B 所示。

7.3.5　GRA-FCE 多组分化合物释放材料健康等级综合评价模型实例验证

使用上述建立的 GRA-FCE 多组分化合物释放材料健康等级综合评价模型，以不同涂饰酸枣木指标数据为例，对模型进行验证说明。表 7-2 为上述试验得到 UV 涂料、PU 涂料和水性涂料涂饰酸枣木各指标数值，验证步骤如下所示。

表 7-2　不同涂饰酸枣木指标的数值

样品名	R 值	$TVOC_{spez28}$/(μg/m³)	LCI 未知化合物的浓度/(μg/m³)	总气味强度
UV 涂料	2.42	488.89	89.03	25.8
PU 涂料	1.52	1072.27	27.76	34.8
水性涂料	0.33	593.17	449.44	24

1) 建立指标集(U)

$$\begin{aligned} U &= \{u_i\} = \{u_1, u_2, u_3, u_4\} \\ &= \{R\text{值，} TVOC_{spez28}\text{，LCI未知化合物的浓度，总气味强度}\} \end{aligned}$$

2）确定评语集（V）

$$V=\{v_i\}=\{v_1,v_2,v_3,v_4,v_5\}=\{优，良，中，合格，差\}$$

3）计算质量指数（I_i）

为统一度量，通过下式[同式（7-3）]将指标值 C_i 转换为质量指数，得到不同涂饰酸枣木指标的 I_i，如表 7-3 所示。

$$I_i=I_{j\min}+\frac{C_i-S_{ij(1)}}{S_{ij(2)}-S_{ij(1)}}$$

表 7-3　不同涂饰酸枣木指标的计算质量指数

样品名	R 值	$TVOC_{spez28}$	LCI 未知化合物的浓度	总气味强度
UV 涂料	4.1578	1.9603	3.5612	4.0107
PU 涂料	4.0578	4.0080	1.1104	4.1307
水性涂料	1.3200	2.3727	4.0353	3.8000

4）建立隶属度判断矩阵（A）

将上述所得质量指数（I_i）代入相应隶属度函数公式[式（7-4）～式（7-6）]，计算得到隶属度 a_{ij}。以 UV 涂料涂饰酸枣木的 R 值指标为例，将其质量指数 I_i 代入隶属度函数公式：

$$a_{i1}=(5-4.1578)/4.0=0.2106$$

$$a_{i2}=(6-4.1578)/4.0=0.4606$$

$$a_{i3}=(7-4.1578)/4.0=0.7106$$

$$a_{i4}=(8-4.1578)/4.0=0.9606$$

$$a_{i5}=(4.1578+7.5)/12.5=0.9326$$

即，A_{i1}=(0.2106, 0.4606, 0.7106, 0.9606, 0.9326)。

同理得出 $TVOC_{spez28}$、LCI 未知化合物的浓度和总气味强度在 5 个等级下的隶属度：

$$A_{i2}=(0.7599, 0.9968, 0.9168, 0.8368, 0.7568)$$

$$A_{i3}=(0.3597, 0.6097, 0.8597, 0.9649, 0.8849)$$

$$A_{i4}=(0.2473, 0.4973, 0.7473, 0.9973, 0.9209)$$

基于隶属度向量 A_{iz} 得到 UV 涂料涂饰酸枣木综合评价隶属度判断矩阵 A_{UV}，如下所示：

$$A_{\mathrm{UV}}=\left(A_{i1},A_{i2},A_{i3},A_{i4}\right)=\begin{pmatrix}0.2106 & 0.4606 & 0.7106 & 0.9606 & 0.9326\\ 0.7599 & 0.9968 & 0.9168 & 0.8368 & 0.7568\\ 0.3597 & 0.6097 & 0.8597 & 0.9649 & 0.8849\\ 0.2473 & 0.4973 & 0.7473 & 0.9973 & 0.9209\end{pmatrix}$$

同理，可得到 PU 涂料和水性涂料涂饰酸枣木综合评价隶属度判断矩阵 A_{PU} 和 $A_{水性}$：

$$A_{\mathrm{PU}}=\left(A_{i1},A_{i2},A_{i3},A_{i4}\right)=\begin{pmatrix}0.2356 & 0.4856 & 0.7356 & 0.9856 & 0.9246\\ 0.2480 & 0.4980 & 0.7480 & 0.9980 & 0.9206\\ 0.9724 & 0.9288 & 0.8488 & 0.7688 & 0.6888\\ 0.2173 & 0.4673 & 0.7173 & 0.9673 & 0.9305\end{pmatrix}$$

$$A_{水性}=\left(A_{i1},A_{i2},A_{i3},A_{i4}\right)=\begin{pmatrix}0.9200 & 0.9456 & 0.8656 & 0.7856 & 0.7056\\ 0.6568 & 0.9068 & 0.9498 & 0.8698 & 0.7898\\ 0.2412 & 0.4912 & 0.7412 & 0.9912 & 0.9228\\ 0.3000 & 0.5500 & 0.8000 & 0.9840 & 0.9040\end{pmatrix}$$

5）确定综合评价的权重向量（W）

本节模型中各指标的权重如下所示：

$$W=\{w_1,w_2,w_3,w_4\}=\{0.2790,0.2664,0.2122,0.2424\}$$

6）得到归一化后的模糊综合评价向量（B'）

将各指标各等级隶属度矩阵 A 与其权重系数相乘，分别得到 UV 涂料、PU 涂料和水性涂料涂饰酸枣木的模糊综合评价向量 B_{UV}、B_{PU}、$B_{水性}$，分别为

$$B_{\mathrm{UV}}=(0.3975,\ 0.6440,\ 0.8061,\ 0.9374,\ 0.8728)$$

$$B_{\mathrm{PU}}=(0.3908,\ 0.5785,\ 0.7585,\ 0.9385,\ 0.8749)$$

$$B_{水性}=(0.5556,\ 0.7429,\ 0.8457,\ 0.8998,\ 0.8222)$$

对数据进行归一化处理，得到 UV 涂料、PU 涂料和水性涂料涂饰酸枣木的归一化后的综合评价向量 B'_{UV}、B'_{PU}、$B'_{水性}$，分别为

$$B'_{\mathrm{UV}}=(0.1087,\ 0.1761,\ 0.2204,\ 0.2563,\ 0.2386)$$

$$B'_{\mathrm{PU}}=(0.1104,\ 0.1634,\ 0.2142,\ 0.2650,\ 0.2471)$$

$$B'_{水性}=(0.1437,\ 0.1922,\ 0.2187,\ 0.2327,\ 0.2127)$$

根据最大隶属度原则，发现 UV 涂料、PU 涂料和水性涂料涂饰酸枣木的三种材料在优等级的隶属度最高。然而，依据德国 AgBB 法规限定标准与评估程序对优等级条件下各个指标限值的设定，发现 UV 涂料、PU 涂料和水性涂料涂

饰酸枣木均存在特定单一指标大于法规限定标准的情况。即 UV 涂料涂饰酸枣木 R 值>1；PU 涂料涂饰酸枣木 R 值>1 且 $TVOC_{spez28}$>1000 μg/m^3；水性涂料涂饰酸枣木 LCI 未知化合物的浓度大于 100 μg/m^3。故不考虑合格以上的健康等级。对 UV 涂料、PU 涂料和水性涂料涂饰酸枣木环保水平等级的最终评价均为差。

7）计算模糊综合指数（P）

通过 GRA 多组分气味质量综合评价法，得到 UV 涂料、PU 涂料和水性涂料涂饰酸枣木健康等级的最终评价均为差。故在此基础上对同健康等级材料的优劣进行横向对比。使用下式[同式（7-10）]对上述归一化后的模糊综合评价向量 B'_{UV}、B'_{PU}、$B'_{\text{水性}}$ 进行处理，对结果进行综合分数转换。

$$P = \frac{\sum_{j=1}^{n} b_j^k \cdot m}{\sum_{j=1}^{n} b_j^k}$$

最终得到被评价对象的模糊综合指数 P_{UV}、P_{PU}、$P_{\text{水性}}$ 分别为 0.5861、0.5949 和 0.5461。由此可知，在这三个健康等级均为差的材料中，水性涂料涂饰酸枣木健康等级相对最佳，UV 涂料涂饰酸枣木健康等级其次，PU 涂料涂饰酸枣木健康等级最低。

7.4　GRA-FCE 多组分化合物释放材料的健康等级综合评价软件的开发设计

根据上述综合评价模型，开发设计了 GRA-FCE 多组分化合物释放材料的健康等级综合评价软件，已获中华人民共和国国家版权局计算机软件著作权登记证书（《GRA-FCE 多组分化合物释放材料健康等级综合评价软件 V1.0》，登记号：2021SR0379871，编号：07583355）（附录 C），相关部分源代码见附录 D。

7.4.1　开发目的、应用环境及软件的功能和技术特点

1）开发目的

为板材健康等级的综合评价提供便捷途径，指导消费者合理选取或使用板材，促进空气质量的提升。通过计算机软件，方便用户基于现有 R 值、$TVOC_{spez28}$、LCI 未知化合物的浓度及总气味强度快速得到多组分化合物释放材料健康等级综合评价结果，还可实现对相同健康等级材料健康性的横向对比。

2)应用环境

(1)硬件配置要求：处理器：Intel(R) Core(TM) i7-7700 CPU@3.60GHz；RAM：8.00GB。

(2)软件环境：Windows 操作系统：Windows 10。

3)软件功能和技术特点

(1)软件功能：对于相同健康评价等级下的多组分化合物释放材料，通过将不同材料测得 R 值、$TVOC_{spez28}$、LCI 未知化合物的浓度和总气味强度的相关指标值录入数据库，得到模糊综合指数 P，实现相同健康评价等级材料的横向比较。

(2)技术特点：无需安装，直接打开 exe 文件即可实现在线评价。该软件基于 Qt 技术进行界面和后端开发，通过配置文件方式模拟数据库来设置和验证密码。

7.4.2 GRA-FCE 多组分化合物释放材料的健康等级综合评价软件用户手册

该软件通过将试验测得 R 值、$TVOC_{spez28}$、LCI 未知化合物的浓度和总气味强度相关指标值录入数据库，即可实现对多组分化合物释放材料健康等级的快速综合评价，得到材料健康性评级。

1)软件启动

(1)将文件夹“GRA-FCE_评价软件”置于电脑任意位置。

(2)双击鼠标左键或单击右键打开文件夹中名为“GRA-FCE_评价软件”、扩展名为“.exe”的可执行文件(图 7-3)，即可实现“GRA-FCE 多组分化合物释放材料的健康等级综合评价软件”的运行。

名称	修改日期	类型	大小
platforms	2021/1/9 10:09	文件夹	
styles	2021/1/9 10:09	文件夹	
config.ini	2021/1/20 15:21	配置设置	1 KB
GRA-FCE_评价软件.exe	2021/1/19 23:55	应用程序	128 KB
libgcc_s_dw2-1.dll	2015/12/29 6:25	应用程序扩展	118 KB
libstdc++-6.dll	2015/12/29 6:25	应用程序扩展	1,505 KB
libwinpthread-1.dll	2015/12/29 6:25	应用程序扩展	78 KB
Qt5Core.dll	2020/7/21 15:59	应用程序扩展	6,036 KB
Qt5Gui.dll	2018/2/9 19:33	应用程序扩展	6,266 KB
Qt5Widgets.dll	2018/2/9 19:36	应用程序扩展	6,087 KB
qwindows.dll	2018/2/9 19:40	应用程序扩展	1,846 KB
qwindowsvistastyle.dll	2018/2/9 19:38	应用程序扩展	187 KB

图 7-3　软件执行文件夹示意图

2)用户身份验证

软件启动完成后，即可进入“GRA-FCE 多组分化合物释放材料的健康等级综合评价软件”的初始界面，如图 7-4 所示。为完成用户身份验证，用户需点击密码输入框将密码输入，完成正确密码的输入后点击“确认”按钮即可进入评价程序选择页面。

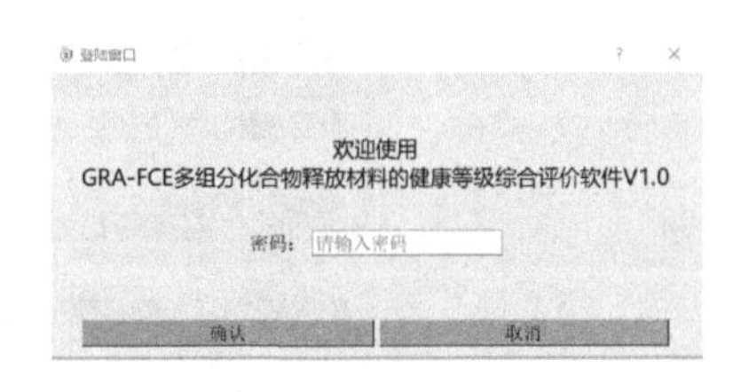

图 7-4　软件启动界面

3）评价程序选择

用户完成身份验证后，即可进入“GRA-FCE 多组分化合物释放材料的健康等级综合评价软件”的评价程序选择界面，如图 7-5 所示。在该软件中，用户能够直观地看到两种不同评价程序：GRA-FCE 多组分化合物释放材料健康等级评价程序、GRA-FCE 多组分化合物释放材料相同健康评价等级下的再对比评价程序。

用户可根据特定需求选择对应的评价程序。若要对单品多组分化合物释放材料的健康等级进行评定，用户需选择 GRA-FCE 多组分化合物释放材料健康等级评价程序。为方便用户对相同健康评价等级的多组分化合物释放材料完成进一步的横向对比，同时提供 GRA-FCE 多组分化合物释放材料相同健康评价等级下的再对比评价程序，用户可使用此评价程序完成相同健康评价等级多样品健康性的横向对比。

用户完成需求确定后，根据特定需求通过鼠标单击程序名选择相应程序。出现蓝色框的程序为选定状态，如图 7-6 所示。选择完毕后点击“确认”键进入相应主评价界面。

图 7-5　评价程序选择界面

图 7-6　程序选定界面示意图

4）计算结果生成

（1）GRA-FCE 多组分化合物释放材料健康等级评价程序。

在 GRA-FCE 多组分化合物释放材料健康等级评价程序主界面中，用户能够直观地看到如图 7-7 所示信息。

用户在该界面可直接输入 28 天释放后单品 GRA-FCE 多组分化合物释放材料的 R 值、$TVOC_{spez28}$、LCI 未知化合物的浓度和总气味强度等指标的相应数

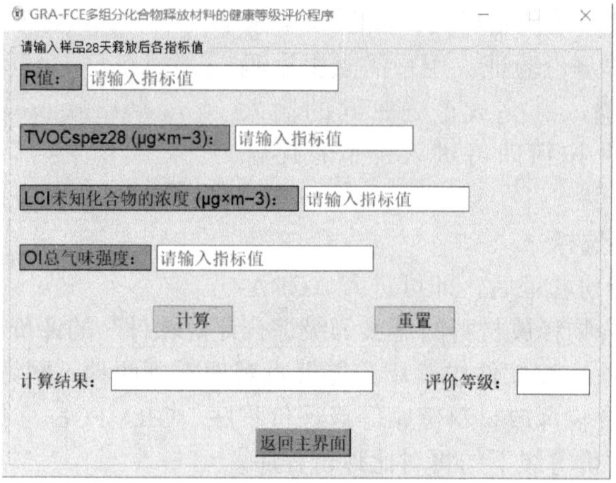

图 7-7　GRA-FCE 多组分化合物释放材料健康等级评价程序主界面

值。其中：

$$R=\sum R_i=\sum C_i/\mathrm{LCI}_i$$

式中，R 为危害指数；R_i 为化合物 i 的单体危害指数；C_i 为化合物 i 的质量浓度，μg/m^3；LCI$_i$ 为化合物 i 的最低暴露水平。

TVOC$_{\mathrm{spez28}}$ 为多组分释放材料的 VOCs 总浓度，单位为μg/m^3；LCI 未知化合物的浓度为无法得到 LCI 值化合物浓度的总和，单位为μg/m^3；总气味强度为多组分释放材料释放单体化合物气味强度的总和。以上信息均应输入材料在 28 天释放后的各指标值。

输入完成后点击“计算”即可得到计算结果和相应的评价等级。若信息输入有误可点击“重置”重新输入。点击“返回主界面”即可回到 GRA-FCE 多组分化合物释放材料的健康等级综合评价软件程序选择界面。

以样品各指标分别为：R 值=0.22、TVOC$_{\mathrm{spez28}}$=520.22 μg/m^3、LCI 未知化合物的浓度=13.14 μg/m^3、总气味强度=6 的一组数据为例，计算结果如图 7-8 所示。根据计算结果和相应指标值，判定此材料属于“优”的健康等级。

(2) GRA-FCE 多组分化合物释放材料相同健康评价等级下的再对比评价程序。

在 GRA-FCE 多组分化合物释放材料相同健康评价等级下的再对比评价程序主界面中，用户能够直观地看到如图 7-9 中的信息。

用户在该界面首先输入需要进行横向对比的相同健康评价等级材料的样本数，完成输入后点击“确认”按键，可自动生成相应数量的样品名称输入框和各指标值输入框。

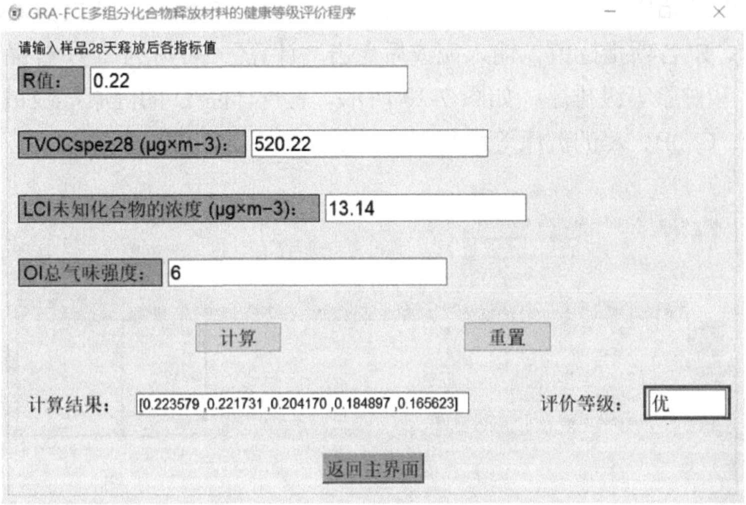

图 7-8 GRA-FCE 多组分化合物释放材料健康等级评价程序计算结果输出示例

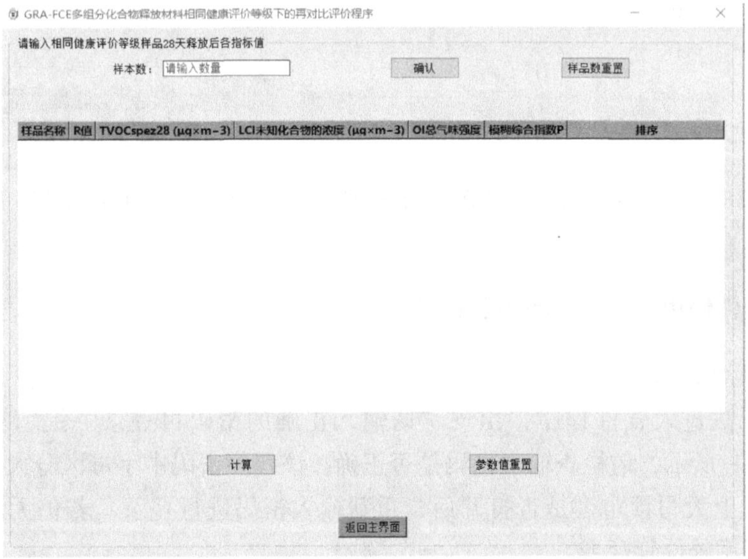

图 7-9 GRA-FCE 多组分化合物释放材料相同健康评价等级下的再对比评价程序主界面

正确输入样本数后，依次输入每个样品的名称、*R* 值、$TVOC_{spez28}$、LCI 未知化合物的浓度和总气味强度等指标的相应数值，完成输入后点击“计算”按钮即可得到每个样品的模糊综合指数 *P* 和样品健康等级排序，*P* 值越小，板材健康等级越高。若指标值输入有误，可在输入框中直接进行改动。点击右下角“参数值重置”按钮可在保留样品数量的基础上实现所有参数值的一键快速清空。

此处以样品数为 5 举例。输入样本数 5，点击“确认”。依次输入样品 A、B、C、D、E 各项指标值，输入完成后点击“计算”，可得到 5 个样品的模糊综合指数 P 和健康等级排序，如图 7-10 所示。发现样品 D 的健康等级最高，其次分别是 E、C、B，A 的健康等级相对最差。

GRA-FCE多组分化合物释放材料相同健康评价等级下的再对比评价程序

请输入相同健康评价等级样品28天释放后各指标值

样本数：5　　确认　　样品数重置

	样品名称	R值	TVOCspez28 (μg×m−3)	LCI未知化合物的浓度 (μg×m−3)	OI总气味强度	模糊综合指数P	排序
样本1	A	0.2411	69.03	29.44	11.2	0.4582	5
样本2	B	0.1547	51.73	8.9	10.5	0.4523	4
样本3	C	0.1153	49.31	12.36	9.8	0.4511	3
样本4	D	0.0556	13.23	9.19	4.9	0.4452	1
样本5	E	0.0767	34.08	3.44	7.4	0.4463	2

计算　　参数值重置

返回主界面

图 7-10　GRA-FCE 多组分化合物释放材料相同健康评价等级下的再对比评价程序主界面计算结果输出示例

7.4.3　软件使用过程常见问题及解决方案

(1)无法进入程序。

若无法进入软件程序，出现“请输入正确的密码再登录”提示对话框，如图 7-11 所示，请检查输入密码是否正确。该程序密码中字母区分大小写，请确认键盘上大写锁定键是否打开后，重新输入密码进行登录。若仍无法进入程序，请联系软件管理者。

图 7-11　“请输入正确的密码再登录”提醒对话框示意图

⑵出现“请先输入样本数量再计算” 提醒对话框，如图 7-12 所示。

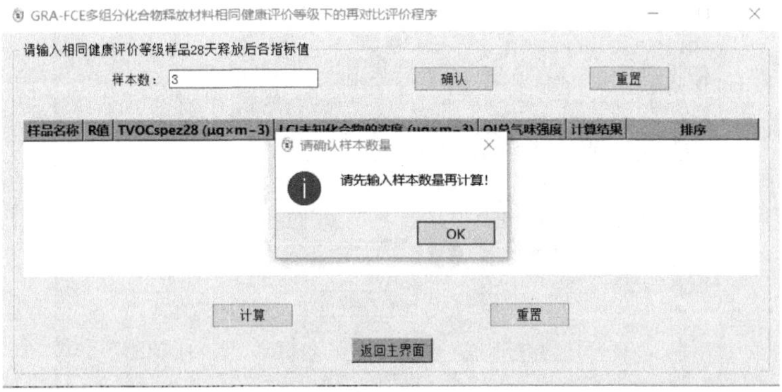

图 7-12　“请先输入样本数量再计算”提醒对话框示意图

若出现此对话框，可能是由用户在输入完样本数后未点击“确认”按钮而直接点击“计算”按钮导致的。可通过单击提醒对话框的“OK”按钮消除对话框。对话框消失后，输入样本数，点击“确认”按钮。完成样品参数的输入后再点击“计算”按钮。

⑶再对比评价程序中样本数设置过多或过少。

若样本数输入有误可点击样品数输入框右侧的“样品数重置”按钮，如图 7-13 所示，对样品数目进行重置处理。

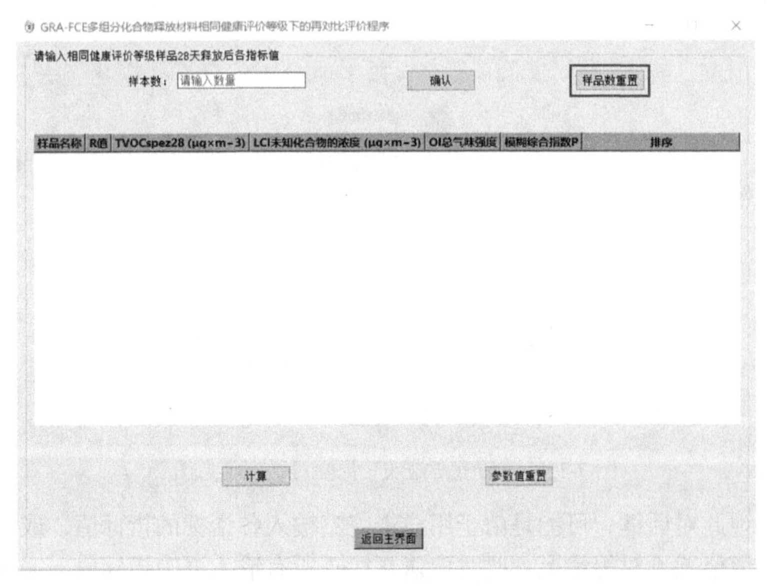

图 7-13　“样品数重置”按钮示意图

(4)出现“请重新输入”提醒对话框，如图 7-14、图 7-15 所示。

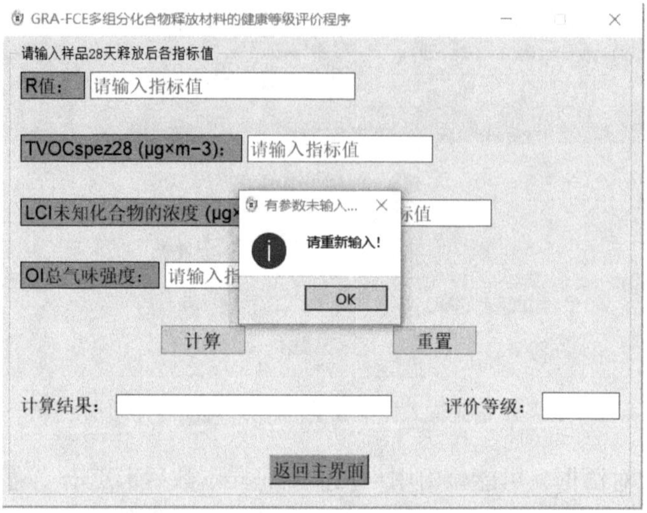

图 7-14　“请重新输入”提醒对话框示意图 1

图 7-15　“请重新输入”提醒对话框示意图 2

若出现此对话框，可能是由于用户未完整输入各指标的指标值，或者存在少输、输入值格式不对等情况，此时应认真检查所有输入框中指标值，完成全部正确格式的输入后再次点击“计算”按钮即可完成计算。

7.4.4 多组分化合物释放材料健康等级评价程序的应用

使用上述多组分化合物释放材料健康等级评价程序对第 5 章中 PU、UV 和水性涂料饰面水曲柳和柞木的健康等级进行计算，实现不同应用场景下涂饰木材在多组分化合物释放材料健康等级评价方法中的综合表达。表 7-4 为不同涂饰木材指标值及将其输入软件后的结果输出。

表 7-4 不同涂饰木材指标值及结果输出

样品名	*R* 值	$TVOC_{spez28}$/(μg/m³)	LCI 未知化合物的浓度/(μg/m³)	总气味强度	结果输出
UV 饰面水曲柳	0.1867	69.18	61.18	5.3	优
PU 饰面水曲柳	0.0757	285.64	201.61	11.5	差
水性漆饰面水曲柳	0.0631	982.77	800.00	12.9	差
UV 饰面柞木	0.1167	42.60	42.82	6.50	优
PU 饰面柞木	0.1861	426.33	299.71	18.60	差
水性漆饰面柞木	0.0748	374.73	310.61	10.60	差

发现 UV 饰面水曲柳和 UV 饰面柞木的健康等级评价为优，PU 饰面水曲柳、水性漆饰面水曲柳、PU 饰面柞木和水性漆饰面柞木的健康等级评价均为差。为实现进一步的横向对比，对同等级板材，即“UV 饰面水曲柳和 UV 饰面柞木”、“PU 饰面水曲柳、水性漆饰面水曲柳、PU 饰面柞木和水性漆饰面柞木”进行综合分数转换，所得评价结果分别如图 7-16 和图 7-17 所示。

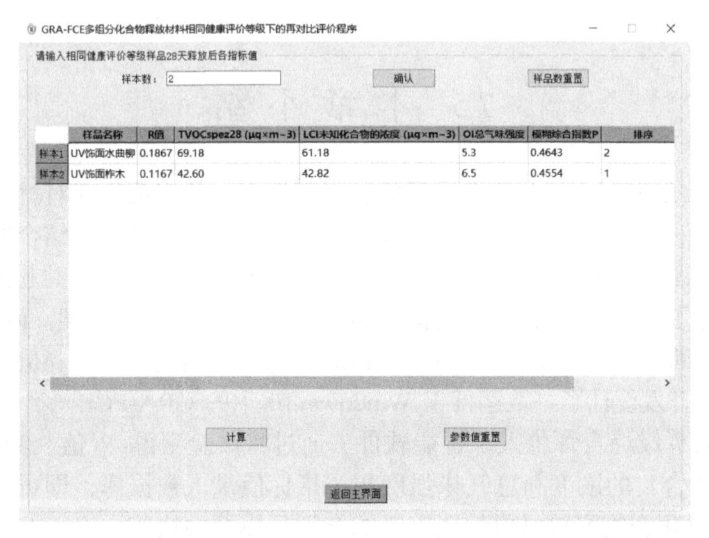

图 7-16 “UV 饰面水曲柳和 UV 饰面柞木”再对比评价程序计算结果输出

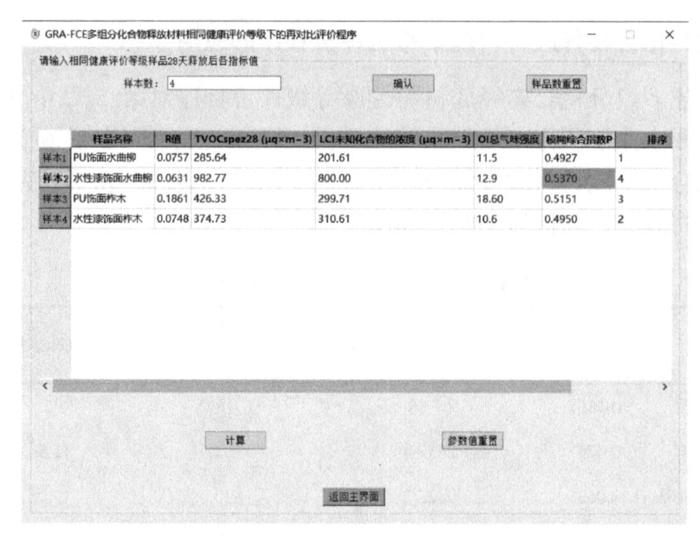

图 7-17　“PU 饰面水曲柳、水性漆饰面水曲柳、PU 饰面柞木和水性漆饰面柞木”再对比评价程序计算结果输出

得到 UV 饰面水曲柳和 UV 饰面柞木的模糊综合指数 $P_{\text{UV，水曲柳}}$ 和 $P_{\text{UV，柞木}}$ 分别为 0.4643 和 0.4554，即 UV 饰面柞木相对于 UV 饰面水曲柳的健康性能更佳。PU 饰面水曲柳、水性漆饰面水曲柳、PU 饰面柞木和水性漆饰面柞木的模糊综合指数分别为 $P_{\text{PU，水曲柳}}=0.4927$、$P_{\text{水性，水曲柳}}=0.5370$、$P_{\text{PU，柞木}}=0.5151$ 和 $P_{\text{水性，柞木}}=0.4950$。即四个同评价等级板材中，PU 饰面水曲柳的健康等级相对最佳，水性漆饰面柞木的健康等级其次，PU 饰面柞木和水性漆饰面水曲柳的健康等级相对最差。

7.5　本 章 小 结

(1) 为实现根据多组分化合物释放材料复杂多变的多项指标对材料整体健康性量化的目的，基于 FCE 和 GRA 数学建模算法的相关原理，结合德国 AgBB 建立的健康评价程序、中华人民共和国林业行业标准和中华人民共和国卫生行业标准，构建了一种多组分化合物释放材料健康等级综合评价模型。研究运用 Qt 技术进行界面和后端开发，基于 GRA-FCE 多组分化合物释放材料健康等级综合评价模型，开发设计了一款运行于 Windows 10 上的 GRA-FCE 多组分化合物释放材料健康等级综合评价人工智能软件。通过将试验测得 R 值、$\text{TVOC}_{\text{spez28}}$、LCI 未知化合物的浓度和总气味强度相关指标值录入数据库，即可实现 GRA-FCE 多组分化合物释放材料健康等级综合评价模型的快速计算，在此基础上，还可实现对相同健康等级材料健康性的横向对比，为板材健康等级综合评价提供便捷的途径。

(2)使用 GRA-FCE 多组分化合物释放材料健康等级综合评价模型，对不同涂饰酸枣木进行健康等级评定。根据最大隶属度原则，同时结合德国 AgBB 法规限定标准与评估程序对优等级条件下各个指标的限值的设定，得到 UV、PU 和水性涂饰饰面酸枣木环保水平等级的最终评价均为差。对相同健康等级材料的优劣进行横向对比，进行综合分数转换，得到 UV 饰面酸枣木、PU 饰面酸枣木和水性饰面酸枣木的模糊综合指数 P_{UV}、P_{PU}、$P_{水性}$ 分别为 0.5861、0.5949 和 0.5461。即三个同评价等级板材中，水性饰面酸枣木健康等级相对最佳，UV 涂料饰面酸枣木健康等级其次，PU 涂料饰面酸枣木健康等级最低。

(3)采用 GRA-FCE 多组分化合物释放材料健康等级综合评价人工智能软件对不同应用场景下涂饰木材的健康等级进行综合表达，发现 UV 饰面水曲柳和 UV 饰面柞木的健康等级评价为优，UV 饰面柞木相对于 UV 饰面水曲柳的健康性能更佳，两种板材的综合指数 $P_{UV，水曲柳}$ 和 $P_{UV，柞木}$ 分别为 0.4643 和 0.4554。PU 饰面水曲柳、水性漆饰面水曲柳、PU 饰面柞木和水性漆饰面柞木的健康等级评价均为差。其中，PU 饰面水曲柳的健康等级相对最佳，水性漆饰面柞木的健康等级其次，PU 饰面柞木和水性漆饰面水曲柳的健康等级相对最差。四种板材的模糊综合指数分别为 $P_{PU，水曲柳}=0.4927$、$P_{水性，水曲柳}=0.5370$、$P_{PU，柞木}=0.5151$ 和 $P_{水性，柞木}=0.4950$。

参考文献

国家林业和草原局. 2021. 人造板及其制品挥发性有机化合物释放量分级: LY/T 3230—2020. 北京: 中国标准出版社.

胡晓珍. 2015. AgBB《建筑产品挥发性有机化合物（VOC 和 SVOC）排放的健康评估程序》标准解析. 涂料技术与文摘, 36(6): 34-38,46.

卢志刚, 王启繁, 孙桂菊, 等. 2020. 多种 VOC 共存评估法对饰面刨花板的危害性研究. 森林工程, 36 (2): 49-54.

王季方, 卢正鼎. 2000. 模糊控制中隶属度函数的确定方法.河南科学, (4): 348-351.

杨纶标, 高英仪. 2006. 模糊数学原理及应用. 广州: 华南理工大学出版社.

AgBB. 2005. Health-related evaluation procedure for volatile organic compounds (VVOC, VOC and SVOC) emissions from building products.

BSI. 2017. Construction products: Assessment of release of dangerous substances-determination of emissions into indoor air.BS EN 16516: 2017.

E U. 2011. Regulation (EU) No 305/2011 of the European Parliament and of the Council of 9 March 2011 Laying down Harmonised Conditions for the Marketing of Construction Products and Repealing Council Directive 89/106/EEC.

ISO. 2012. Determination of odour emissions from building products using test chambers: ISO 16000-28: 2012.

Jones A P. 1999. Indoor air quality and health. Atmospheric Environ, 33(28): 4535-4564.

Zadeh L A. 1965. Fuzzy sets. Information and Control, 8(3): 338-353.

结　语

本书首先介绍 VVOCs/VOCs，对木材 VVOCs/VOCs 释放国内外研究现状及木材气味释放国内外研究现状进行概述，阐明当今木材挥发性有机物质及气味研究的发展趋势及迫切需求。

本书第 2 章以南北方代表性树种木材为研究对象，从降低木材在室内环境中挥发性有机化合物释放及异味出发，利用 GC-MS-O 技术对平衡含水率条件下不同树种木材释放的气味化合物特征图谱及强度进行分析研究。鉴定得到气味活性化合物，并在气味强度指数分析的基础上，构建层次结构模型，使用层次分析法，通过比较矩阵分析、单排序权重计算、矩阵总排序权重计算及一致性检验对南北方不同树种木材的主要气味源化合物进行定性与定量分析，实现不同树种木材关键气味活性化合物溯源，以及气味特征和气味轮廓图谱的表达。通过对 16 种不同树种木材进行试验，发现高气味强度化合物主要分布在板栗木、马尾松、酸枣木、香椿木、香樟木和柞木。南北方不同树种木材释放的气味活性化合物的气味强度主要集中于 1.0～2.0。不同树种木材的气味轮廓图谱具有其各自的特点。美食调是本章试验使用 16 种木材的主要气味轮廓香调，其次为花香调和柑橘调。木质调、绿叶调、化学物调、苷苔调、果香调和刺鼻调也共同构成了不同树种木材的气味基础轮廓。发现乙酸是板栗、苦楝、柞木和水曲柳 4 种树种木材的关键气味源物质，乙醇是桂花、构树、长白鱼鳞云杉和落叶松的关键气味源物质。巨尾桉、香樟、白楠、马尾松、阴香、酸枣、香椿和大青杨的关键气味源物质分别为 1,3-二甲基苯、1,7,7-三甲基二环[2.2.1]庚烷-2-酮（樟脑）、2-甲基丙酸-1-(1,1-二甲基乙基)-2-甲基-1,3-丙二酯、α-蒎烯、对二甲苯、柠檬烯、石竹烯和乙酸乙酯。

本书第 3 章以呈现较强气味特性的木材酸枣木、马尾松和香樟木为研究对象，使用 GC-MS-O 技术对不同含水率条件下木材的挥发性有机物质和气味释放特性进行分析。探索在不同含水率条件下木材 VVOCs/VOCs 和各气味组分释放特性，得到木材在含水率变化过程中的关键气味活性化合物、主导性气味组分和气味轮廓。发现木材 VVOCs/VOCs 成分和气味的释放与水在木材中的运动直接相关，含水率的变化对酸枣木、马尾松和香樟木 VVOCs 和 VOCs 的释放具有显著影响。随着含水率的下降，木材中 VVOCs 和 VOCs 随水分的蒸发和迁移而释放，导致三种不同树种木材的总组分浓度随之下降，其变化在含水率由 60%下降至 30%时最为显著。比较含水率下降的整个阶段，含水率对三种树种木材的气味轮廓强度均有一定影响，对不同气味轮廓强度的影响程度不同。含水率下降对酸枣木花香调、绿叶调、柑橘调和美食调轮廓强度的影响较大，对马尾松中美食调和木质调轮廓强度的影响较大。含水率对香樟木中美食调、木质调、花香调和化学物调的强度影响较大。

本书第 4 章在不同环境条件下对特定木材气味组分的释放情况进行研究，表征环境条件对水曲柳关键气味活性化合物的影响，探索环境条件对水曲柳 VVOCs/VOCs 释放浓度、气味强度及组分浓度的影响研究，发现温湿度在一定范围内升高可以显著促进板材中部分关键气味活性化合物的释放，增强了部分气味特征。升高相对湿度能够较好地抑制水曲柳中丁烷、丙酮和庚醛三种气味活性化合物的释放。随着空气交换率与负载因子之比的升高，水曲柳素板六种关键气味特征(芳香、醋香、果香、花香、消毒液味、甜香)的气味强度值呈降低趋势。对比三种不同环境因素，空气交换率与负载因子之比对水曲柳关键气味特征的影响相比于温度和相对湿度更加显著。将舱体看作实际生活中的居住场所，发现将空气交换率与负载因子之比始终保持在较高水平能够在短时间内有效降低室内污染物质量浓度。从长远看，为加速水曲柳组分释放，建议将其放置于高温、高湿以及高空气交换率与负载因子之比的环境条件。

本书第 5 章研究分析了聚氨酯(PU)涂料、紫外光固化涂料(UV 涂料)和水性涂料饰面酸枣木、柞木和水曲柳 VVOCs 和 VOCs 的释放情况，探究涂饰处理对木材释放气味成分及气味强度的影响。对三种涂饰木材的关键气味活性化合物进行鉴定，实现气味轮廓图谱表达，建立异味主控物质清单。在酸枣木、水曲柳和柞木三种不同树种木材中，VOCs 是 PU 涂料饰面板材和水性涂料饰面板材的主要释放组分，VVOCs 是 UV 涂料饰面板材的主要气味成分。涂饰板材的组分释放浓度及气味特性受板材本身特性影响较大，对比同一种板材不同涂料涂饰的总释放浓度和总气味强度，未发现明显规律。PU、UV 和水性涂料涂饰对三种木材释放的部分气味活性化合物具有一定的封闭作用，与此同时也增加了一些气味活性化合物的释放。三种树种木材涂饰中，PU 涂料和 UV 涂料饰面板材的主要气味轮廓特征为花香调、美食调和果香调，水性涂料饰面板材的主要气味轮廓特征为木质调、化学物调、美食调和花香调。

本书第 6 章对比分析了不同气味分析技术的优势与不足。使用木材抽提物气味成分萃取稀释技术，以欧洲常用速生树种欧洲白桦为研究对象，对欧洲白桦含有的气味活性物质进行表征研究。通过气味提取物稀释分析法确定了桦木最强的气味活性物质和主要挥发性有机物质，对木材萃取得到气味组分的主要构成及来源进行分析研究。同时由经训练的感官小组成员对欧洲白桦气味构成进行感官分析鉴定，得到气味特征轮廓图，探索气味整体属性与气味活性化合物的关联性。

发现欧洲白桦样品的气味愉悦度被评为中性偏愉悦。通过 S-W 联合 K-S 统计学分析，发现六种欧洲白桦样品的气味强度/愉悦度等级总体分布相同，不存在显著性差异。欧洲白桦样品的 10 种气味属性分别为似泥土香、似铅笔香、似软木塞味/霉味、似青草香、似脂肪香、果香、似绿茶香、似草药香、似香草香和醋香。大多数气味属性均能够很好地匹配到鉴定得到的气味活性化合物。发现抽提物中脂肪酸降解产物是欧洲白桦气味化合物中最多的一类成分，包括饱和醛和不饱和醛、酮类和酸类化合物。此外，气味活性化合物也来源于木质素降解过程中产生的苯基化合物及一些萜烯类化合物。对比 TD/GC-MS-O 气味分析技术和木材抽提物气味成分萃取稀释技术，TD/GC-MS-O 在探究木质材料日常释放气味组分方面有较好的应用，可分析研究不同状态及环境条件下的木材气味释放情况，适用于探究木材及室内“气味源”。木材抽提物气味成分萃取稀释技术适用于对木材气味组分的基础性研究，能够较全面地识别木材中含有的气味成分。在具体试验中，应根据不同试验目的和应用场景选择最适宜的气味分析方法。

本书第 7 章在试验数据的基础上，利用 FCE 和 GRA 数学建模算法的相关原理，依据国内外相关标准构建多组分化合物释放材料健康等级综合评价模型，得到 UV、PU 和水性涂饰酸枣木环保水平等级的最终评价均为差。对相同健康等级材料的优劣进行横向对比，通过综合分数转换，得到 UV 饰面酸枣木、PU 饰面酸枣木和水性饰面酸枣木的模糊综合指数 P_{UV}、P_{PU}、$P_{\text{水性}}$ 分别为 0.5861、0.5949 和 0.5461，水性饰面酸枣木的健康等级相对最佳。运用 Qt 技术进行界面和后端开发，开发设计了一款运行于 Windows 10 上的 GRA-FCE 多组分化合物释放材料健康等级综合评价人工智能软件，实现 GRA-FCE 多组分化合物释放材料健康等级综合评价模型的快速计算。发现 UV 饰面水曲柳和柞木的健康等级评价为优，两种板材的模糊综合指数 $P_{\text{UV, 水曲柳}}$ 和 $P_{\text{UV, 柞木}}$ 分别为 0.4643 和 0.4554，UV 饰面柞木相对于水曲柳健康性能更佳。PU 饰面水曲柳、水性漆饰面水曲柳、PU 饰面柞木和水性漆饰面柞木的健康等级评价均为差。四种板材的模糊综合指数分别为 $P_{\text{PU, 水曲柳}}=0.4927$、$P_{\text{水性, 水曲柳}}=0.5370$、$P_{\text{PU, 柞木}}=0.5151$ 和 $P_{\text{水性, 柞木}}=0.4950$。

本书建立了木质板材气味释放表征判据和方法，系统性地研究了我国南北方不同树种木材气味活性化合物，实现了木材气味轮廓图谱的表达和气味活性化合物溯源。建立了木材低分子量挥发性有机物质中气味化合物检测方法，补充了 C_6 以下低分子量气味活性化合物的研究数据。建立了多组分化合物释放材料健康等级综合评价方法，并采用 Qt 技术开发人工智能软件，实现了模型的软件工程化，可对不同应用场景下多组分化合物释放材料健康等级进行快速评定和比较。本书研究不仅为破解木质家具板材和人造板基材气味释放问题提供了理论支撑，帮助人们对日常生活中使用的木质材料产生气味的来源有更清晰的认识，也有利于人们更科学合理地选择和使用木质板材、制造人造板，对保证居住者身心健康、促进木质家具及其饰品的健康发展具有重要影响。

附　　录

附录 A　不同树种木材主要来源方案层的判断矩阵 B

树种名	B_1						B_2						B_3					
	C_1	P_1	P_2	P_3	P_4	P_5	C_2	P_1	P_2	P_3	P_4	P_5	C_3	P_1	P_2	P_3	P_4	P_5
马尾松	P_1	1	1	2	3	3	P_1	1	1/5	2	4	3	P_1	1	1/5	2	4	3
	P_2	1	1	2	3	3	P_2	5	1	6	9	8	P_2	5	1	6	9	8
	P_3	1/2	1/2	1	2	2	P_3	1/2	1/6	1	6	4	P_3	1/2	1/6	1	6	4
	P_4	1/3	1/3	1/2	1	1	P_4	1/4	1/9	1/6	1	1/3	P_4	1/4	1/9	1/6	1	1/3
	P_5	1/3	1/3	1/2	1	1	P_5	1/3	1/8	1/4	3	1	P_5	1/3	1/8	1/4	3	1
巨尾桉	P_1	1	2	2	3	3	P_1	1	1/4	4	2	3	P_1	1	1/4	4	2	3
	P_2	1/2	1	1	2	2	P_2	4	1	8	4	5	P_2	4	1	8	4	5
	P_3	1/2	1	1	2	2	P_3	1/4	1/8	1	1/3	1/2	P_3	1/4	1/8	1	1/3	1/2
	P_4	1/3	1/2	1/2	1	1	P_4	1/2	1/4	3	1	2	P_4	1/2	1/4	3	1	2
	P_5	1/3	1/2	1/2	1	1	P_5	1/3	1/5	2	1/2	1	P_5	1/3	1/5	2	1/2	1
板栗	P_1	1	3	3	4	4	P_1	1	4	5	5	4	P_1	1	6	6	6	6
	P_2	1/3	1	1	2	2	P_2	1/4	1	2	2	1	P_2	1/6	1	1	1	1
	P_3	1/3	1	1	2	2	P_3	1/5	1/2	1	1	1/2	P_3	1/6	1	1	1	1
	P_4	1/4	1/2	1/2	1	1	P_4	1/5	1/2	1	1	1/2	P_4	1/6	1	1	1	1
	P_5	1/4	1/2	1/2	1	1	P_5	1/4	1	2	2	1	P_5	1/6	1	1	1	1
桂花	P_1	1	1	2	3	3	P_1	1	1/3	3	5	5	P_1	1	1/3	3	5	5
	P_2	1	1	2	3	3	P_2	3	1	6	8	8	P_2	3	1	6	8	8
	P_3	1/2	1/2	1	2	2	P_3	1/3	1/6	1	3	3	P_3	1/3	1/6	1	3	3
	P_4	1/3	1/3	1/2	1	1	P_4	1/5	1/8	1/3	1	1	P_4	1/5	1/8	1/3	1	1
	P_5	1/3	1/3	1/2	1	1	P_5	1/5	1/8	1/3	1	1	P_5	1/5	1/8	1/3	1	1
白楠	P_1	1	2	3	3	4	P_1	1	2	1/3	6	5	P_1	1	2	1/2	5	4
	P_2	1/2	1	2	2	3	P_2	1/2	1	1/4	5	4	P_2	1/2	1	1/4	4	2
	P_3	1/3	1/2	1	1	2	P_3	3	4	1	9	8	P_3	2	4	1	8	6
	P_4	1/3	1/2	1	1	2	P_4	1/6	1/5	1/9	1	1/2	P_4	1/5	1/4	1/8	1	1/2
	P_5	1/4	1/3	1/2	1/2	1	P_5	1/5	1/4	1/8	2	1	P_5	1/4	1/2	1/6	2	1

续表

树种名	B1						B2						B3					
	C_1	P_1	P_2	P_3	P_4	P_5	C_2	P_1	P_2	P_3	P_4	P_5	C_3	P_1	P_2	P_3	P_4	P_5
香樟	P_1	1	2	2	2	2	P_1	1	5	5	5	2	P_1	1	5	5	5	2
	P_2	1/2	1	1	1	1	P_2	1/5	1	1	1	1/4	P_2	1/5	1	1	1	1/4
	P_3	1/2	1	1	1	1	P_3	1/5	1	1	1	1/4	P_3	1/5	1	1	1	1/4
	P_4	1/2	1	1	1	1	P_4	1/5	1	1	1	1/4	P_4	1/5	1	1	1	1/4
	P_5	1/2	1	1	1	1	P_5	1/2	4	4	4	1	P_5	1/2	4	4	4	1
阴香	P_1	1	1	2	3	3	P_1	1	1	1/4	3	1/2	P_1	1	1	1/4	3	1/2
	P_2	1	1	2	3	3	P_2	1	1	1/4	3	1/2	P_2	1	1	1/4	3	1/2
	P_3	1/2	1/2	1	2	2	P_3	4	4	1	7	2	P_3	4	4	1	7	2
	P_4	1/3	1/3	1/2	1	1	P_4	1/3	1/3	1/7	1	1/6	P_4	1/3	1/3	1/7	1	1/6
	P_5	1/3	1/3	1/2	1	1	P_5	2	2	1/2	6	1	P_5	2	2	1/2	6	1
构树	P_1	1	1	2	2	2	P_1	1	6	3	3	7	P_1	1	6	3	3	7
	P_2	1	1	2	2	2	P_2	1/6	1	1/4	1/4	2	P_2	1/6	1	1/4	1/4	2
	P_3	1/2	1/2	1	1	1	P_3	1/3	4	1	1	4	P_3	1/3	4	1	1	4
	P_4	1/2	1/2	1	1	1	P_4	1/3	4	1	1	4	P_4	1/3	4	1	1	4
	P_5	1/2	1/2	1	1	1	P_5	1/7	1/2	1/4	1/4	1	P_5	1/7	1/2	1/4	1/4	1
苦楝	P_1	1	3	3	4	4	P_1	1	2	1/2	5	4	P_1	1	2	1/2	5	4
	P_2	1/3	1	1	2	2	P_2	1/2	1	1/3	4	3	P_2	1/2	1	1/3	4	3
	P_3	1/3	1	1	2	2	P_3	2	3	1	6	5	P_3	2	3	1	6	5
	P_4	1/4	1/2	1/2	1	1	P_4	1/5	1/4	1/6	1	2	P_4	1/5	1/4	1/6	1	2
	P_5	1/4	1/2	1/2	1	1	P_5	1/4	1/3	1/5	1/2	1	P_5	1/4	1/3	1/5	1/2	1
香椿	P_1	1	2	3	4	4	P_1	1	2	9	6	6	P_1	1	2	9	6	6
	P_2	1/2	1	2	3	3	P_2	1/2	1	8	5	5	P_2	1/2	1	8	5	5
	P_3	1/3	1/2	1	2	2	P_3	1/9	1/8	1	1/4	1/4	P_3	1/9	1/8	1	1/4	1/4
	P_4	1/4	1/3	1/2	1	1	P_4	1/6	1/5	4	1	1	P_4	1/6	1/5	4	1	1
	P_5	1/4	1/3	1/2	1	1	P_5	1/6	1/5	4	1	1	P_5	1/6	1/5	4	1	1
柞木	P_1	1	4	5	5	5	P_1	1	2	6	4	7	P_1	1	2	6	4	7
	P_2	1/4	1	2	2	2	P_2	1/2	1	5	3	6	P_2	1/2	1	5	3	6
	P_3	1/5	1/2	1	1	1	P_3	1/6	1/5	1	1/3	2	P_3	1/6	1/5	1	1/3	2
	P_4	1/5	1/2	1	1	1	P_4	1/4	1/3	3	1	4	P_4	1/4	1/3	3	1	4
	P_5	1/5	1/2	1	1	1	P_5	1/7	1/6	1/2	1/4	1	P_5	1/7	1/6	1/2	1/4	1

续表

树种名	B_1						B_2						B_3					
	C_1	P_1	P_2	P_3	P_4	P_5	C_2	P_1	P_2	P_3	P_4	P_5	C_3	P_1	P_2	P_3	P_4	P_5
水曲柳	P_1	1	2	3	4	5	P_1	1	8	2	6	7	P_1	1	8	2	6	7
	P_2	1/2	1	2	3	4	P_2	1/8	1	1/7	1/3	1/2	P_2	1/8	1	1/7	1/3	1/2
	P_3	1/3	1/2	1	2	3	P_3	1/2	7	1	5	6	P_3	1/2	7	1	5	6
	P_4	1/4	1/3	1/2	1	2	P_4	1/6	3	1/5	1	2	P_4	1/6	3	1/5	1	2
	P_5	1/5	1/4	1/3	1/2	1	P_5	1/7	2	1/6	1/2	1	P_5	1/7	2	1/6	1/2	1
长白鱼鳞云杉	P_1	1	1	3	4	4	P_1	1	3	8	8	7	P_1	1	3	8	8	7
	P_2	1	1	3	4	4	P_2	1/3	1	6	6	5	P_2	1/3	1	6	6	5
	P_3	1/3	1/3	1	2	2	P_3	1/8	1/6	1	1	1/2	P_3	1/8	1/6	1	1	1/2
	P_4	1/4	1/4	1/2	1	1	P_4	1/8	1/6	1	1	1/2	P_4	1/8	1/6	1	1	1/2
	P_5	1/4	1/4	1/2	1	1	P_5	1/7	1/5	2	2	1	P_5	1/7	1/5	2	2	1
大青杨	P_1	1	2	2	2	3	P_1	1	6	5	8	8	P_1	1	6	5	8	8
	P_2	1/2	1	1	1	2	P_2	1/6	1	1/2	3	3	P_2	1/6	1	1/2	3	3
	P_3	1/2	1	1	1	2	P_3	1/5	2	1	4	4	P_3	1/5	2	1	4	4
	P_4	1/2	1	1	1	2	P_4	1/8	1/3	1/4	1	1	P_4	1/8	1/3	1/4	1	1
	P_5	1/3	1/2	1/2	1/2	1	P_5	1/8	1/3	1/4	1	1	P_5	1/8	1/3	1/4	1	1
落叶松	P_1	1	2	3	3	4	P_1	1	5	8	8	8	P_1	1	5	8	8	8
	P_2	1/2	1	2	2	3	P_2	1/5	1	4	4	4	P_2	1/5	1	4	4	4
	P_3	1/3	1/2	1	1	2	P_3	1/8	1/4	1	1	1	P_3	1/8	1/4	1	1	1
	P_4	1/3	1/2	1	1	2	P_4	1/8	1/4	1	1	1	P_4	1/8	1/4	1	1	1
	P_5	1/4	1/3	1/2	1/2	1	P_5	1/8	1/4	1	1	1	P_5	1/8	1/4	1	1	1

附录 B　灰色关联分析矩阵模型源代码

```
clc;
close;
clear all;
x=xlsread('c.xlsx');
% x=x(:,2:end)';
column_num=size(x,2);
index_num=size(x,1);
```

```
% 1、数据均值化处理
x_mean=mean(x,2);
for i = 1:index_num
x(i,:) = x(i,:)/x_mean(i,1);
end
% 2、提取参考队列和比较队列
ck=x(1,:)
cp=x(2:end,:)
cp_index_num=size(cp,1);

%比较队列与参考队列相减
for j = 1:cp_index_num
t(j,:)=cp(j,:)-ck;
end
%求最大差和最小差
mmax=max(max(abs(t)))
mmin=min(min(abs(t)))
rho=0.5;
%3、求关联系数
ksi=((mmin+rho*mmax)./(abs(t)+rho*mmax))

%4、求关联度
ksi_column_num=size(ksi,2);
r=sum(ksi,2)/ksi_column_num;
% for i=1:index_num-1

%5、关联度排序，得到结果 r3 > r2 > r1
% [rs,rind]=sort(r,'descend');

disp('归一化处理如下：')
gama_all=0;
for i=1:index_num-1
   gama_all=gama_all+r(i);
end
for i=1:index_num-1
   weight(i)=r(i)/gama_all;
   disp(weight(i))
end
```

附录C 《GRA-FCE多组分化合物释放材料健康等级综合评价软件 V1.0》中华人民共和国国家版权局计算机软件著作权登记证书

中华人民共和国国家版权局

计算机软件著作权登记证书

证书号：软著登字第7102098号

软件名称：GRA-FCE多组分化合物释放材料健康等级综合评价软件
[简称：GRA-FCE材料健康等级综合评价软件]
V1.0

著作权人：王启繁;沈隽;杜建晖

开发完成日期：2020年10月22日

首次发表日期：未发表

权利取得方式：原始取得

权利范围：全部权利

登记号：2021SR0379871

根据《计算机软件保护条例》和《计算机软件著作权登记办法》的规定，经中国版权保护中心审核，对以上事项予以登记。

中华人民共和国国家版权局
计算机软件著作权
登记专用章

No. 07583355

2021年03月11日

附录 D　GRA-FCE 多组分化合物释放材料健康等级评价程序部分源代码

```
void wgt_compare::slot_sample_reset_clicked()
{
    flag_ok = false;
    flag_cal = false;
    ui- > line_sampleNum- > clear();
    m_model- > removeRows(0, m_model- > rowCount());
    ui- > tableView- > update();
}

void wgt_compare::slot_calculate_clicked()
{
if(flag_ok == false&& flag_cal == false)
    {
        QMessageBox::information(this, QString::fromUtf8
("请确认样本数量"), QString::fromUtf8("请先输入样本数量再计算!
"), QMessageBox::Ok);
        ui- > line_sampleNum- > setFocus();
return;
    }
    flag_ok = false;
    flag_cal = true;
if(isValidInput())
    {
        vector<double_t >  total_grade(m_sample_num, 0);
for(int i=0; i<m_sample_num; ++i)
        {
            m_R = m_model- > item(i,1)- > text().toFloat();
            m_total_VOC = m_model- > item(i,2)- > text().
toFloat();
            m_no_LCI = m_model- > item(i,3)- > text().toFl
```

```
oat();
            m_OI = m_model- > item(i,4)- > text().toFloat();

             vector<double_t > res(5, 0.0);
             int result = Calcutate_Mohu(res);

             double_t grade = 0.0;
             grade = res[0]*P_1 + res[1]*P_2 + res[2]*P_3
+ res[3]*P_4 + res[4]*P_5;
             m_model- > item(i,5)- > setText(QString::numb
er(grade, 'f', 4));
             QString  grade_Str  =  QString::number(grade,
'f', 4);
             total_grade[i] = grade_Str.toDouble();
   //ui- > tableView- > setModel(m_model);

          }
          vector<double_t >  total_grade_cp(total_grade.be
gin(),total_grade.end());
          sort(total_grade_cp.begin(),total_grade_cp.end
());
   for(int i=0; i<total_grade_cp.size(); ++i)
          {
   auto it = std::find(total_grade.begin(),total_grade.end
(),total_grade_cp[i]);
             int idx = it-total_grade.begin();
             m_model- > item(i,6)-
 > setText(QString::number(idx+1));
          }
          ui- > tableView- > update();



       }
    }
```

```
void wgt_compare::slot_calculate_reset_clicked()
{
if(flag_ok == false&& flag_cal == false)
    {
        QMessageBox::information(this, QString::fromUtf8
("请确认样本数量"), QString::fromUtf8("请先输入样本数量再计算!
"), QMessageBox::Ok);
        ui- > line_sampleNum- > setFocus();
return;
    }
    flag_ok = false;
    flag_cal = true;
for(int i=0; i<m_sample_num; ++i)
    {
for(int j=0; j<4; ++j)
        {
            m_model- > item(i,j)- > setText(QString(""));
        }
    }
    ui- > tableView- > update();
}

void wgt_compare::slot_return_clicked()
{
emitsendsignal();
this- > close();
}

bool wgt_compare::isValidInput()
{
    bool res = true;
for(int i=0; i<m_sample_num; ++i)
    {
for(int j=1; j<5; ++j)
        {
```

```
//m_model=(QStandardItemModel*)ui- > tableView- > model
();
if(m_model- > item(i,j)- > text().isEmpty())
            {
                QMessageBox::information(this,   QString::
fromUtf8("有参数未输入数据"), QString::fromUtf8("请重新输入!
"), QMessageBox::Ok);
                res = false;
return res;
            }
        }
    }
return res;
}

int wgt_compare::Calcutate_Mohu(vector<double_t > &B)
{
    int res = 0;
//vector<vector<double_t >  > R=Calculate_R();
//B=Calculate_B(R);
    vector<double_t >  Ci =CalculateCi();
    vector<double_t >  Ii = CalculateIi(Ci);
    vector<vector<double_t > > R = Calculate_R_new(Ii);
    B = Calculate_B_new(R);
    Normalize(B);
    double_t maxNum = 0.0;
    int idx = 0;
    idx = isRight();
for(idx; idx<B.size(); ++idx)
    {
if(maxNum <= B[idx])
        {
            maxNum = B[idx];
            res = idx+1;
        }
```

```
        }
    return res;
    }

    void  wgt_compare::display(const  vector<vector<double_
t >  > &R)
    {
    for(int i=0; i<R.size(); ++i)
        {
    for(int j=0; j<R[0].size(); ++j)
            {
    std::cout << R[i][j] << " ";
            }
    std::cout << std::endl;
        }
    }

    void wgt_compare::CreatItemForTable()
    {

        QStandardItem* item = 0;
        QString labelStr = "";
    for(int i=0; i<m_sample_num; ++i)
        {
            labelStr += "样本";
            labelStr += QString::number(i+1);
    if(i != m_sample_num-1)
            {
                labelStr += ",";
            }

            cout << labelStr.toStdString() << endl;
    for(int j=0; j<5; ++j)
            {
                item = newQStandardItem();
```

```
            m_model- > setItem(i,j,item);
        }
        {
            item = newQStandardItem();
            item- > setEditable(false);
//item- > setBackground(QBrush(QColor("blue")));
            m_model- > setItem(i,5,item);
            item = newQStandardItem();
            item- > setEditable(false);
//item- > setBackground(QBrush(QColor("blue")));
            m_model- > setItem(i,6,item);
        }
    }
    QStringList labels = labelStr.simplified().split(",");
    m_model- > setVerticalHeaderLabels(labels);
    ui- > tableView- > setModel(m_model);
    ui- > tableView- > update();
```